数学シリーズ

集合と位相

増補新装版

内田伏一 著

裳華房

Set Theory & General Topology

by

Fuichi Uchida

SHOKABO

TOKYO

編 集 趣 旨

最近の科学技術の目覚ましい発展，とりわけ情報産業の急速な成長にともない，もともとは世間から縁遠い存在であった数学が見直され，現代社会の各方面でその成果へ熱いまなざしが注がれている．こうした社会の需要に応じてここ十数年来，全国各地の国公私立の大学において数学に関連した学科の設置拡充が計られている．こうしてたいへん多くの学生諸君に近代数学を学ぶ道が開かれたことはまことに喜ばしい次第である．このシリーズは，おもにこうした学生諸君を対象として企画され，その良き教科書，参考書を提供することを目的として刊行されるものである．

大学の数学専門教育は，ごく近年まではもっぱら数学の中等高等教育にたずさわる人びとの養成が目標であった．そこでは教育現場で必要な実用的知識を与えることよりも，近代数学の基本的な素材を教えて，数学の考え方を伝えることに主眼がおかれてきた．卒業生が教職のみならず，企業など広く実社会に進出するようになったいまも，この事情にはほとんど変りはない．数学を学んだ人たちに社会が求めているのは，その知識よりもその身につけた数学的精神ないし発想法だからである．しかし，数学の専門教育では相変らず講義の時間数は比較的に少なく，演習や参考書による自発的学習に期待する部分が多い．数学的精神を養うには各自の時間をかけた自習にまつところが大変に大きいのである．

このシリーズはこうした現状を十分に考慮して編集された．各地の大学の理学部，教育学部などの数学教育のカリキュラムを参考にして，そこで一般的に取り上げられている科目に対応して巻が編まれている．各巻ではそれぞれの主題について，基本的事項に重点をおいた，平明な解説がなされている．高校までに受けた懇切な個別学習に馴れた人びとは，ともすれば大学での密度の高い講義に戸惑い，また近代数学の新しい視点や技法の理解に苦しみがちである．

このシリーズの各巻はこの溝を埋めるのに役立つであろう．また，シリーズを通して近代数学の一通りの基礎を得られた上でさらに大学院に進み現代数学の研究を目指すことも可能であろう．このシリーズが大学における数学専門教育に広く貢献することを願っている．

1986年9月

編集委員会

佐 武 一 郎
村 上 信 吾
高 橋 礼 司

増補新装版　まえがき

本書を教科書として採択したり，参考書として推薦して下さった先生方の支持によって，初版発行以来30年余が経過している．このたび，増補新装版として刊行されるにあたり，本書を支持して下さった先生方に，改めて感謝申し上げる．

従来の版との違いは，巻末の解答とヒントの部分を大幅に充実させたことのみであり，本文は全く変更していない．

インターネット検索により，解答を知りたいという希望が多いことを知った．それで，従来の本書に載せていなかった問題の解答を一問ごとにTEXで作成しPDFファイルに変換したものと問題番号の一覧表を作り，問題番号をクリックすればその解答が表示される仕掛けを施したものを裳華房のweb-siteに載せてほしいと提案したのである．

この提案を受けて，問題番号の一覧表を見やすく美しく仕上げてweb-siteに載せる作業をしてくれたのが國分利幸氏である．ここに記して感謝する．

この作業をきっかけに今回の増補新装版の刊行が企画されたものと思う．解答とヒントの充実とともに原版のデジタル化を図りたいという提案を受けた．

著者にとって有難いご提案であり受けることにしたのだが，80歳を超した老齢であり，拡大鏡を通しても細かい字が見えにくい視力の衰えもあり，校正作業に不安のあることを伝えました．

幸い，編集部の強力なサポートを受け，刊行に漕ぎつけました．

とくに，亀井祐樹，南 清志の両氏のサポートに感謝します．

2019年12月

著　　者

は じ め に

本書は集合と位相に関する入門書である．教科書として利用され，参考書として活用されることを願っている．教科書としてはなるべくページ数の少ない方がよいが，余力のある読者のためには授業中に触れることのない周辺の基礎的な話題も述べてみたい，このような考えのもとに，毎週1回それぞれ90分程度の講義と演習を組にした1年間約25回の授業で，本書の7割程度の内容を消化できるようにまとめてみた．

本書は筆者が大阪大学と山形大学で理学部数学科の2年次学生を対象に行ってきた講義のノートをもとに若干肉付けし，さらにいくつかの話題を追加したものである．1年間の授業時間の割り振りを考えてみると，「集合」については $\frac{1}{3}$，「位相」については $\frac{2}{3}$ の時間を割り当てることになると思う．はじめの三章が「集合」について，残りの六章が「位相」についての内容である．

集合と位相は，概念そのものが現代数学のあらゆる分野に，空気や水のように深く浸透し活用されている．第1章では集合と写像の概念およびその演算について述べてあり，本書の土台となる部分である．無限集合の大きさを比較することが，集合論の一つのテーマであり，第2章ではカントールの対角線論法やベルンシュタインの定理などについて考察する．ごく自然な要請とも思われる選択公理と，まったく不思議なものに思われる整列可能定理が，同等なものであることを認識しておくことは大変重要なことであると思う．第3章では応用上も重要なツォルンの補題も含めて，互いに同等であることを証明する．

古くは閉包作用子や近傍系によって位相構造を導入する書物が多かったようであるが，近年は開集合系によって導入するものが多く，本書もこれに従った．第4章でユークリッド空間および距離空間の位相について考察した後，さらに抽象化して，第5章では一般の位相空間および連続写像について考察する．同相写像によって不変な位相的性質について考察することが位相空間論の重要なテーマであるが，第7章ではコンパクト性を中心に考察する．積空間のコンパクト性に関するチコノフの定理の証明を与えることが一つの目標になる．一般の場合の証明に先立ち，二つのコンパクト空間の積空間がコンパクトであることの直接的証明を与えてある．選択公理とチコノフの定理が同等なものであることの証明も与えておいた．

第8章では距離空間の完備性とコンパクト性について考察する．第9章は，余力のある読者のために，実連続関数の作る多元環の一様収束位相に関する性質と，写像空間のコンパクト開位相について解説したものである．本文中で，完備性などの実数の基本的性質を利用することが多いので，実数の構成と基本的性質についての簡単な解説を付録として載せておいた．

本文の理解を助けるため，合計161題の問題を随所に挿入してあり，その中の約半数の問題については巻末に略解またはヒントを載せておいた．教科書として利用する際に題材の取捨選択に役立つように，他の節において引用されない定理および節については，番号の右肩に*印をつけておいた．また，目次の次の図は各節の間の大まかなつながりを示すものである．

おわりに，本書の執筆をおすすめ下さった大阪大学 村上信吾教授に心からお礼申し上げる．また，本書の出版に当って，裳華房の細木周治氏に終始お世話になった．ここに記して心から感謝申し上げる．

1986年　秋

著　者

目　次

4 距離空間

5 位相空間

6 積空間と商空間

7 位相的性質

8 完備距離空間

9 写像空間

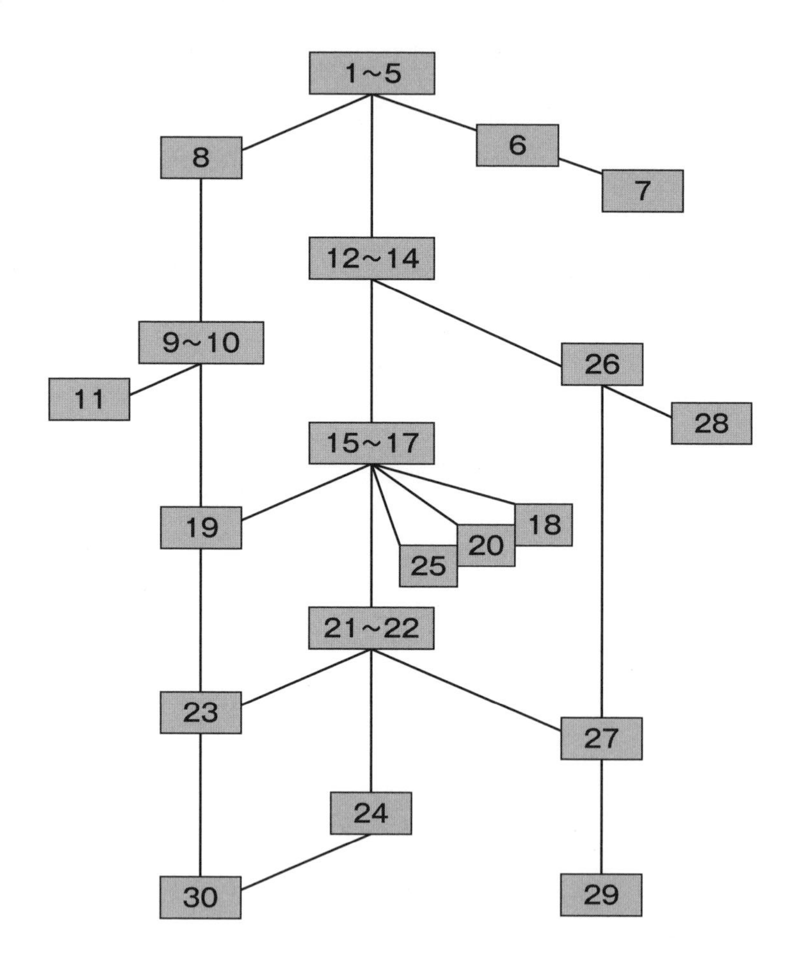

1～5
8
6
7
12～14
9～10
26
11
28
15～17
19
18
20
25
21～22
23
27
24
30
29

1

集合と写像

集合が数学の研究対象とされるようになったのは，19 世紀末のカントールに始まる．それ以来，集合と写像の概念は現代数学を記述するに当って不可欠のものと認識されるようになった．

本章では，集合と写像の概念を導入し，その演算について考察する．素朴な意味での集合と写像の概念は，とくに難しいものではない．集合の演算についても，ごく当りまえの基本的な性質を抜き出してまとめてある．集合の演算と写像との関係（定理 5.2）は，第 4 章以降を学習する際に基礎的な役割を果すので，十分に理解しておいてほしい．

これらの演算に慣れてもらうべく，練習問題も用意してある．定義にもとづいて，計算や証明を実行してほしい．

§1. 集合とは

集合とは“ある特定の性質をそなえたものの集まり”のことである．自然数全体の集まり，整数全体の集まり，日本人全体の集まり，などは集合である．しかし“もの”が集まってさえいれば，何でもそれを集合と呼ぼうというのではない．ものの集まりが集合であるためには，その集められるものの範囲がはっきり定まっていなくてはならない．例えば，かなり大きい自然数の全体，細長い三角形の全体，美人の全体，といったものの集まりは集合ではない．この集まりに入るべきものの範囲がはっきりしていないからである．

集合 A を構成する一つ一つの“もの”を集合 A の**元**（ゲン）または**要素**という．a が A の元であることを，a は A に**属する**，a は A に**含まれる**，A は a を**含む**，などともいい，記号で $a \in A$ または $A \ni a$ と書く．これに反して，もの a が集合 A の元でないことを $a \notin A$ または $A \not\ni a$ で表す．

例 1.1　自然数全体の集合を $\boldsymbol{N}$ と書くことにすれば

$$1 \in \boldsymbol{N},\ 23 \in \boldsymbol{N},\ \boldsymbol{N} \ni 7; \qquad -1 \notin \boldsymbol{N},\ \sqrt{2} \notin \boldsymbol{N}.$$

例 1.2　素数の全体を A とすれば

$$2 \in A,\ 5 \in A; \qquad 4 \notin A,\ 6 \notin A.$$

二つの集合 A, B はまったく同じ構成要素から成るとき，すなわち，A のどの元も B に含まれ，B のどの元も A に含まれるとき，集合 A と集合 B は等しいといい，$A = B$ と書く．$A = B$ でないことを $A \neq B$ で表す．

例 1.3　3 次方程式 $x^3 - 14x^2 + 59x - 70 = 0$ の根の全体を A とし，自然数 $2, 5, 7$ から成る集合を B とすれば，$A = B$ である．

集合の表し方

自然数 $2, 5, 7$ から成る集合を $\{2, 5, 7\}$ と表す．元を書き並べる順序を替えても，同じ集合が決まることはいうまでもない．例えば $\{2, 5, 7\} = \{5, 7, 2\}$ である．しかし，元の個数が多くなれば，すべての元を並べて書くことは困難になるであろう．例えば 1 億以下の自然数全体の集合を上のように表すためには，合計 788888898 個の数字を書き並べることになる．そこで，どのような元がその集合に含まれるか，その範囲をはっきりさせるために，ある条件 P を満たす“もの” x の全体として集合を定めることが多い．この集合を

$$\{x \mid x \text{ は条件 } P \text{ を満たす}\}$$

と表す．例えば，$\boldsymbol{N} = \{x \mid x \text{ は自然数}\}$ は自然数全体の集合を表す．集合 A の元のうち，条件 P を満たす元の全体の集合を

$$\{x \mid x \in A,\ x \text{ は条件 } P \text{ を満たす}\}$$

または

$$\{x \in A \mid x \text{ は条件 } P \text{ を満たす}\}$$

と書く．例えば，1 億以下の自然数全体の集合は

$$\{x \mid x \text{ は自然数},\ x \leqq 100000000\}$$

または

$$\{x \in \boldsymbol{N} \mid x \leqq 100000000\}$$

と表される．しかし，“もの” x に対する条件として，“$x^2 + 1 = 0$ を満足する実数”を考えると，条件 P を満足する x は存在しない．そこで，“元を一つも含まない集合”というものを考え，これを**空集合**といい，$\emptyset$ で表すことにする．このようにすれば，条件 P が何であっても，$\{x \mid x \text{ は条件 } P \text{ を満たす}\}$ は常に一つの集合を表すことになる．

元を有限個しか含まない集合および空集合を**有限集合**といい，そうでない集合を**無限集合**という．

集合のうちで，数学の各分野によく現れる基本的ないくつかのものは，通常，固有の記号によって表される．たとえば，自然数全体の集合，整数全体の集合，有理数全体の集合，実数全体の集合，複素数全体の集合は，通常それぞれ太文字 $\boldsymbol{N}, \boldsymbol{Z}, \boldsymbol{Q}, \boldsymbol{R}, \boldsymbol{C}$ で表される．本書でも，これらの文字はいつも上記の各集合を表すものとして，固有名詞的に用いるものとする．

二つの集合 A, B について，A のどの元も B に含まれるとき，A は B の**部分集合**であるといい，$A \subset B$ または $B \supset A$ で表す．この場合，A は B に**包まれる**，または B は A を**包む**という．$A \subset B$ でないことを $A \not\subset B$ で表す．定義から明らかなように，常に $A \subset A$ であり，二つの集合 A, B について $A \subset B$ かつ $B \subset A$ であれば $A = B$ となる．さらに，三つの集合 A, B, C について，$A \subset B$ かつ $B \subset C$ であれば $A \subset C$ となることも明らかであろう．

注　$A \subset B$ であることを，B は A を含む または A は B に含まれる ということも多い．本書では参考文献 [4] にならって，$x \in A$ であることを A は x を含むといい，$A \subset B$ であることを B は A を包むといい，区別した．

$A \subset B$ かつ $A \neq B$ であるとき，A を B の**真部分集合**であるといい，これを強調したいとき，$A \subsetneqq B$ で表す．例えば，自然数全体の集合 $\boldsymbol{N}$ は整数全体の集合 $\boldsymbol{Z}$ の真部分集合である．

問 1.1　集合 $X = \{1, 2, 3\}$，$Y = \{1, 2\}$，$Z = \{1, 2, 4\}$，$V = \{4\}$，$W = \{3, 4\}$ について，次式が成り立つか．

(1)　$Y \subset X$　(2)　$W \neq Z$　(3)　$V \not\subset Y$　(4)　$V \subset X$　(5)　$X = W$

(6)　$W \not\supset V$　(7)　$Z \supset V$　(8)　$Z \not\supset X$　(9)　$Y \not\subset Z$　(10)　$W \subset Y$.

問 1.2　集合 $A = \{1, 2, 3, 4, 5, 6\}$，$B = \{4, 5, 6, 7, 8, 9\}$，$C = \{2, 4, 8, 9\}$，$D = \{4, 5\}$，$E = \{2, 4\}$，$F = \{2\}$ について，次式を満足する集合 X を，A, B, C, D, E, F の中からすべて求めよ．

(1)　$X \subset A$ かつ $X \subset B$　(2)　$X \not\subset A$ かつ $X \not\subset C$

(3)　$X \not\subset B$ かつ $X \subset C$　(4)　$X \subset B$ かつ $X \not\subset C$.

問 1.3　集合 $A = \{2, 4, \{4, 5\}\}$ について，次式が成り立つか．

(1)　$\{4, 5\} \subset A$　(2)　$\{4, 5\} \in A$　(3)　$\{\{4, 5\}\} \subset A$

(4)　$5 \notin A$　(5)　$\{5\} \in A$　(6)　$\{4\} \subset A$.

二つの集合 A, B について，先に述べた“A のどの元も B に含まれる”という条件は，対偶を考えることにより，“B に含まれないどの元も A に含まれない”という条件と同じである．とくに A を空集合とすれば，2番目の条件は集合 B が何であっても常に成り立つ．従って，空集合 $\emptyset$ は任意の集合の部分集合である．

例 1.4　集合 $\{2,5,7\}$ の部分集合は $\emptyset, \{2\}, \{5\}, \{7\}, \{2,5\}, \{2,7\}, \{5,7\}, \{2,5,7\}$ の 8 個である．

問 1.4　一般に n 個の元から成る集合の部分集合は全部で 2^n 個であることを示せ．

集合 A の部分集合の全体を $\mathfrak{P}(A)$ で表し，A の**巾**（ベキ）**集合**という．このように，集合自身がある集合の元となることがある．一般に，どの元も集合であるような集合のことを**集合族**という．

例 1.5　a, b を $a < b$ であるような二つの実数とする．$\boldsymbol{R}$ の部分集合

$$(a,b) = \{x \in \boldsymbol{R} \mid a < x < b\},$$
$$[a,b] = \{x \in \boldsymbol{R} \mid a \leqq x \leqq b\},$$
$$(a,b] = \{x \in \boldsymbol{R} \mid a < x \leqq b\},$$
$$[a,b) = \{x \in \boldsymbol{R} \mid a \leqq x < b\}$$

を，それぞれ a を左端 b を右端とする**開区間**，**閉区間**，**左半開区間**，**右半開区間**という．開区間の集まり

$$\{(x, x+1) \mid x \in \boldsymbol{R}\}$$

や，閉区間の集まり

$$\{[-n, n] \mid n \in \boldsymbol{N}\}$$

などは集合族である．

§2. 集合の演算

二つの集合 A, B について，A の元と B の元とを全部寄せ集めてできる集合を，A と B の**和集合**といい，$A \cup B$ で表す．すなわち

$$A \cup B = \{x \mid x \in A \text{ または } x \in B\}$$

である．A と B に共通に含まれる元全体の集合を，A と B の**共通部分**といい，$A \cap B$ で表す．すなわち

$$A \cap B = \{x \mid x \in A \text{ かつ } x \in B\}$$

である．また，A に含まれて B には含まれない元全体の集合を，A と B の**差集合**といい，$A - B$ で表す．すなわち

$$A - B = \{x \mid x \in A \text{ かつ } x \notin B\}$$

である．

下の図で，左側の円の内部を A，右側の円の内部を B とすれば，$A \cup B$，$A \cap B$，$A - B$ はそれぞれ影の部分となる．

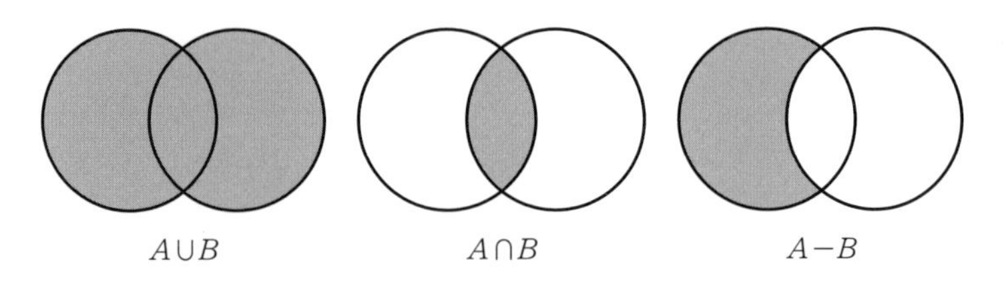

共通部分 $A \cap B$ が空集合でないとき A と B は**交わる**といい，$A \cap B$ が空集合であるとき A と B は**交わらない**という．A と B が交わらないとき，和集合 $A \cup B$ をとくに A と B の**非交和集合**または（集合としての）**直和**という．

例 2.1　集合 $A = \{1, 2, 3, 4, 5, 6\}$，$B = \{4, 5, 6, 7, 8, 9\}$ について，

$$A \cup B = \{1, 2, 3, 4, 5, 6, 7, 8, 9\},$$
$$A \cap B = \{4, 5, 6\},$$
$$A - B = \{1, 2, 3\},$$
$$B - A = \{7, 8, 9\}.$$

和集合，共通部分について，次の諸性質がある．

定理 2.1　集合 A, B について，次式が成り立つ．

(1)　$A \subset A \cup B$　　(2)　$B \subset A \cup B$　　(3)　$A \cup B = B \cup A$

(4) $A \cap B \subset A$ (5) $A \cap B \subset B$ (6) $A \cap B = B \cap A$.

[証明] $A \cup B$ は A の元と B の元とを全部寄せ集めてできた集合である．よって，$x \in A$ ならば $x \in A \cup B$ である．従って $A \subset A \cup B$. $B \subset A \cup B$ についても同様である．$A \cup B$ と $B \cup A$ はともに A の元と B の元とを全部寄せ集めてできた集合である．よって $A \cup B = B \cup A$ である．$A \cap B$ は A と B に共通に含まれる元全体の集合である．よって，$x \in A \cap B$ ならば $x \in A$ である．従って $A \cap B \subset A$. $A \cap B \subset B$ についても同様である．$A \cap B$ と $B \cap A$ はともに A と B に共通に含まれる元全体の集合である．よって $A \cap B = B \cap A$ である．□

この定理の等式 (3) と (6) を，それぞれ和集合，共通部分についての**交換法則**という．

定理 2.2 集合 A, B, C, D について

(1) $A \subset C$ かつ $B \subset C$ ならば，$A \cup B \subset C$ である．

(2) $D \subset A$ かつ $D \subset B$ ならば，$D \subset A \cap B$ である．

[証明] (1) $x \in A \cup B$ とすれば，$x \in A$ または $x \in B$ である．仮定によって $A \subset C$ かつ $B \subset C$ であるから，いずれにしても $x \in C$ となる．よって $A \cup B \subset C$ となる．

(2) $x \in D$ とする．仮定によって $D \subset A$ かつ $D \subset B$ であるから，x は A と B に共通に含まれる元である．すなわち $x \in A \cap B$ となる．よって $D \subset A \cap B$ となる．
□

この二つの定理から，$A \cup B$ は A と B をともに包む集合の中で最小のものであること，$A \cap B$ は A と B の両方に包まれる集合の中で最大のものであることがわかる．

定理 2.3 **(結合法則)** 集合 A, B, C について，次式が成り立つ．

(1)
$$(A \cup B) \cup C = A \cup (B \cup C),$$

(2)
$$(A \cap B) \cap C = A \cap (B \cap C).$$

[証明] (1) $(A \cup B) \cup C$ は，$A \cup B$ の元と C の元とを全部寄せ集めてできた集

合である．しかるに $A\cup B$ は A の元と B の元とを全部寄せ集めてできた集合である．よって，$(A\cup B)\cup C$ は A,B,C の元を全部寄せ集めてできる集合である．同様に $A\cup(B\cup C)$ も A,B,C の元を全部寄せ集めてできる集合である．よって

$$(A\cup B)\cup C=A\cup(B\cup C)$$

である．

(2)　$(A\cap B)\cap C$ は，$A\cap B$ と C に共通に含まれる元全体の集合である．しかるに $A\cap B$ は A と B に共通に含まれる元全体の集合である．よって，$(A\cap B)\cap C$ は A,B,C に共通に含まれる元全体の集合である．同様に $A\cap(B\cap C)$ も A,B,C に共通に含まれる元全体の集合である．よって

$$(A\cap B)\cap C=A\cap(B\cap C)$$

である．□

いくつかの集合の和集合，共通部分を考える場合，結合法則によれば，どこへカッコをつけても答が変わらないことがわかり，交換法則によれば，項の順序を任意に変えても答が変わらないことがわかる．よって，$(A\cup B)\cup C$ や $A\cup(B\cup C)$ の代わりに $A\cup B\cup C$ と書き，$(A\cap B)\cap C$ や $A\cap(B\cap C)$ の代わりに $A\cap B\cap C$ と書いても支障のないことがわかる．例えば

$$\begin{aligned}A\cup B\cup C&=A\cup C\cup B=B\cup A\cup C\\&=C\cup B\cup A=B\cup C\cup A=C\cup A\cup B\end{aligned}$$

が成り立ち，共通部分についても同様の等式が成り立つ．

定理 2.4　**(分配法則)**　集合 A,B,C について，次式が成り立つ．

(1)　$$A\cup(B\cap C)=(A\cup B)\cap(A\cup C),$$

(2)　$$A\cap(B\cup C)=(A\cap B)\cup(A\cap C).$$

［**証明**］　(1)　まず $A\cup(B\cap C)\subset(A\cup B)\cap(A\cup C)$ であることを示そう．$x\in A\cup(B\cap C)$ とする．すなわち $x\in A$ または $x\in B\cap C$ である．もし $x\in A$ ならば，$x\in A\cup B$ かつ $x\in A\cup C$ となり，$x\in(A\cup B)\cap(A\cup C)$ である．一方，$x\in B\cap C$ ならば，$x\in B$ かつ $x\in C$ となり，従って $x\in A\cup B$ かつ $x\in A\cup C$ となるので，やはり $x\in(A\cup B)\cap(A\cup C)$ である．いずれにせよ，$x\in A\cup(B\cap C)$ ならば，$x\in(A\cup B)\cap(A\cup C)$ であることがわかる．よって，

(i) $$A \cup (B \cap C) \subset (A \cup B) \cap (A \cup C)$$

が成り立つ．逆に，$(A \cup B) \cap (A \cup C) \subset A \cup (B \cap C)$ であることを示そう．$x \in (A \cup B) \cap (A \cup C)$ とする．すなわち $x \in A \cup B$ かつ $x \in A \cup C$ である．もし $x \notin A$ であれば，$x \in B$ かつ $x \in C$ となり，$x \in B \cap C$ である．よって，$x \in A \cup (B \cap C)$ である．ゆえに $x \in (A \cup B) \cap (A \cup C)$ ならば $x \in A \cup (B \cap C)$ であることがわかる．よって

(ii) $$(A \cup B) \cap (A \cup C) \subset A \cup (B \cap C)$$

が成り立つ．(i), (ii) を合わせると

$$A \cup (B \cap C) = (A \cup B) \cap (A \cup C)$$

となる．

(2) まず，$A \cap (B \cup C) \subset (A \cap B) \cup (A \cap C)$ であることを示そう．$x \in A \cap (B \cup C)$ とする．すなわち $x \in A$ かつ $x \in B \cup C$ である．この後者は $x \in B$ または $x \in C$ であるから，$x \in A$ かつ $x \in B$ であるか，または $x \in A$ かつ $x \in C$ であるかのどちらかである．従って $x \in A \cap B$ または $x \in A \cap C$ であり，$x \in (A \cap B) \cup (A \cap C)$ となる．ゆえに $x \in A \cap (B \cup C)$ ならば $x \in (A \cap B) \cup (A \cap C)$ であることがわかり，

(iii) $$A \cap (B \cup C) \subset (A \cap B) \cup (A \cap C)$$

が成り立つ．逆に $(A \cap B) \cup (A \cap C) \subset A \cap (B \cup C)$ であることを示そう．$x \in (A \cap B) \cup (A \cap C)$ とする．すなわち $x \in A \cap B$ または $x \in A \cap C$ である．従って $x \in A$ であり，同時に $x \in B$ または $x \in C$ である．すなわち $x \in A$ かつ $x \in B \cup C$ となり，$x \in A \cap (B \cup C)$ である．ゆえに $x \in (A \cap B) \cup (A \cap C)$ ならば $x \in A \cap (B \cup C)$ であることがわかり，

(iv) $$(A \cap B) \cup (A \cap C) \subset A \cap (B \cup C)$$

が成り立つ．(iii), (iv) を合わせると

$$A \cap (B \cup C) = (A \cap B) \cup (A \cap C)$$

となる．□

次のページの図で集合 A, B, C がそれぞれの円の内部を表すものとすれば，定理 2.4 の (1), (2) の等式が表す集合はそれぞれ影の部分となる．

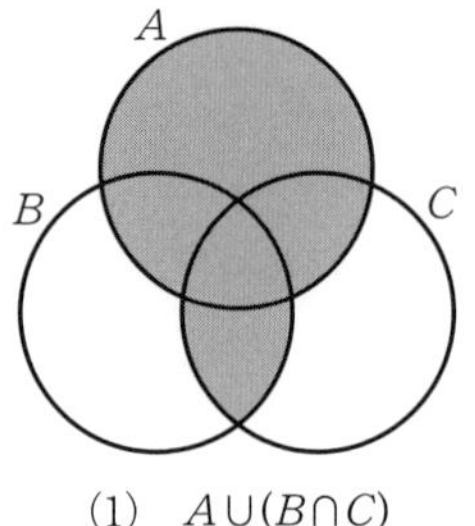

(1)　$A \cup (B \cap C)$

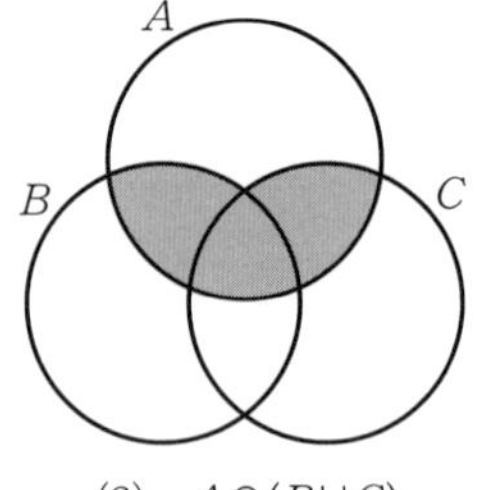

(2)　$A \cap (B \cup C)$

問 2.1　次式が成り立つことを確かめよ.

$$A \cup A = A, \quad A \cup \emptyset = A, \quad A \cap A = A, \quad A \cap \emptyset = \emptyset,$$
$$A - A = \emptyset, \quad A - \emptyset = A, \quad \emptyset - A = \emptyset.$$

問 2.2　次式が成り立つことを示せ.

$$A = (A - B) \cup (A \cap B), \quad A \cup B = (A - B) \cup B, \quad B \cap (A - B) = \emptyset.$$

問 2.3　$A_1 \subset A$ ならば $A_1 - B \subset A - B$ であり，$B_1 \subset B$ ならば $A - B \subset A - B_1$ であることを示せ.

問 2.4　等式 $A - B = A$ が成り立つことと，A と B が交わらないこととは同値であることを示せ.

問 2.5　次式はいずれも $A \subset B$ と同値であることを示せ.

(1)　$A \cup B = B$　　(2)　$A \cap B = A$

(3)　$A - B = \emptyset$　　(4)　$A \cup (B - A) = B$

(5)　$A = B - (B - A)$.

問 2.6　次式が成り立つことを示せ.

(1)　$$(A \cup B) \cap (A \cup C) \cap (B \cup C) = (A \cap B) \cup (A \cap C) \cup (B \cap C)$$

(2)　$$(A \cup B) \cap (A \cup C) \cap (A \cup D) \cap (B \cup C) \cap (B \cup D) \cap (C \cup D)$$
$$= (A \cap B \cap C) \cup (A \cap B \cap D) \cup (A \cap C \cap D) \cup (B \cap C \cap D).$$

§3. ド・モルガンの法則

差集合と和集合，共通部分について，次の関係がある．

定理 3.1（**ド・モルガンの法則**）　集合 X, A, B について，次式が成り立つ．

(1) $$X-(A\cup B)=(X-A)\cap(X-B),$$

(2) $$X-(A\cap B)=(X-A)\cup(X-B).$$

［**証明**］(1)　$x\in X-(A\cup B)$ とする．すなわち $x\in X$ かつ $x\notin A\cup B$ である．この後者は $x\notin A$ かつ $x\notin B$ であるから，$x\in X$ かつ $x\notin A$ であり，同時に $x\in X$ かつ $x\notin B$ である．よって，$x\in X-A$ かつ $x\in X-B$ となり，$x\in(X-A)\cap(X-B)$ である．ゆえに

$$X-(A\cup B)\subset(X-A)\cap(X-B)$$

が成り立つ．逆に $x\in(X-A)\cap(X-B)$ とする．すなわち $x\in X-A$ かつ $x\in X-B$ である．よって，$x\in X$ であり，同時に $x\notin A$ かつ $x\notin B$ である．従って，$x\in X$ かつ $x\notin A\cup B$ となり，$x\in X-(A\cup B)$ である．ゆえに

$$(X-A)\cap(X-B)\subset X-(A\cup B)$$

が成り立つ．従って

$$X-(A\cup B)=(X-A)\cap(X-B)$$

である．

(2)　$x\in X-(A\cap B)$ とする．すなわち $x\in X$ かつ $x\notin A\cap B$ である．この後者は $x\notin A$ または $x\notin B$ であるから，$x\in X$ であり同時に $x\notin A$ または $x\notin B$ である．よって，$x\in X$ かつ $x\notin A$ であるか，または $x\in X$ かつ $x\notin B$ である．ゆえに $x\in X-A$ または $x\in X-B$ であり，$x\in(X-A)\cup(X-B)$ となる．従って

$$X-(A\cap B)\subset(X-A)\cup(X-B)$$

が成り立つ．逆に $x\in(X-A)\cup(X-B)$ とする．すなわち $x\in X-A$ または $x\in X-B$ である．従って，$x\in X$ であり，同時に $x\notin A$ または $x\notin B$ である．この後者は $x\notin A\cap B$ であるから，$x\in X$ であり同時に $x\notin A\cap B$ である．よって $x\in X-(A\cap B)$ となる．ゆえに

$$(X-A)\cup(X-B)\subset X-(A\cap B)$$

が成り立つ．従って

$$X-(A\cap B)=(X-A)\cup(X-B)$$

である. □

下の図で集合 X, A, B がそれぞれの円の内部を表すものとすれば, 定理 3.1 の (1), (2) の等式が表す集合はそれぞれ影の部分となる.

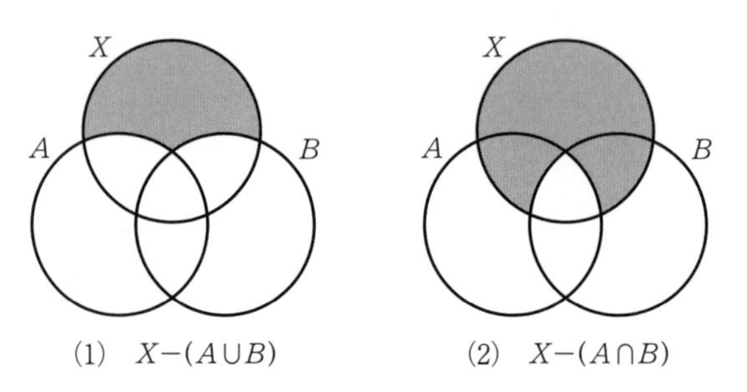

(1)　$X-(A\cup B)$　　(2)　$X-(A\cap B)$

上の定理の証明からもわかるように, ある集合 S が他の集合 T に等しいことを証明する際, S が T に包まれることの証明を逆にたどれば, T が S に包まれることが証明できることが多い. ここに, 定理 3.1 の別証明を与えておこう.

[別証明]　(1)

$$\begin{aligned}X-(A\cup B)&=\{x\mid x\in X \text{ かつ } x\notin A\cup B\}\\&=\{x\mid x\in X \text{ かつ, } x\notin A \text{ かつ } x\notin B\}\\&=\{x\mid x\in X \text{ かつ } x\notin A, \text{ かつ } x\in X \text{ かつ } x\notin B\}\\&=\{x\mid x\in X-A \text{ かつ } x\in X-B\}\\&=(X-A)\cap(X-B).\end{aligned}$$

(2)

$$\begin{aligned}X-(A\cap B)&=\{x\mid x\in X \text{ かつ } x\notin A\cap B\}\\&=\{x\mid x\in X \text{ かつ, } x\notin A \text{ または } x\notin B\}\\&=\{x\mid x\in X \text{ かつ } x\notin A,\\&\qquad \text{ または } x\in X \text{ かつ } x\notin B\}\\&=\{x\mid x\in X-A \text{ または } x\in X-B\}\\&=(X-A)\cup(X-B).\end{aligned}$$

補集合

数学のいろいろな分野では，一つの基礎になる集合を固定して，その集合の元についてのみ考察することが多い．例えば，微分積分学では実数全体の集合を，平面幾何学では平面上の点全体の集合を，また関数論では複素数全体の集合を，それぞれ基礎になる集合として固定する．

このような場合，その考察の途中に現れる集合は，はじめに固定した基礎になる集合の部分集合になっていることが多い．基礎になる集合を X，その部分集合を A とするとき，差集合 $X-A$ を（X に関する）A の**補集合**といい，A^c で表す．この記号を使えば，A,B を基礎になる集合 X（この集合を**普遍集合**と呼ぶ）の部分集合とするとき，ド・モルガンの法則から

$$(A\cup B)^c=A^c\cap B^c,\qquad (A\cap B)^c=A^c\cup B^c$$

の成り立つことがわかる．この2式を補集合に関する**ド・モルガンの法則**という．

問 3.1　基礎になる集合 X の部分集合について，次式が成り立つことを確かめよ．

$$(A^c)^c=A,\quad X^c=\emptyset,\quad \emptyset^c=X,\quad X=A\cup A^c,$$
$$A\cap A^c=\emptyset,\quad A-B=A\cap B^c,\quad A\cup B=(A^c\cap B^c)^c.$$

問 3.2　次式が成り立つことを示せ．

$$(A\cup B)-C=(A-C)\cup(B-C),\qquad (A\cap B)-C=(A-C)\cap(B-C).$$

問 3.3　集合 A,B に対して $A\circ B=(A-B)\cup(B-A)$ と定義する．この $A\circ B$ を A と B の**対称差**という．

(1)　次式が成り立つことを示せ．

$$A\circ B=B\circ A,\qquad (A\circ B)\circ C=A\circ(B\circ C),$$
$$A\circ A=\emptyset,\qquad A\circ\emptyset=A.$$

(2)　集合 A,B を任意に与えたとき，$A\circ X=B$ を満足する集合 X がただ一つ存在することを示せ．

§4. 直積集合

よく知られているように，平面上に互いに直交する2直線をとって，それぞれx軸，y軸と名づけ，それをもとにして，平面上の各点Pに座標(a,b)を与えることができる．

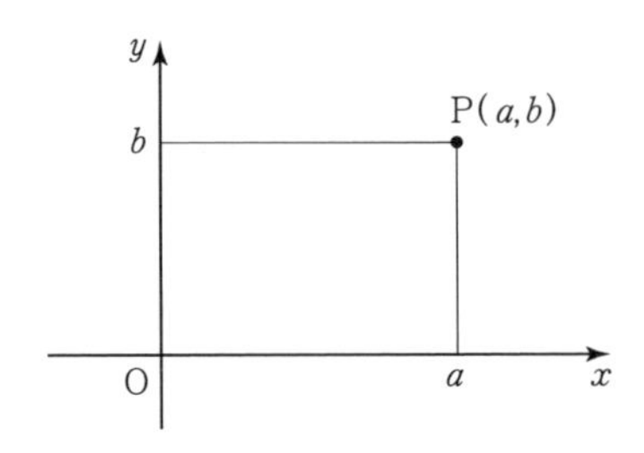

この座標について最も肝心なことは(a,b)と(b,a)との区別である．(a,b)が表す点と(b,a)が表す点とは，$a \neq b$である限りまったく違う二つの点である．このことを念頭において，次のようなものを考察しよう．

一般に，二つのものa,bから作られた対(a,b)なるものを，aとbとから作られた**順序対**という．二つの順序対(a,b)と(a',b')とが等しいのは$a=a'$かつ$b=b'$がともに成立する場合に限るものと定める．(a,b)と(a',b')が等しいことを

$$(a,b)=(a',b') \qquad \text{または} \qquad (a',b')=(a,b)$$

と書く．また$(a,b)=(a',b')$でないことを

$$(a,b)\neq(a',b') \qquad \text{または} \qquad (a',b')\neq(a,b)$$

で表す．

二つのものa,bから作られた集合$\{a,b\}$と順序対(a,b)とは，はっきり区別せねばならない．例えば，$\{a,b\}=\{b,a\}$は常に成り立つが，$a=b$でない限り$(a,b)=(b,a)$とはならないのである．

A,Bを二つの集合とする．Aの元aとBの元bとから作られる順序対(a,b)の全体から成る集合を，AとBとの**直積**といい，$A\times B$で表す．

注　通常，順序対および開区間を表す際，ともに丸カッコを用いることが多い．どちらの意味で用いられているか，前後の文脈から判断せねばならない．

例 4.1　$A = \{1, 2, 3\}$，$B = \{1, 2\}$ に対して

$$A \times B = \{(1, 1), (1, 2), (2, 1), (2, 2), (3, 1), (3, 2)\}.$$

二つの集合 A, B のいずれかが空集合であれば，A の元と B の元とから作られる順序対は存在しない．従って，直積 $A \times B$ は空集合である．

さらに，n 個の集合 $A_1, A_2, \cdots, A_n$ について，各 A_i から一つずつ元 a_i をとり順番に並べて組 $(a_1, a_2, \cdots, a_n)$ を作る．二つの組 $(a_1, \cdots, a_n)$ と $(a_1', \cdots, a_n')$ とが等しいのは $a_1 = a_1'$，$\cdots$，$a_n = a_n'$ の場合に限るものと定める．このような組 $(a_1, \cdots, a_n)$ の全体の集合を $A_1, A_2, \cdots, A_n$ の**直積**といい，$A_1 \times A_2 \times \cdots \times A_n$ で表す．

問 4.1　次式が成り立つことを確かめよ．

$$A \times (B \cup C) = (A \times B) \cup (A \times C),$$
$$A \times (B \cap C) = (A \times B) \cap (A \times C),$$
$$(A \cup B) \times C = (A \times C) \cup (B \times C),$$
$$(A \cap B) \times C = (A \times C) \cap (B \times C).$$

問 4.2　A を X の部分集合，B を Y の部分集合とすれば，等式

$$(X \times Y) - (A \times B) = ((X - A) \times Y) \cup (X \times (Y - B))$$

が成り立つことを，次の図を参考にして証明せよ．

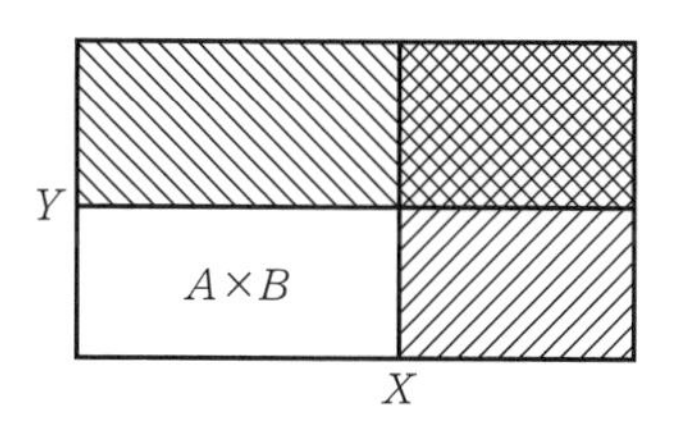

§5. 写 像

例えば，実数について議論している場合，文字を含んだいろいろな式を取り扱う．

$$x+2, \quad y^2+1, \quad \frac{z+1}{z-1}, \quad \sqrt{1-w^2}$$

などはその例である．それぞれ

$$f(x), \quad g(y), \quad h(z), \quad k(w)$$

と表すとき，$f(x)$ と $g(y)$ は文字 x, y のところへどんな実数を代入しても，計算の結果一つの実数を答として出してくることができる．従って，これらの式は，与えられた実数に対して，それに応ずるある一つの実数を探し出すための規則を与えるものと見ることができる．一方，$h(z)$ や $k(w)$ の場合には，事情が少々異なる．なぜなら，文字 z, w のところへある実数を代入したとき，計算によって実数の答を出してくることができるためには z, w に条件が付いてくるからである．しかし，$h(z)$ は $\{z \in \boldsymbol{R} \mid z \neq 1\}$ に属するどんな z に対してもいつでも答を出すことができるし，$k(w)$ は $\{w \in \boldsymbol{R} \mid -1 \leqq w \leqq 1\}$ に属するどんな w に対しても，答を出すことができる．

一般に，A と B を集合とするとき，A のどんな元に対しても B の元を一つずつ対応させる規則が与えられた場合，その規則そのもののことを集合 A から集合 B への**関数**または**写像**という．f が集合 A から集合 B への写像であることを $f: A \to B$ で表し，A を f の**始域**または定義域，B を f の**終域**または値域という．

例 5.1 $f(x)=x+2$ と $g(y)=y^2+1$ の始域と終域は，ともに実数全体の集合 $\boldsymbol{R}$ である．$h(z)=(z+1)/(z-1)$ の始域は $\{z \in \boldsymbol{R} \mid z \neq 1\}$ であり，終域は $\boldsymbol{R}$ である．$k(w)=\sqrt{1-w^2}$ の始域は $\{w \in \boldsymbol{R} \mid -1 \leqq w \leqq 1\}$ で，終域は $\boldsymbol{R}$ である．

写像 $f: A \to B$ によって A の元 a に B の元 b が対応するとき，b を f によ

るaの**像**といい，$b=f(a)$で表す．このとき，aをfによるbの**原像**という．集合Aから集合Bへの二つの写像fとgは，Aのどんな元aについても常に$f(a)=g(a)$となるとき，写像として**等しい**といい$f=g$または$g=f$で表す．$f=g$でないことを$f\neq g$または$g\neq f$で表す．

A,B,Cを三つの集合とし，$f:A\to B$，$g:B\to C$を写像とする．Aの元aに$g(f(a))$，すなわちaのfによる像$f(a)$のさらにgによる像，を対応させるという規則を考えると，集合Aから集合Cへの写像が得られたことになる．これをfとgの**合成**または**合成写像**といい$g\circ f$で表す．すなわち

$$(g\circ f)(a)=g(f(a)),\qquad a\in A$$

が成り立つ．

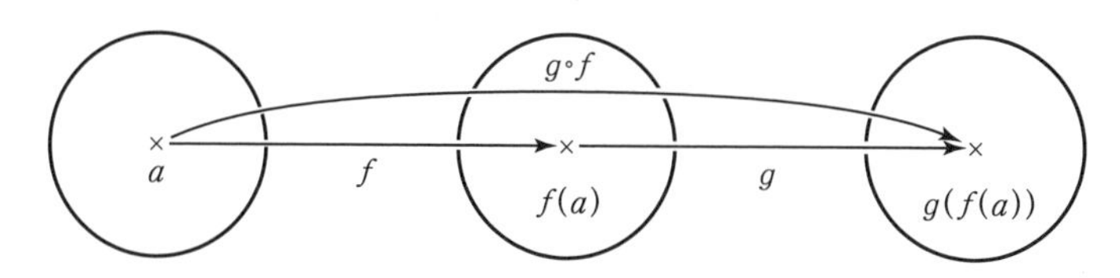

問 5.1　二つの写像$f:\boldsymbol{R}\to\boldsymbol{R}$，$g:\boldsymbol{R}\to\boldsymbol{R}$を$f(x)=x+2$，$g(x)=x^2+1$で与える．合成写像$f\circ g$，$g\circ f$，$f\circ f$，$g\circ g$を式で表せ．

定理 5.1　**（結合法則）**　写像$f:X\to Y$，$g:Y\to Z$，$h:Z\to W$の合成について，等式

$$h\circ(g\circ f)=(h\circ g)\circ f$$

が成り立つ．

［**証明**］　各元$x\in X$について

$$\begin{aligned}[h\circ(g\circ f)](x)&=h((g\circ f)(x))=h(g(f(x)))\\&=(h\circ g)(f(x))=[(h\circ g)\circ f](x)\end{aligned}$$

が成り立つ．　□

$f:A\to B$を写像とする．Aの部分集合A_1に対して，Bの部分集合$\{f(a)\mid a\in A_1\}$をfによるA_1の**像**といい$f(A_1)$で表す．Bの部分集合B_1に

対して，A の部分集合 $\{a \in A \mid f(a) \in B_1\}$ を f による B_1 の**逆像**または**原像**といい $f^{-1}(B_1)$ で表す．

定理 5.2　$f: A \to B$ を写像とする．A の部分集合 A_1, A_2 および B の部分集合 B_1, B_2 に対して，次式が成り立つ．

(1) $$f(A_1 \cup A_2) = f(A_1) \cup f(A_2)$$

(2) $$f(A_1 \cap A_2) \subset f(A_1) \cap f(A_2)$$

(3) $$f^{-1}(B_1 \cup B_2) = f^{-1}(B_1) \cup f^{-1}(B_2)$$

(4) $$f^{-1}(B_1 \cap B_2) = f^{-1}(B_1) \cap f^{-1}(B_2)$$

(5) $$A_1 \subset f^{-1}(f(A_1))$$

(6) $$f(f^{-1}(B_1)) \subset B_1$$

(7) $$f(A_1) - f(A_2) \subset f(A_1 - A_2)$$

(8) $$f^{-1}(B_1) - f^{-1}(B_2) = f^{-1}(B_1 - B_2).$$

［**証明**］　(1)

$$\begin{aligned} f(A_1 \cup A_2) &= \{b \in B \mid b = f(a) \text{ となる元 } a \in A_1 \cup A_2 \text{ が存在する}\} \\ &= \{b \in B \mid b = f(a_1) \text{ となる元 } a_1 \in A_1 \text{ または } b = f(a_2) \\ &\qquad \text{となる元 } a_2 \in A_2 \text{ が存在する}\} \\ &= \{b \in B \mid b \in f(A_1) \text{ または } b \in f(A_2)\} \\ &= f(A_1) \cup f(A_2). \end{aligned}$$

(2)

$$\begin{aligned} f(A_1 \cap A_2) &= \{b \in B \mid b = f(a) \text{ となる元 } a \in A_1 \cap A_2 \text{ が存在する}\} \\ &\subset \{b \in B \mid b = f(a_1) \text{ となる元 } a_1 \in A_1 \text{ および } b = f(a_2) \\ &\qquad \text{となる元 } a_2 \in A_2 \text{ が存在する}\} \\ &= \{b \in B \mid b \in f(A_1) \text{ かつ } b \in f(A_2)\} \\ &= f(A_1) \cap f(A_2). \end{aligned}$$

(3)

$$\begin{aligned} f^{-1}(B_1 \cup B_2) &= \{a \in A \mid f(a) \in B_1 \cup B_2\} \\ &= \{a \in A \mid f(a) \in B_1 \text{ または } f(a) \in B_2\} \\ &= \{a \in A \mid a \in f^{-1}(B_1) \text{ または } a \in f^{-1}(B_2)\} \\ &= f^{-1}(B_1) \cup f^{-1}(B_2). \end{aligned}$$

(4)

$$\begin{aligned} f^{-1}(B_1 \cap B_2) &= \{a \in A \mid f(a) \in B_1 \cap B_2\} \\ &= \{a \in A \mid f(a) \in B_1 \text{ かつ } f(a) \in B_2\} \end{aligned}$$

$$= \{a \in A \mid a \in f^{-1}(B_1) \text{ かつ } a \in f^{-1}(B_2)\}$$
$$= f^{-1}(B_1) \cap f^{-1}(B_2).$$

(5) $a \in A_1$ ならば $f(a) \in f(A_1)$ であり，よって $a \in f^{-1}(f(A_1))$ となる．従って，$A_1 \subset f^{-1}(f(A_1))$ が成り立つ．

(6) $b \in f(f^{-1}(B_1))$ とする．すなわち，$b = f(a)$ となる元 $a \in f^{-1}(B_1)$ が存在する．よって，$b = f(a) \in B_1$ となる．従って，$f(f^{-1}(B_1)) \subset B_1$ が成り立つ．

(7)
$$\begin{aligned} f(A_1) - f(A_2) &= \{b \in B \mid b \in f(A_1) \text{ かつ } b \notin f(A_2)\} \\ &= \{b \in B \mid b = f(a) \text{ となる元 } a \in A_1 \text{ が存在し，} \\ &\qquad \text{かつ } b \notin f(A_2)\} \\ &\subset \{b \in B \mid b = f(a) \text{ となる元 } a \in A_1 - A_2 \text{ が存在する}\} \\ &= f(A_1 - A_2). \end{aligned}$$

(8)
$$\begin{aligned} f^{-1}(B_1) - f^{-1}(B_2) &= \{a \in A \mid a \in f^{-1}(B_1) \text{ かつ } a \notin f^{-1}(B_2)\} \\ &= \{a \in A \mid f(a) \in B_1 \text{ かつ } f(a) \notin B_2\} \\ &= \{a \in A \mid f(a) \in B_1 - B_2\} \\ &= f^{-1}(B_1 - B_2). \quad \square \end{aligned}$$

例 5.2 $f(x) = x^2$ によって写像 $f : \boldsymbol{R} \to \boldsymbol{R}$ を定める．$\boldsymbol{R}$ の部分集合 A_1, A_2, B_1 として，閉区間

$$A_1 = [-3, 1], \qquad A_2 = [-1, 2], \qquad B_1 = [-1, 1]$$

を考える．この場合

$$\begin{aligned} &f(A_1 \cap A_2) = [0, 1], & &f(A_1) \cap f(A_2) = [0, 4], \\ &f^{-1}(f(A_1)) = [-3, 3], & &f(f^{-1}(B_1)) = [0, 1], \\ &f(A_1) - f(A_2) = (4, 9], & &f(A_1 - A_2) = (1, 9] \end{aligned}$$

である．従って，定理 5.2 の (2), (5), (6), (7) について，一般には等号の成り立たないことがわかる．

集合系の演算

一般に，n 個の集合 $A_1, A_2, \cdots, A_n$ が与えられたということは，1 には集合 A_1 が，2 には集合 A_2 が，…，n には集合 A_n がそれぞれ指定されたということに

他ならない．よって，集合 $\{1, 2, \cdots, n\}$ からある集合族への一つの写像 A が与えられたということと同じである．つまり，$A_1, A_2, \cdots, A_n$ の各々は，それぞれ集合 $\{1, 2, \cdots, n\}$ の元 $1, 2, \cdots, n$ の写像 A による像と見なすことができる．

このように考えれば，“いくつかの集合が与えられた” ということは，ある一つの空でない集合から，ある集合族への一つの写像が与えられたということであると考えることができる．一般に，空でない集合 Λ からある集合族への写像 A のことを，Λ の上の，**集合系**といい

$$(A_\lambda \mid \lambda \in \Lambda) \qquad \text{または} \qquad (A_\lambda)_{\lambda \in \Lambda}$$

で表す．これは集合 Λ の元 λ の写像 A による像が A_λ という集合であることを示している．A_λ は λ という**添え字**をもっており，集合 Λ を集合系 $(A_\lambda \mid \lambda \in \Lambda)$ の**添え字の集合**という．

集合系 $(A_\lambda \mid \lambda \in \Lambda)$ が与えられたとき，この集合系の少なくとも一つの A_λ の元になるようなものの全体から成る集合を，集合系 $(A_\lambda \mid \lambda \in \Lambda)$ の**和集合**といい

$$\bigcup_{\lambda \in \Lambda} A_\lambda \qquad \text{または} \qquad \bigcup (A_\lambda \mid \lambda \in \Lambda)$$

で表し，この集合系のすべての A_λ に共通に含まれる元の全体から成る集合を，集合系 $(A_\lambda \mid \lambda \in \Lambda)$ の共通部分といい

$$\bigcap_{\lambda \in \Lambda} A_\lambda \qquad \text{または} \qquad \bigcap (A_\lambda \mid \lambda \in \Lambda)$$

で表す．このような集合系の和集合，共通部分の概念は，すでにわれわれの知っている和集合，共通部分の概念（§2 参照）の拡張に他ならない．

添え字の集合が $\Lambda = \boldsymbol{N}$，すなわち自然数全体の集合であるとき，集合系 $(A_n \mid n \in \boldsymbol{N})$ の和集合，共通部分をそれぞれ

$$\bigcup_{n=1}^{\infty} A_n, \qquad \bigcap_{n=1}^{\infty} A_n$$

で表すことがある．

問 5.2　集合系の和集合，共通部分について，次の等式が成り立つことを証明せよ．

(1)　$\left(\bigcup_{\lambda \in \Lambda} A_\lambda\right) \cap B = \bigcup_{\lambda \in \Lambda} (A_\lambda \cap B)$

(2) $\left(\bigcap_{\lambda\in\Lambda} A_\lambda\right)\cup B=\bigcap_{\lambda\in\Lambda}(A_\lambda\cup B)$.

集合系 $(A_\lambda\,|\,\lambda\in\Lambda)$ の各集合 A_λ が基礎となる集合 X の部分集合であるとき，$(A_\lambda\,|\,\lambda\in\Lambda)$ を集合 X の**部分集合系**という．

問 5.3 集合 X の部分集合系 $(A_\lambda\,|\,\lambda\in\Lambda)$ について，次の等式が成り立つことを証明せよ．

(1) $\left(\bigcup_{\lambda\in\Lambda} A_\lambda\right)^c=\bigcap_{\lambda\in\Lambda}(A_\lambda{}^c)$ (2) $\left(\bigcap_{\lambda\in\Lambda} A_\lambda\right)^c=\bigcup_{\lambda\in\Lambda}(A_\lambda{}^c)$.

問 5.4 写像 $f:X\to Y$ および，X の部分集合系 $(A_\lambda\,|\,\lambda\in\Lambda)$ と Y の部分集合系 $(B_\mu\,|\,\mu\in M)$ に対して，次式が成り立つことを証明せよ．

(1) $f\left(\bigcup_{\lambda\in\Lambda} A_\lambda\right)=\bigcup_{\lambda\in\Lambda} f(A_\lambda)$ (2) $f\left(\bigcap_{\lambda\in\Lambda} A_\lambda\right)\subset\bigcap_{\lambda\in\Lambda} f(A_\lambda)$

(3) $f^{-1}\left(\bigcup_{\mu\in M} B_\mu\right)=\bigcup_{\mu\in M} f^{-1}(B_\mu)$ (4) $f^{-1}\left(\bigcap_{\mu\in M} B_\mu\right)=\bigcap_{\mu\in M} f^{-1}(B_\mu)$.

問 5.5 集合系 $A_1, A_2, \cdots, A_n$ について，次の等式が成り立つことを，数学的帰納法を用いて証明せよ．

$$\bigcap_{1\leqq i<j\leqq n}(A_i\cup A_j)=\bigcup_{1\leqq i\leqq n}(A_1\cap\cdots\cap A_{i-1}\cap A_{i+1}\cap\cdots\cap A_n).$$

$\boldsymbol{N}$ を添え字の集合とする集合系 $(E_n\,|\,n\in\boldsymbol{N})$ に対して

$$\limsup_{n\to\infty} E_n=\bigcap_{k=1}^{\infty}\bigcup_{n=k}^{\infty} E_n$$

を**上極限集合**という．上極限集合は無限個の E_n に属す元全体の集合である．また，

$$\liminf_{n\to\infty} E_n=\bigcup_{k=1}^{\infty}\bigcap_{n=k}^{\infty} E_n$$

を**下極限集合**という．下極限集合は有限個の E_k を除いて，それ以外のすべての E_n に属す元全体の集合である．

問 5.6 上極限集合，下極限集合について，次式が成り立つことを証明せよ．

(1) $\liminf_{n\to\infty} E_n\subset\limsup_{n\to\infty} E_n$

(2) すべての $n\in\boldsymbol{N}$ に対して $A_n\subset B_n$ であれば，

$$\limsup_{n\to\infty} A_n\subset\limsup_{n\to\infty} B_n,\qquad \liminf_{n\to\infty} A_n\subset\liminf_{n\to\infty} B_n$$

(3)　$\limsup_{n\to\infty}(A_n \cup B_n) = \limsup_{n\to\infty} A_n \cup \limsup_{n\to\infty} B_n$

(4)　$\liminf_{n\to\infty}(A_n \cap B_n) = \liminf_{n\to\infty} A_n \cap \liminf_{n\to\infty} B_n.$

集合系 $(E_n \mid n \in \boldsymbol{N})$ に対して，上極限集合と下極限集合が一致するとき，これを**極限集合**といい

$$\lim_{n\to\infty} E_n = \limsup_{n\to\infty} E_n = \liminf_{n\to\infty} E_n$$

で表す.

問 5.7　各 $n \in \boldsymbol{N}$ に対して $E_n \subset E_{n+1}$ であれば

$$\lim_{n\to\infty} E_n = \bigcup_{n=1}^{\infty} E_n$$

が成り立ち，各 $n \in \boldsymbol{N}$ に対して $E_n \supset E_{n+1}$ であれば

$$\lim_{n\to\infty} E_n = \bigcap_{n=1}^{\infty} E_n$$

が成り立つことを示せ.

問 5.8　$\lim_{n\to\infty} A_n$, $\lim_{n\to\infty} B_n$ がともに存在すれば，次の等式が成り立つことを示せ.

(1)　$\lim_{n\to\infty}(A_n \cup B_n) = \lim_{n\to\infty} A_n \cup \lim_{n\to\infty} B_n$

(2)　$\lim_{n\to\infty}(A_n \cap B_n) = \lim_{n\to\infty} A_n \cap \lim_{n\to\infty} B_n.$

問 5.9　A, B を集合とし，各 $k \in \boldsymbol{N}$ に対して $E_{2k} = A$，$E_{2k-1} = B$ とおく．次式が成り立つことを示せ.

$$\limsup_{n\to\infty} E_n = A \cup B, \qquad \liminf_{n\to\infty} E_n = A \cap B.$$

2

濃度の大小と二項関係

無限集合の大きさを比較することが，集合論の一つのテーマである．集合の大きさを濃度という言葉で表す．自然数全体の集合と濃度が等しい集合を可算集合という．整数全体の集合や有理数全体の集合は可算集合であるが，実数全体の集合は可算集合でない．この事実を証明する際に，カントールは対角線論法と呼ばれる方法を用いた．

二つの集合の大きさを比較する際に基本的役割を果すベルンシュタインの定理について証明し，その応用に触れる．直線上の点全体の集合と平面上の点全体の集合は濃度が等しい集合であることもわかる．さらに，いろいろな集合の大きさについて比較する．

最終節では，二項関係の中でとくに重要な順序関係と同値関係について考察する．

§6.　全射・単射

例えば $f(x) = x + 2$ で与えられる写像 $f : \boldsymbol{R} \to \boldsymbol{R}$ についてみると，どんな実数 b に対しても，$a = b - 2$ とおけば $f(a) = b$ となり，また $f(a_1) = f(a_2)$ であれば常に $a_1 = a_2$ となる．一方，$g(y) = y^2 + 1$ で与えられる写像 $g : \boldsymbol{R} \to \boldsymbol{R}$ についてみると，$g(y) = 0$ となる実数 y は存在しないし，$g(1) = g(-1) = 2$ であって異なる 2 元の像が一致している．

一般に写像 $f : A \to B$ について，B のどんな元 b に対しても $b = f(a)$ となる A の元 a が常に存在するとき，f は**全射**であるといい，A の元 a_1, a_2 について $a_1 \neq a_2$ ならば常に $f(a_1) \neq f(a_2)$ であるとき，f は**単射**であるという．写像 f が全射かつ単射であるとき，f は**全単射**であるといい，f は **1 対 1 の対応**であるともいう．

問 6.1　定理 5.2 について，$f : A \to B$ が単射であれば (2), (5), (7) について等号が成り立ち，$f : A \to B$ が全射であれば (6) について等号が成り立つことを確かめよ．

集合 A が集合 B の部分集合であるとき，A の各元 a に対して $i(a) = a$ となる写像 $i : A \to B$ を**包含写像**という．とくに $A = B$ のとき，**恒等写像**といい，$1_A : A \to A$ で表す．$A \neq B$ ならば，包含写像 i と恒等写像 1_A は等しくない．なぜならば，対応のさせ方は同じであっても，終域が異なるからである．

写像 $f : A \to B$ が全単射であれば，B のどんな元 b に対しても $b = f(a)$ となる A の元 a が常にただ一つ存在する．そこで $b \in B$ に対して，$b = f(a)$ となる元 $a \in A$ を対応させることによって，集合 B から集合 A への写像が定まる．この写像を f の**逆写像**といい，$f^{-1} : B \to A$ で表す．

定理 6.1　$f : A \to B$, $g : B \to A$ を写像とする．$f \circ g = 1_B$ ならば f は全射で g は単射である．さらに $g \circ f = 1_A$ であれば f, g はともに全単射であり，g は f の（f は g の）逆写像である．

［**証明**］ $f \circ g = 1_B$ であると仮定する．$b \in B$ に対して $a = g(b)$ とおけば

$$f(a) = f(g(b)) = (f \circ g)(b) = b$$

となる．従って f は全射である．次に B の元 b_1, b_2 について $g(b_1) = g(b_2)$ であるとすれば

$$b_1 = f(g(b_1)) = f(g(b_2)) = b_2$$

となる．従って g は単射である．さらに $g \circ f = 1_A$ であれば，まったく同様にして g は全射で f は単射であることがわかる．従って，$f \circ g = 1_B$ かつ $g \circ f = 1_A$ であれば，f と g はともに全単射である．このとき，g は f の（f は g の）逆写像となることは明らかであろう．□

例 6.1　写像 $f : \boldsymbol{R} \to (-1, 1)$，$g : (-1, 1) \to \boldsymbol{R}$ を次式で与える．

$$f(x) = \frac{x}{1 + |x|}, \qquad g(y) = \frac{y}{1 - |y|}$$

f，g はともに全単射であり，g は f の（f は g の）逆写像である．この対応は次の図のようになっている．

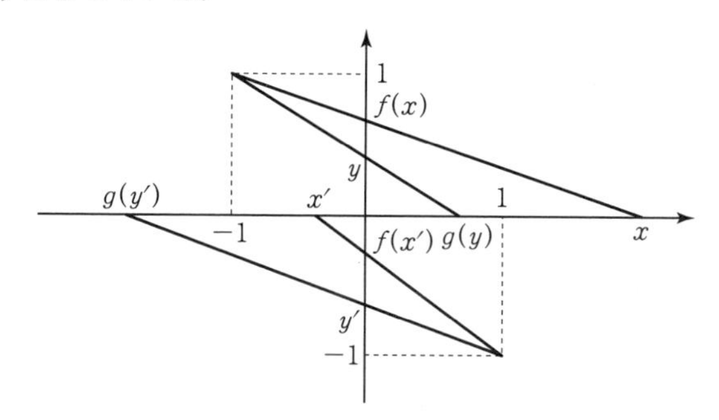

問 6.2　写像 $f : A \to B$，$g : B \to C$ について，次のことを示せ．

(1)　$g \circ f$ が単射であれば，f は単射である．

(2)　$g \circ f$ が全射であれば，g は全射である．

問 6.3　写像 $h : X \to X$ に対して

$$h^2 = h \circ h, \qquad h^n = h \circ h^{n-1} \qquad (n = 3, 4, 5, \cdots)$$

とおく．X が有限集合であれば，ある自然数 n とある元 $x \in X$ が存在して，$h^n(x) = x$ となることを証明せよ．

問 6.4 下図を参考にして，閉区間 $[a, b]$ から閉区間 $[c, d]$ への全単射および開区間 (a, b) から開区間 (c, d) への全単射を与える式を作れ．

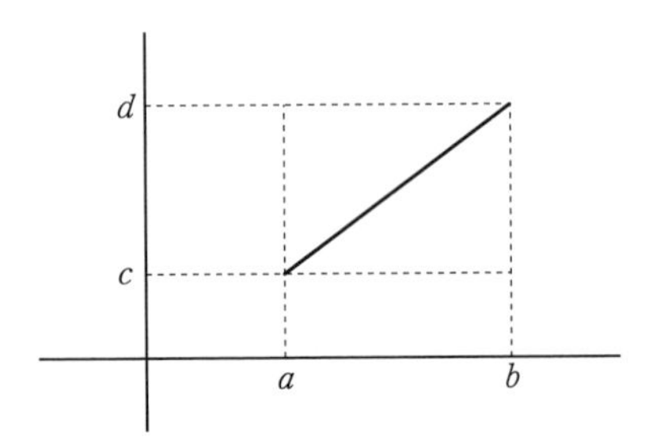

問 6.5 閉区間 $[0, 1]$ から開区間 $(0, 1)$ への写像 f を次のように定める．

$$f(x) = \begin{cases} \dfrac{1}{2}, & x = 0 \\ \dfrac{x}{4}, & x = \dfrac{1}{2^n} \quad (n = 0, 1, 2, \cdots) \\ x, & x \neq 0,\ \dfrac{1}{2^n} \quad (n = 0, 1, 2, \cdots) \end{cases}$$

写像 f は全単射であることを確かめよ．

問 6.6 上の例にならって，閉区間 $[0, 1]$ から半開区間 $(0, 1]$ への全単射を作れ．

§7. 濃度の大小

集合 A から集合 B への全単射が存在するとき，A と B は，**濃度が等しい**といい，$A \sim B$ で表す．$A \sim B$ でないことを $A \nsim B$ で表す．

集合 A, B, C について，次の関係が成り立つ．

(1) $A \sim A$

(2) $A \sim B$ ならば $B \sim A$

(3) $A \sim B$ かつ $B \sim C$ ならば $A \sim C$.

問 7.1 上の関係 (1), (2), (3) が成り立つことを示せ．

例 7.1　集合 A について，A の巾集合 $\mathfrak{P}(A)$ と，A から集合 $\{0,1\}$ への写像の全体 $F(A,\{0,1\})$ とは濃度が等しいことを示そう．

A の部分集合 B に対して，写像 $\chi_B : A \to \{0,1\}$ を次式で定義しよう．

$$\chi_B(x) = \begin{cases} 1, & x \in B \\ 0, & x \in A - B \end{cases}$$

この写像 χ_B を B の**特性関数**という．巾集合 $\mathfrak{P}(A)$ から集合 $F(A,\{0,1\})$ への写像 Φ を $\Phi(B) = \chi_B$ によって定義する．等式

$$B = \{x \in A \mid \chi_B(x) = 1\}$$

が成り立つので，A の部分集合 B, B' に対して，$\Phi(B) = \Phi(B')$ であれば $B = B'$ となることがわかり，Φ は単射である．逆に写像 $f : A \to \{0,1\}$ が与えられたとき，

$$C = \{x \in A \mid f(x) = 1\}$$

とおけば f は C の特性関数となり，Φ は全射である．従って，Φ は全単射であることがわかった．

問 7.2　集合 A, B に対して，A から B への写像の全体を $F(A,B)$ で表す．集合 A, B, C に対して次の関係が成り立つことを証明せよ．

$$F(A \times B, C) \sim F(A, F(B,C))$$

問 7.3　次の関係が成り立つことを示せ．

(1)　$A \sim A'$ かつ $B \sim B'$ ならば

$$A \times B \sim A' \times B' \quad \text{かつ} \quad F(A,B) \sim F(A',B') \quad \text{である．}$$

(2)　$A \sim B$ ならば　$\mathfrak{P}(A) \sim \mathfrak{P}(B)$　である．

自然数全体の集合 $\boldsymbol{N}$ と濃度の等しい集合を**可算集合**という．また，有限集合および可算集合をまとめて**高々可算集合**という．

問 7.4　偶数全体の集合，奇数全体の集合，整数全体の集合 $\boldsymbol{Z}$，有理数全体の集合 $\boldsymbol{Q}$，直積集合 $\boldsymbol{N} \times \boldsymbol{N}$，および可算集合の無限部分集合は，いずれも可算集合であることを示せ．

例 7.2　実数全体の集合 $\boldsymbol{R}$ は可算集合でないことを示そう．背理法で証明しよう．$\boldsymbol{R}$ が可算集合であれば，その無限部分集合である半開区間 $(0,1]$ も可算集合である．従って，全単射 $a : \boldsymbol{N} \to (0,1]$ が存在する．各実数 $a(n)$ を 10 進法によって無限小数に展開して

$$a(n) = 0.a_{n1}a_{n2}a_{n3}\cdots\cdots \qquad (a_{ni} \text{ は } 0 \text{ から } 9 \text{ までの整数})$$

と表しておく．ただし

$$1 = 0.\dot{9} = 0.999\cdots\cdots, \qquad 0.2 = 0.1\dot{9} = 0.1999\cdots\cdots$$

などのように，有限小数もすべて無限小数で表すものとする．

$$a(1) = 0.\boldsymbol{a}_{11}a_{12}a_{13}\cdots\cdots$$
$$a(2) = 0.a_{21}\boldsymbol{a}_{22}a_{23}\cdots\cdots$$
$$a(3) = 0.a_{31}a_{32}\boldsymbol{a}_{33}\cdots\cdots$$
$$\vdots$$

と書き並べて，各自然数 n に対して

$$b_n = \begin{cases} 1 & (a_{nn} = 0, 2, 4, 6, 8 \text{ のとき}) \\ 2 & (a_{nn} = 1, 3, 5, 7, 9 \text{ のとき}) \end{cases}$$

とおく．このようにして一つの無限小数

$$b = 0.b_1b_2b_3\cdots\cdots$$

が定まる．b は明らかに半開区間 $(0,1]$ の元であり，写像 $a : \boldsymbol{N} \to (0,1]$ が全射であるから，$b = a(n)$ となる自然数 n が存在するはずである．一方，各自然数 n に対して，$a(n)$ と b とは小数第 n 位の数が等しくないので $a(n) \neq b$ である．この矛盾は $\boldsymbol{R}$ が，従って $(0,1]$ が，可算集合であると仮定したことから生じたものである．よって $\boldsymbol{R}$ は可算集合でないことがわかった．この証明に使った論法を**対角線論法**という．

例 7.3　すべての無限集合は可算部分集合をもつことを示そう．集合 A が無限集合であれば，$a_1 \in A$，$a_2 \in A - \{a_1\}$，$\cdots$，$a_n \in A - \{a_1, \cdots, a_{n-1}\}$ と順次に元 a_n をとることができて，$\{a_1, a_2, \cdots, a_n, \cdots\}$ は可算集合である．

定理 7.1*　（カントール）　すべての集合 A について，A の巾集合 $\mathfrak{P}(A)$ から A への単射は存在しない．

［**証明**］　単射 $f : \mathfrak{P}(A) \to A$ が存在すると仮定しよう．

$$X = \{f(B) \mid B \in \mathfrak{P}(A),\ f(B) \notin B\}, \qquad x = f(X)$$

とおく．X は A の部分集合であり，x は A の元である．$x \notin X$ と仮定すれば，X の定義式より $f(X) \in X$ となり矛盾を生じる．$x \in X$ と仮定すれば，A の部分集合 B で，$x = f(B)$ かつ $f(B) \notin B$ となるものが存在する．$f(X) = f(B)$ となり，f が単射だから $X = B$ となる．従って $x \notin X$ となり，やはり矛盾を生じる．結局，$\mathfrak{P}(A)$ から A への単射は存在しないことがわかった．□

問 7.5　集合 A から巾集合 $\mathfrak{P}(A)$ への全射が存在しないことを，上の定理の証明にならって，証明せよ．

定理 7.2　（ベルンシュタイン）　集合 A, B について，A から B への単射および B から A への単射がともに存在すれば，A と B は濃度が等しい．

［**証明**］　この定理について色々な証明が知られている．ここに紹介するものはバーコフとマックレーンによる証明である．

$f : A \to B$, $g : B \to A$ をともに単射とする．A の元 a, a' と B の元 b, b' について，$b = f(a)$ のとき a を b の親と呼び $b > a$ と書き，$a' = g(b')$ のとき b' を a' の親と呼び $a' > b'$ と書く．A, B の部分集合を

$$A_\infty = \{a \in A \mid a > b_1 > a_1 > b_2 > a_2 > \cdots,\ \text{無限列}\},$$
$$B_\infty = \{b \in B \mid b > a_1 > b_1 > a_2 > b_2 > \cdots,\ \text{無限列}\},$$
$$A_B = \{a \in A \mid a > b_1 > a_1 > \cdots > a_{n-1} > b_n,\ b_n \text{には親がない}\},$$
$$B_A = \{b \in B \mid b > a_1 > b_1 > \cdots > b_{n-1} > a_n,\ a_n \text{には親がない}\},$$
$$A_A = \{a \in A \mid a = a_1 > b_1 > \cdots > b_{n-1} > a_n,\ a_n \text{には親がない}\},$$
$$B_B = \{b \in B \mid b = b_1 > a_1 > \cdots > a_{n-1} > b_n,\ b_n \text{には親がない}\},$$

と定義する．f, g がともに単射ゆえ，親が存在すればそれはただ一つなので，上のような列は一意に確定する．集合 A, B は和集合

$$A = A_\infty \cup A_A \cup A_B, \qquad B = B_\infty \cup B_A \cup B_B$$

で表され，いずれも非交和である．さらに，等式

$$f(A_\infty) = B_\infty, \qquad f(A_A) = B_A, \qquad g(B_B) = A_B$$

の成り立つことが容易にわかる．f, g がともに単射であるから，A_∞ から B_∞ への f

によって与えられる写像，A_A から B_A への f によって与えられる写像，B_B から A_B への g によって与えられる写像の三つはいずれも全単射となる．従って，写像 $h: A \to B$ を

$$h(x) = \begin{cases} f(x), & x \in A_\infty \cup A_A, \\ g^{-1}(x), & x \in A_B \end{cases}$$

によって定義することができて，しかも h は全単射であることがわかる．□

集合 A, B について，A から B への単射は存在するが，A と B とは濃度が等しくないとき，A は B より**濃度が小さい**，または，B は A より**濃度が大きい**という．

例 7.4　集合 A について，写像 $f: A \to \mathfrak{P}(A)$ を $f(a) = \{a\}$ によって定義すれば，f は単射である．定理 7.1 によれば A と $\mathfrak{P}(A)$ とは濃度が等しくないので，A の巾集合 $\mathfrak{P}(A)$ は常に A より濃度が大きい．

例 7.5　実数全体の集合 $\boldsymbol{R}$ と直積 $\boldsymbol{R} \times \boldsymbol{R}$ とは濃度が等しいことを示そう．$I = (0, 1]$ とおく．$\boldsymbol{R}$ と I とは濃度が等しいので（§6 参照），$I \times I$ と I とが濃度が等しいことを証明すればよい．I の元 a, b を 10 進法によって

$$a = 0.\,a_1 a_2 a_3 \cdots\cdots$$
$$b = 0.\,b_1 b_2 b_3 \cdots\cdots$$

と無限小数に展開しておき，第 3 の元 c を

$$c = 0.\,a_1 b_1 a_2 b_2 a_3 b_3 \cdots\cdots$$

によって定義する．c も I の元であり，順序対 (a, b) に対して c を対応させる写像は $I \times I$ から I への単射であることがわかる．一方，I の元 x に対して $I \times I$ の元 (x, x) を対応させることによって，I から $I \times I$ への単射が与えられる．従って，ベルンシュタインの定理によって，$I \times I$ と I は濃度が等しくなる．ゆえに，$\boldsymbol{R} \times \boldsymbol{R}$ と $\boldsymbol{R}$ は濃度が等しい．上の証明において，順序対 (a, b) に対して c を対応させる写像は $I \times I$ から I への全射ではない．なぜなら I の元 c として

$$c = 0.\,11\dot{0}\dot{1} = 0.\,11010101\cdots\cdots$$

を考えてみると，この元 c に写される無限小数の順序対 (a, b) は存在しないからである．この点を考慮して，次のように改良すれば，$I \times I$ から I への全単射を具体的に構成することができる．I の元 x を10進法によって

$$x = 0.x_1 x_2 x_3 \cdots\cdots$$

と無限小数に展開しておく．各 x_n は0から9までの整数のいずれかであるが，この中で0と異なるものを順に選び出して，それを

$$x_{n(1)},\ \ x_{n(2)},\ \ x_{n(3)},\ \ \cdots \quad ; \qquad n(1) < n(2) < n(3) < \cdots$$

と並べてみる．x を無限小数に展開してあるので，この新しい数列は無限列である．

ここで $x = 0.x_1 x_2 x_3 \cdots\cdots$ の中の一区切りとして

$$\overline{x}_{k+1} = x_{n(k)+1} x_{n(k)+2} \cdots x_{n(k+1)} \qquad (k = 0, 1, 2, \cdots ; n(0) = 0)$$

なる部分を考えてみよう．例えば

$$x = 0.0010320450001\cdots\cdots$$

なる無限小数に対しては

$$\overline{x}_1 = 001,\ \ \overline{x}_2 = 03,\ \ \overline{x}_3 = 2,\ \ \overline{x}_4 = 04,\ \ \overline{x}_5 = 5,\ \ \overline{x}_6 = 0001,\ \ \cdots$$

となっている．このとき，もとの無限小数 x は

$$x = 0.\overline{x}_1 \overline{x}_2 \overline{x}_3 \cdots\cdots$$

と表すことができる．このような表し方を**ケーニッヒの記法**という．このケーニッヒの記法によって

$$a = 0.\overline{a}_1 \overline{a}_2 \overline{a}_3 \cdots\cdots$$
$$b = 0.\overline{b}_1 \overline{b}_2 \overline{b}_3 \cdots\cdots$$

と展開したとき，第3の元 c を

$$c = 0.\overline{a}_1 \overline{b}_1 \overline{a}_2 \overline{b}_2 \overline{a}_3 \overline{b}_3 \cdots\cdots$$

によって定義する．順序対 (a, b) に対して，この新しく定義された元 c を対応させる写像は $I \times I$ から I への全単射であることがわかる．

問 7.6　実数全体の集合 $\boldsymbol{R}$ は，自然数全体の集合 $\boldsymbol{N}$ の巾集合 $\mathfrak{P}(\boldsymbol{N})$ と濃度が等しいことを証明せよ．

問 7.7　$\boldsymbol{N} \times \boldsymbol{R} \sim \boldsymbol{R}$ および $F(\boldsymbol{R}, \boldsymbol{R}) \sim \mathfrak{P}(\boldsymbol{R})$ を示せ．

問 7.8 実変数の実数値連続関数全体の集合は $\boldsymbol{R}$ と濃度が等しいことを示せ（ヒント：各有理数に対してとる値が等しい二つの連続関数は一致する）.

問 7.9 係数がすべて整数である代数方程式

$$a_n x^n + a_{n-1} x^{n-1} + \cdots + a_1 x + a_0 = 0 \qquad (a_n \neq 0,\ n \geqq 1)$$

の根となるような複素数を**代数的数**という．代数的数全体の集合は可算集合であることを証明せよ．

問 7.10 代数的数でない実数を**超越数**という（例えば円周率 π や自然対数の底 e などは超越数であることが証明されている）．超越数全体の集合は実数全体の集合 $\boldsymbol{R}$ と濃度が等しいことを証明せよ．

§8. 二項関係

例えば，実数について議論している場合，二つの文字を含んだ等式 $2x = 3y$ や不等式 $2x > 3y$ などを取り扱う．また，このような等式や不等式を満足する実数の順序対 (x, y) 全体の表す図形を xy-平面に描くこともある．実数の順序対 (a, b) を与えたとき，この (a, b) は等式 $2x = 3y$（または不等式 $2x > 3y$）を満たすか満たさないかのいずれかである．すなわち，これらの等式や不等式は順序対 (x, y) に対して一つの規則を与えるものとみることができる．

一般に集合 X について，直積集合 $X \times X$ の各元 (a, b) について，満たすか満たさないかが判定できる規則 ρ が与えられたとき，ρ を集合 X 上の**二項関係**という．対 (a, b) が二項関係 ρ を満たすことを $a \, \rho \, b$ と書き，そうでないことを $a \not\rho \, b$ と書く．また，直積集合 $X \times X$ の部分集合

$$G(\rho) = \{(a, b) \in X \times X \mid a \, \rho \, b\}$$

を二項関係 ρ の**グラフ**と呼ぶ．逆に，$X \times X$ の部分集合 G が与えられたとき，順序対 (a, b) について，$(a, b) \in G$ であるとき，そのときに限り $a \, \rho \, b$ であると約束することによって，X 上の二項関係 ρ を定めることができる．このとき，もとの集合 G は二項関係 ρ のグラフになっていることは明らかであろう．従

って，二項関係 ρ とそのグラフ $G(\rho)$ とを同一視することが多い．

集合 X 上の二項関係 ρ について，次の諸性質を中心に考察することが多い．

(1)　各元 x について $x\,\rho\,x$ であるとき，二項関係 ρ は**反射律**を満足するという．

(2)　"$x\,\rho\,y$ ならば $y\,\rho\,x$ である" という命題が成り立つとき，二項関係 ρ は**対称律**を満足するという．

(3)　"$x\,\rho\,y$ かつ $y\,\rho\,z$ ならば $x\,\rho\,z$ である" という命題が成り立つとき，二項関係 ρ は**推移律**を満足するという．

(4)　"$x\,\rho\,y$ かつ $y\,\rho\,x$ ならば $x=y$ である" という命題が成り立つとき，二項関係 ρ は**反対称律**を満足するという．

反射律，対称律および推移律を同時に満足する二項関係を**同値関係**といい，反射律，推移律および反対称律を同時に満足する集合 X 上の二項関係 ρ を**順序関係**といい，対 (X,ρ) を**半順序集合**という．

例 8.1　X を集合 E の巾集合，すなわち $X=\mathfrak{P}(E)$ とする．

$$G(\rho)=\{(A,B)\in X\times X \mid A\subset B\}$$

とおけば，X 上の二項関係 ρ が定まる．この二項関係 ρ は順序関係であり，巾集合 $\mathfrak{P}(E)$ 上の**包含関係**という．

問 8.1　$\boldsymbol{R}$ 上の二項関係 $\rho_1,\rho_2,\rho_3,\rho_4$ を次のように定める．

$$G(\rho_1)=\{(x,y)\mid x\geqq 0,\ \ y\geqq 0\},$$
$$G(\rho_2)=\{(x,y)\mid x\leqq y\},$$
$$G(\rho_3)=\{(x,y)\mid (x-y)(x+y-1)=0\},$$
$$G(\rho_4)=\{(x,y)\mid (x-y)(x-y+1)(x-y-1)=0\}$$

各々の二項関係は，反射律，対称律，推移律および反対称律の中のどれを満足しているか．

問 8.2　無限集合 X の巾集合 $\mathfrak{P}(X)$ 上の二項関係 ρ を，対称差 $(A-B)\cup(B-A)$ が有限集合であるとき，そのときに限り $A\,\rho\,B$ であると定義する．この二項関係 ρ は同値関係であることを示せ．

集合 X に同値関係 ρ が与えられたとき，$x \in X$ に対して，X の部分集合

$$C(x) = \{y \in X \mid x \,\rho\, y\}$$

を元 x の**同値類**という．X の元 x, x' に対して $C(x)$ と $C(x')$ とが交われば，実は $C(x) = C(x')$ であることがわかる．従って，同値類の全体は，集合 X を互いに交わらない部分集合に分割する．同値類全体の集合を，集合 X の同値関係 ρ による**商集合**といい，X/ρ と書く．X の ρ による同値類 C は，それに含まれる一つの元を指定することによって完全に決定する．すなわち，x を C に属する一つの元とすれば，$C = C(x)$ となる．この意味で，同値類 C に属する各元を C の**代表**という．X の各元 x に商集合 X/ρ の元 $C(x)$ を対応させれば，X から X/ρ への一つの全射が定まる．この写像を，X から X/ρ への**自然な射影**という．

問 8.3 $f : X \to Y$ を写像とし，$Y_1 = f(X)$ とおく．X 上の二項関係 ρ を

$$G(\rho) = \{(a, b) \in X \times X \mid f(a) = f(b)\}$$

によって定める．ρ は同値関係であることを示せ（この同値関係 ρ を写像 f に**付随する同値関係**という）．さらに，商集合 X/ρ から Y_1 への写像 g が同値類 $C(x)$ に対して $f(x)$ を対応させることによって定義できること，しかも $g : X/\rho \to Y_1$ は全単射であることを示せ．

問 8.4 $X = [0, 3]$ とし，直積集合 $X \times X$ の部分集合 A を

$$A = \{(x, x+1) \mid 0 \leqq x \leqq 1\}$$

によって与える．X 上の二項関係で，次の条件を満足し，そのグラフが A を包むものの中で最小のものを図示せよ．

(1) 反射律と対称律を満足するもの．
(2) 反射律と推移律を満足するもの．
(3) 対称律と推移律を満足するもの．
(4) 同値関係であるもの．

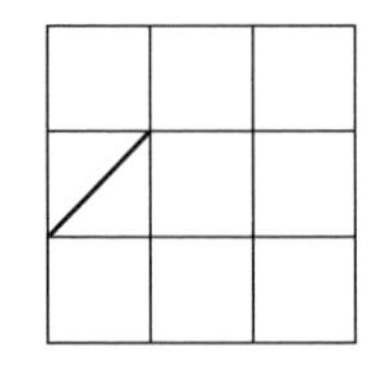

$(X, \leqq)$，$(X', \leqq')$ を半順序集合とする．写像 $f : X \to X'$ は "$a \leqq b$ ならば $f(a) \leqq' f(b)$" を満足するとき，**順序を保つ**写像であるという．さらに全単射

$f : X \to X'$ が存在して，f および f^{-1} がともに順序を保つ写像であるとき，$(X, \leqq)$ と $(X', \leqq')$ とは**順序同型**であるといい，

$$(X, \leqq) \simeq (X', \leqq')$$

で表し，f を**順序同型写像**という．順序同型についても次の関係が成り立つ．

(1)　$(X, \leqq) \simeq (X, \leqq)$

(2)　$(X, \leqq) \simeq (X', \leqq')$　ならば　$(X', \leqq') \simeq (X, \leqq)$

(3)　$(X, \leqq) \simeq (X', \leqq')$　かつ　$(X', \leqq') \simeq (X'', \leqq'')$
　　ならば　$(X, \leqq) \simeq (X'', \leqq'')$.

半順序集合 $(X, \leqq)$ において，A を X の空でない部分集合とする．X の元 x が A の**最小元**であるとは，$x \in A$ であって，A の各元 a に対して $x \leqq a$ が成り立つことである．このとき $x = \min A$ と書く．X の元 y が A の**最大元**であるとは，$y \in A$ であって，A の各元 a に対して $a \leqq y$ が成り立つことである．このとき $y = \max A$ と書く．X の元 u が A の一つの**下界**（カカイ）であるとは，A の各元 a に対して $u \leqq a$ が成り立つことであり，X の元 v が A の一つの**上界**（ジョウカイ）であるとは，A の各元 a に対して $a \leqq v$ が成り立つことである．A の下界の集合が最大元をもてば，その元を A の**下限**といい $\inf A$ と書く．A の上界の集合が最小元をもてば，その元を A の**上限**といい $\sup A$ と書く．

半順序集合 $(X, \leqq)$ は，X の任意の 2 元 a, b について $a \leqq b$ または $b \leqq a$ のいずれか一方が常に成り立つ場合，**全順序集合**であるという．

実数全体の集合 $\boldsymbol{R}$ は通常の大小関係 $\leqq$ によって全順序集合となる．閉区間 $[a, b]$ について，a は $[a, b]$ の最小元かつ下限で，b は $[a, b]$ の最大元かつ上限である．開区間 (a, b) については最小元および最大元は存在しないが，a は (a, b) の下限で，b は (a, b) の上限である．また，集合 $S = \{x \in \boldsymbol{Q} \mid x > 0,\ x^2 > 2\}$ は下限 $\sqrt{2}$ をもつ．一般に，$\boldsymbol{R}$ の部分集合 A について，A が上界をもてば $\sup A$ が存在し，A が下界をもてば $\inf A$ が存在することが知られている（付録参照）．

例 8.2　通常の大小関係による半順序集合として，自然数全体の集合 $\boldsymbol{N}$，整数全体の集合 $\boldsymbol{Z}$，有理数全体の集合 $\boldsymbol{Q}$，実数全体の集合 $\boldsymbol{R}$ は，どの二つも互いに順序同型でないことを示そう．順序同型であれば濃度が等しくなるので，$\boldsymbol{R}$ は他のいずれの集合とも順序同型でないことがわかる．$\boldsymbol{N}$ には最小元 1 があり，$\boldsymbol{Z}$ と $\boldsymbol{Q}$ には最小元が存在しないので，$\boldsymbol{N}$ は $\boldsymbol{Z}$ および $\boldsymbol{Q}$ と順序同型でないことがわかる．最後に，$\boldsymbol{Q}$ の異なる 2 元の間には第 3 の元が（無限に多く）存在するが，$\boldsymbol{Z}$ については，2 整数 a と $a+1$ の間には第 3 の元が存在しない．従って，$\boldsymbol{Z}$ と $\boldsymbol{Q}$ は順序同型でない．

問 8.5　半順序集合 $(X, \leqq)$ は，すべての二元集合に対して常に上限と下限が存在するとき，**束**（ソク）であるという．さらに，すべての空でない部分集合に対して常に上限と下限が存在するとき，**完備束**であるという．集合 A の巾集合 $\mathfrak{P}(A)$ は包含関係による半順序集合として完備束であることを示せ．

問 8.6　束 $(X, \leqq)$ について $a \leqq b$ かつ $a \neq b$ のとき，b を a の上に書き，2 元 a, b の間に入る元がないとき，すなわち $a \leqq c \leqq b$ かつ $a \neq c \neq b$ なる元 c が存在しないとき，a と b を線分で結ぶものとする．例えば

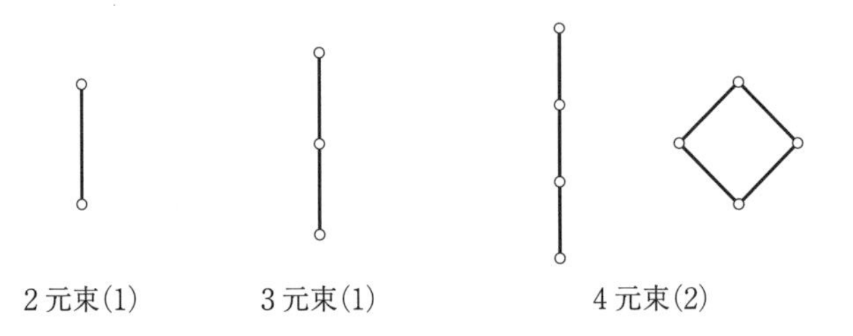

上の例にならって，5 元束（5），6 元束（15）を記せ．さらに，7 元束についてはどうか．

問 8.7　集合 E の巾集合を X とする．写像 $\varphi : X \to X$ が包含関係による順序を保つ写像であれば，E の部分集合 E_0 で $\varphi(E_0) = E_0$ となるものが必ず存在することを示せ．

3

整列集合と選択公理

カントールが素朴集合論を展開した際，整列可能定理を予想したが，それは 20 世紀初めにツェルメロによって証明された．その証明に際し，ツェルメロは，いわゆる選択公理を公理としてとり上げ，これを本質的に用いた．

本章では，まず整列集合の概念を導入し，その基本的性質について考察する．次に，選択公理について説明し，これを用いて，“帰納的半順序集合は少なくとも一つの極大元をもつ”というツォルンの補題を証明する．最後に，“任意の集合は，ある順序を定義して，整列集合にすることができる”という整列可能定理を証明する．実は，選択公理，ツォルンの補題，整列可能定理は互いに同等な命題であることがわかる．

本章は集合論の最も深い内容を含んだ部分であるが，授業時間数の関係などで，証明を省略することもあろう．読者は証明を読んで理解してほしい．

§9. 整列集合

半順序集合 $(X, \leqq)$ は，X の空でない部分集合が常に最小元をもつとき，**整列集合**であるという．整列集合の部分集合および整列集合と順序同型な半順序集合は，いずれも整列集合である．また，整列集合は全順序集合であることが，すべての二元集合が最小元をもつことからわかる．

例 9.1　通常の大小関係によって，自然数全体の集合 $\boldsymbol{N}$ は整列集合であるが，整数全体の集合 $\boldsymbol{Z}$，有理数全体の集合 $\boldsymbol{Q}$，および実数全体の集合 $\boldsymbol{R}$ は，いずれも最小元が存在しないので整列集合でない．

例 9.2　自然数全体の集合 $\boldsymbol{N}$ において，$\boldsymbol{N}$ の 2 元 x, y について，次のいずれかが成り立つとき $x \leqq' y$ と書く．

(1)　x が奇数で y が偶数であるとき．

(2)　x, y がともに奇数，またはともに偶数で，$x \leqq y$ であるとき．

このとき，$(\boldsymbol{N}, \leqq')$ は整列集合になるが，通常の大小関係による整列集合 $(\boldsymbol{N}, \leqq)$ とは順序同型にならないことがわかる．

半順序集合 $(X, \leqq)$ において，$a \leqq b$ かつ $a \neq b$ であることを $a < b$ で表そう．$(X, \leqq)$ が整列集合であるとき，X の元 a に対して

$$X\langle a\rangle = \{x \in X \mid x < a\}$$

を元 a による**切片**という．

定理 9.1*　$(X, \leqq)$ が整列集合で，$\varphi : X \to X$ が順序を保つ単射であれば，X の元 x について常に $x \leqq \varphi(x)$ が成り立つ．

［**証明**］　$A = \{x \in X \mid \varphi(x) < x\}$ とおく．A が空集合であることがわかれば十分である．A が空集合でないと仮定し，a を A の最小元とする．$\varphi(a) < a$ であり，φ が順序を保つ単射だから，$\varphi(\varphi(a)) < \varphi(a)$ が成り立つ．従って，$\varphi(a) \in A$ であって，$\varphi(a)$ は A の最小元 a より小さいので，矛盾を生じた．従って，$A = \emptyset$ である．□

問 9.1　$(X, \leqq)$ を整列集合とする．X の 2 元 a, b について，$b < a$ なるとき，

$$(X\langle a\rangle)\langle b\rangle = X\langle b\rangle$$

が成り立つことを示せ．

問 9.2　整列集合は，そのいかなる切片とも順序同型にならぬこと，さらに整列集合の相異なる二つの切片は互いに順序同型にならぬことを示せ．

問 9.3　$(A, \leqq)$ および $(B, \leqq)$ を整列集合とし，$f : A \to B$ を順序同型写像とすれば，A のすべての元 a に対して

$$f(A\langle a\rangle) = B\langle f(a)\rangle$$

が成り立つことを示せ．

定理 9.2*　$(X, \leqq)$ および $(Y, \leqq)$ を整列集合とする．X の部分集合 X_1 を

$$X_1 = \{a \in X \mid X\langle a\rangle \simeq Y\langle b\rangle \text{ となる } b \in Y \text{ が存在する}\}$$

によって定義すれば，X_1 は X と一致するか，または X のある切片と一致する．

［**証明**］　$a \in X_1$ について，順序同型 $\varphi : X\langle a\rangle \simeq Y\langle b\rangle$ を考えよう．$x \in X\langle a\rangle$ に対して，$y = \varphi(x)$ とおけば，対応 φ によって $X\langle x\rangle \simeq Y\langle y\rangle$ となることがわかるので，$x \in X_1$ となる．従って，$a \in X_1$ ならば $X\langle a\rangle \subset X_1$ である．ここで $X_1 \neq X$ と仮定し，空でない部分集合 $X - X_1$ の最小元を a_1 とする．a_1 の定義より，$X\langle a_1\rangle \subset X_1$ かつ $a_1 \notin X_1$ である．もし，$a_1 < a$ となる元 $a \in X_1$ が存在すれば，先に示したように

$$a_1 \in X\langle a\rangle \subset X_1$$

となり，$a_1 \notin X_1$ に矛盾する．よって，$X_1 \subset X\langle a_1\rangle$ である．結局，$X_1 \neq X$ ならば，$X_1 = X\langle a_1\rangle$ となることがわかった．□

定理 9.3　**（整列集合の比較定理）**　二つの整列集合 $(X, \leqq)$ および $(Y, \leqq)$ について，

(1)　X と Y が順序同型であるか，

(2)　X が Y のある切片と順序同型であるか，

(3)　Y が X のある切片と順序同型であるか，

の三つの場合のいずれかただ一つが必ず成り立つ．

［**証明**］　X, Y の部分集合 X_1, Y_1 をそれぞれ

$$X_1 = \{a \in X \mid X\langle a\rangle \simeq Y\langle b\rangle \text{ となる } b \in Y \text{ が存在する}\},$$
$$Y_1 = \{b \in Y \mid X\langle a\rangle \simeq Y\langle b\rangle \text{ となる } a \in X \text{ が存在する}\}$$

によって定義する．各元 $a \in X_1$ に対して，$X\langle a\rangle \simeq Y\langle b\rangle$ となる元 $b \in Y$ はただ一つ存在し，実は $b \in Y_1$ となる．この元を $b = \varphi(a)$ とおくことによって，写像 $\varphi : X_1 \to Y_1$ が定まる．φ は順序同型写像であり，$X_1 \simeq Y_1$ となる．定理 9.2 によって，X_1 は X と一致するか，または X のある切片と一致し，同様に Y_1 は Y と一致するか，または Y のある切片と一致することになる．もし，$X_1 = X\langle a\rangle$ かつ $Y_1 = Y\langle b\rangle$ とすれば

$$X\langle a\rangle = X_1 \simeq Y_1 = Y\langle b\rangle$$

となり，$a \in X_1$ となる．これは $a \notin X\langle a\rangle$ に矛盾する．従って，この定理 9.3 で主張している (1), (2), (3) の三つの場合のいずれかが必ず成り立つことがわかった．

最後に，(1), (2), (3) の中の二つの場合が同時には成り立たないことを示そう．(2) と (3) が同時に成り立つと仮定し，順序同型 $X \simeq Y\langle b\rangle$，$Y \simeq X\langle a\rangle$ が成り立つものとする．合成写像

$$\varphi : X \simeq Y\langle b\rangle \subset Y \simeq X\langle a\rangle \subset X$$

は順序を保つ単射であり，$\varphi(a) < a$ である．これは定理 9.1 に矛盾する．従って，(2) と (3) が同時に成り立つことはない．他の場合についても同様である．　□

問 9.4　定理 9.3 の証明中の写像 $\varphi : X_1 \to Y_1$ が順序同型写像であることを確かめよ．

問 9.5　定理 9.3 における三つの場合 (1), (2), (3) について，(1) と (2)，(1) と (3) がそれぞれ同時には成り立たないことを確かめよ．

定理 9.4　(**超限帰納法**)　$(A, \leqq)$ を整列集合とし，A の各元 a について，ある命題 $P(a)$ が与えられているものとする．もし，

(1)　$P(\min A)$ が真であること，

(2)　A の各元 a（ただし，$a \neq \min A$ とする）について，すべての $b \in A\langle a\rangle$ について $P(b)$ が真であれば $P(a)$ も真であること，

が示されるならば，A のすべての元 a について，命題 $P(a)$ は真である．

［**証明**］　$A_1 = \{a \in A \mid P(a) \text{ は真でない}\}$ とおく．A_1 が空集合であることを示し

たい．A_1 が空集合でないと仮定し，A_1 の最小元を a_1 とする．(1) により，$a_1 \neq \min A$ であり，a_1 の定義から，各元 $a \in A\langle a_1\rangle$ に対して命題 $P(a)$ は真である．従って，(2) により $P(a_1)$ も真となり，$a_1 \in A_1$ に矛盾する．ゆえに $A_1 = \emptyset$ である．□

注　自然数全体の集合 $\boldsymbol{N}$ に通常の大小関係を与えた整列集合を $(\boldsymbol{N}, \leqq)$ とする．よく知られた**数学的帰納法**とは，整列集合 $(\boldsymbol{N}, \leqq)$ に関する超限帰納法に他ならない．

§10. 選択公理

一般に，Λ を添え字の集合とする集合系 $(A_\lambda \mid \lambda \in \Lambda)$ が与えられたとき，Λ から和集合 $\bigcup(A_\lambda \mid \lambda \in \Lambda)$ への関数 f のうちで，Λ のどの元 λ に対しても

$$f(\lambda) = f_\lambda \in A_\lambda$$

となるようなものの全体を集合系 $(A_\lambda \mid \lambda \in \Lambda)$ の**直積**といい

$$\prod_{\lambda \in \Lambda} A_\lambda$$

で表す．各 A_λ を**直積因子**という．

とくに，$\Lambda = \{1, 2, \cdots, n\}$ とすれば，集合系 $A_1, A_2, \cdots, A_n$ の直積は，$f_1 \in A_1$，$f_2 \in A_2$，$\cdots$，$f_n \in A_n$ であるような組 $(f_1, f_2, \cdots, f_n)$ 全体の集合となり，§4 で定義した直積に他ならない．この場合，直積 $\prod_{\lambda \in \Lambda} A_\lambda$ は

$$A_1 \times A_2 \times \cdots \times A_n \qquad \text{または} \qquad \prod_{\lambda=1}^{n} A_\lambda$$

とも表される．また，$\Lambda = \boldsymbol{N}$ のときには $\prod_{\lambda \in \Lambda} A_\lambda$ は

$$\prod_{\lambda=1}^{\infty} A_\lambda$$

とも表される．

集合系 $(A_\lambda \mid \lambda \in \Lambda)$ において $A_\lambda = \emptyset$ であるような $\lambda \in \Lambda$ が少なくとも一つ存在すれば，その直積 $\prod_{\lambda \in \Lambda} A_\lambda$ も空集合となることは，集合系の直積の定義から明らかであろう．このことの裏（逆の対偶）にあたる命題“集合系 $(A_\lambda \mid \lambda$

$\in \Lambda)$ において，どの A_λ も空でなければ，その直積 $\prod_{\lambda \in \Lambda} A_\lambda$ も空ではない" を**選択公理**といい，集合論の一つの公理として認められている．このとき，直積 $\prod_{\lambda \in \Lambda} A_\lambda$ の元を集合系 $(A_\lambda \mid \lambda \in \Lambda)$ の**選択関数**という．

集合系 $(A_\lambda \mid \lambda \in \Lambda)$ において，どの A_λ も空でないものとし，その直積を $A = \prod_{\lambda \in \Lambda} A_\lambda$ とする．この場合，選択公理によって $A \neq \emptyset$ である．Λ の元 λ を一つ固定したとき，A の元 f の λ においてとる値 $f(\lambda) \in A_\lambda$ を，f の **λ-成分**という．A の各元 f に，その λ-成分 $f(\lambda)$ を対応させれば，A から A_λ への一つの写像が得られる．この写像を，A から A_λ への**射影**といい

$$p_\lambda : A \to A_\lambda$$

で表す．

例 10.1　集合系 $(A_\lambda \mid \lambda \in \Lambda)$ において，どの A_λ も空でないものとする．その直積 $A = \prod_{\lambda \in \Lambda} A_\lambda$ から各直積因子 A_λ への射影 $p_\lambda : A \to A_\lambda$ は全射であることを示そう．

選択公理によって $A \neq \emptyset$ である．A の元 f を一つ固定しておこう．A_λ の元 x に対して，A の元 g を

$$g(\lambda) = x, \quad g(\mu) = f(\mu) \qquad (\mu \in \Lambda - \{\lambda\})$$

によって与えると，$p_\lambda(g) = x$ となる．従って，射影 p_λ は全射である．

例 10.2　A, B を空でない集合とし，$f : A \to B$ を全射とすれば，$f \circ s = 1_B$ となる写像 $s : B \to A$ が存在することを示そう．

f が全射だから，B のどの元 b に対しても，その逆像 $f^{-1}(b)$ は空ではない．従って，$A_b = f^{-1}(b)$ とおけば，集合系 $(A_b \mid b \in B)$ は空でない集合から成る．ゆえに，選択公理によって，B から $\bigcup (A_b \mid b \in B)$ への写像，従って，B から A への写像 s で，すべての $b \in B$ に対して $s(b) \in A_b$ となるものが存在する．この s に対して $f \circ s = 1_B$ が成り立つことは明らかであろう．

注　例 10.2 において存在が示された写像 $s : B \to A$ は定理 6.1 によって単射である．従って，集合 A から集合 B への全射が存在すれば，A と B は濃度が等しいか，または A は B より濃度が大きいことになる．

空でない集合 A の空でない部分集合の全体を $\mathfrak{A}$ とする．すなわち，$\mathfrak{A} = \mathfrak{P}(A) - \{\emptyset\}$ である．$\mathfrak{A}$ から $\mathfrak{A}$ への恒等写像を I とする．すなわち，$I_B = B$ $(B \in \mathfrak{A})$ である．この I は $\mathfrak{A}$ を添え字の集合とする集合系 $(I_B \mid B \in \mathfrak{A})$ を定めることになる．この集合系の各 I_B は空でないから，選択公理によって，集合系 $(I_B \mid B \in \mathfrak{A})$ の選択関数 f が存在する．$\mathfrak{A}$ の各元 B に対して，$f(B) \in I_B = B$ となっている．これは“集合 A の空でない各部分集合 B から，元 $f(B)$ を一斉に選び出すことができる”ということに他ならない．このような f を集合 A の上の**選択関数**という．

例 10.3　例 7.3 において，すべての無限集合は可算部分集合をもつことを示した．実は，この証明には選択公理を暗黙のうちに用いている．そのことを明確にしておこう．集合 A が無限集合であるとし，f を集合 A の上の一つの選択関数とする．まず，$a_1 = f(A)$ とおく．次に $a_2 = f(A - \{a_1\})$ とおく．同様にして，一般に

$$a_n = f(A - \{a_1, \cdots, a_{n-1}\})$$

とおく．このとき，集合 $\{a_n \mid n \in \boldsymbol{N}\}$ は A の可算部分集合である．

問 10.1　例 10.3 において構成した A の元の列 $(a_n \mid n \in \boldsymbol{N})$ について，$m \neq n$ ならば $a_m \neq a_n$ であることを確かめよ．

帰納的半順序集合とツォルンの補題

半順序集合 $(X, \leqq)$ は，すべての全順序部分集合が上界をもつとき，**帰納的**であるという．また，半順序集合 $(X, \leqq)$ において，元 $a \in X$ が**極大元**であるとは，$a \leqq x$ かつ $a \neq x$ なる元 $x \in X$ が存在しないことである．

定理 10.1　(**ツォルンの補題**)　帰納的半順序集合は少なくとも一つの極大元をもつ．

［**証明**］　$(X, \leqq)$ を帰納的半順序集合とし，f を集合 X の上の一つの選択関数とする．$(X, \leqq)$ の整列部分集合 W および $a \in W$ に対して

$$\varDelta(W,a)=\{x\in X \mid b\in W\langle a\rangle \text{ ならば } b<x\}$$

とおく．ここに $W\langle a\rangle$ は a による W の切片である．$(X,\leqq)$ の整列部分集合 W は，すべての元 $a\in W$ に対して

$$a=f(\varDelta(W,a))$$

が成り立つとき，f-列であるという．どんな f-列 W に対しても，$\min W=f(X)$，すなわち W の最小元は $f(X)$ である．例えば，

$$a_1=f(X), \qquad a_2=f(\{x\in X \mid a_1<x\})$$

とおけば，$\{a_1\}, \{a_1, a_2\}$ はともに f-列である．

(1)　W_1, W_2 を f-列とすれば，$W_1=W_2$ であるか，または一方が他方の切片になることを示そう．整列集合の比較定理によって，W_1 と W_2 とは順序同型であるか，または一方が他方の切片と順序同型になる．いま，$\varphi: W_1\to W_2\langle a\rangle$ を順序同型であると仮定し，すべての $x\in W_1$ に対して $\varphi(x)=x$ となることを示そう．

$$W_1'=\{x\in W_1 \mid \varphi(x)\neq x\}$$

とおく．$W_1'\neq\emptyset$ と仮定し，$y=\min W_1'$ とおく．W_1' および y の定義より，$W_1\langle y\rangle=W_2\langle\varphi(y)\rangle$ であり，従って，

$$\varDelta(W_1,y)=\varDelta(W_2,\varphi(y))$$

である．W_1, W_2 が f-列であることから

$$y=f(\varDelta(W_1,y))=f(\varDelta(W_2,\varphi(y)))=\varphi(y)$$

が成り立ち，$y\in W_1'$ に矛盾する．ゆえに $W_1'=\emptyset$ であり，すべての $x\in W_1$ に対して $\varphi(x)=x$ となる．すなわち，W_1 が W_2 の切片と順序同型であれば，実は W_1 は W_2 のある切片と一致することがわかった．同様にして，$W_1=W_2$ または W_1, W_2 の一方が他方の切片となることがわかる．

(2)　次に，f-列の全体を $\mathscr{W}$ とし，$W_\infty=\bigcup(W \mid W\in\mathscr{W})$ とおく．W_∞ が整列集合であることを示そう．M を W_∞ の空でない部分集合とし，$a\in M$ とする．元 a を含む f-列の一つを W とし，$m=\min(M\cap W)$ とおく．このとき，$m=\min M$ となることを示そう．$x<m$ なる元 $x\in M$ が存在したとする．x はある f-列 W' に含まれる．一方，$m=\min(M\cap W)$ かつ $x<m$ であるから，$x\notin W$ であって，$x\in W'-W$ となる．ゆえに，(1) によって，$W=W'\langle b\rangle$ となる元 $b\in W'$ が存在する．$b=\min(W'-W)$ だから，$b\leqq x$ であり，一方 $m\in W$ より，$m<b$ である．従って

$$m<b\leqq x$$

となり，$x < m$ と仮定したことに矛盾する．ゆえに m は M の最小元である．従って，W_∞ は整列集合であることがわかった．

(3)　各 f-列 W について，$W = W_\infty$ であるか，または W は W_∞ のある切片となることを示そう．$W \neq W_\infty$ と仮定し，

$$a = \min(W_\infty - W)$$

とおく．a を含む f-列の一つを W' とする．$a \notin W$ より，(1) によって，$W = W'\langle b\rangle$ となる元 $b \in W'$ が存在する．a の定義より $W_\infty\langle a\rangle \subset W$ であり，W_∞ の定義より $W' \subset W_\infty$ であるから，$W'\langle a\rangle \subset W_\infty\langle a\rangle$ が成り立つ．また，$b = \min(W' - W)$ であり，$a \in W' - W$ だから $b \leqq a$ となり，$W'\langle b\rangle \subset W'\langle a\rangle$ である．結局

$$W_\infty\langle a\rangle \subset W = W'\langle b\rangle \subset W'\langle a\rangle \subset W_\infty\langle a\rangle$$

となるので，$W = W_\infty\langle a\rangle$ が成り立つ．従って，f-列 W について，$W \neq W_\infty$ であれば，W は W_∞ のある切片となることがわかった．

(4)　W_∞ も f-列であることを示そう．$a \in W_\infty$ に対して，a を含む f-列の一つを W とする．(3) によって，$W_\infty\langle a\rangle = W\langle a\rangle$ となることがわかる．ゆえに，$\varDelta(W_\infty, a) = \varDelta(W, a)$ となり

$$f(\varDelta(W_\infty, a)) = f(\varDelta(W, a)) = a$$

が成り立つ．従って，W_∞ も f-列であることがわかった．

以上の議論によって，W_∞ は最大 f-列であることがわかった．ここまでの議論では，$(X, \leqq)$ が帰納的であることは用いられていなかったが，$(X, \leqq)$ が帰納的であるから，$(X, \leqq)$ の全順序部分集合 W_∞ の上界が存在する．その一つを w とする．この w が $(X, \leqq)$ の一つの極大元であることを示そう．$w < w'$ となる元 $w' \in X$ が存在したと仮定し

$$\varDelta_\infty = \{x \in X \mid a \in W_\infty \text{ ならば } a < x\}$$

とおく．$w' \in \varDelta_\infty$ だから，$\varDelta_\infty \neq \emptyset$ である．そこで，$z = f(\varDelta_\infty)$ とおく．このとき，$W_* = W_\infty \cup \{z\}$ は整列集合である．$W_\infty = W_*\langle z\rangle$ であるから，$\varDelta_\infty = \varDelta(W_*, z)$ であり，W_* も f-列になる．これは W_∞ が最大 f-列であることに矛盾する．従って，$w < w'$ となる元 $w' \in X$ は存在せず，w は $(X, \leqq)$ の極大元であることがわかった．□

問 10.2　定理 10.1 の証明において，W_∞ の上界 w は，実は W_∞ の最大元であることを確かめよ．

§11*. 整列可能定理

先に述べたツォルンの補題の証明において，整列部分集合が重要な役割を演じたが，それでは，任意の集合に適当な順序を定義して整列集合にすることができるのであろうか．この問に答えるのが次の定理である．

定理 11.1* (**整列可能定理**)　任意の集合は，その上にある順序を定義して整列集合にすることができる．

［**証明**］　X を与えられた集合とする．X の部分集合 A と，集合 A の上の整列順序 α の組 (A,α) の全体を $\mathscr{W}$ とする．例えば，X のただ一つの元 a から成る部分集合 $\{a\}$ にはただ一つの順序 ν が定義されるが，この組 $(\{a\},\nu)$ はもちろん整列集合である．従って，$\mathscr{W}$ は空集合ではない．

$\mathscr{W}$ の 2 元 $(A,\alpha),(B,\beta)$ に対し，両者が整列集合として一致するか，または (A,α) が (B,β) の切片となっているとき

$$(A,\alpha) \leqq (B,\beta)$$

と表すことにして，$\mathscr{W}$ に二項関係 $\leqq$ を定義する．この二項関係 $\leqq$ によって，$(\mathscr{W},\leqq)$ は半順序集合となっている．しかも，$(\mathscr{W},\leqq)$ は帰納的である．実際，$\mathscr{W}'$ を $(\mathscr{W},\leqq)$ の全順序部分集合とし，

$$W = \bigcup (A \mid (A,\alpha) \in \mathscr{W}')$$

とおけば，集合 W の上の整列順序 w で，各 $(A,\alpha) \in \mathscr{W}'$ が (W,w) と一致するか，または (W,w) のある切片となるようなものがただ一つ存在することがわかる．この (W,w) は全順序部分集合 $\mathscr{W}'$ の一つの上界である（実は $\mathscr{W}'$ の上限となる）．

よって，$(\mathscr{W},\leqq)$ は帰納的半順序集合となる．ゆえにツォルンの補題によって，$(\mathscr{W},\leqq)$ には極大元が存在する．その極大元の一つを (T,ρ) とする．$T=X$ となることを示そう．もし $T \neq X$ ならば，$X-T$ から一つの元 a を選んで，$S=T\cup\{a\}$ とし，a を S の最大元とするように T の上の順序 ρ を S の上の順序 σ に拡張する．すなわち，T の 2 元 x,y については $x\rho y$ であるときそのときに限り $x\sigma y$ であると定義し，T の任意の元 z に対して常に $z\sigma a$ であると定義するのである．そうすれば，(S,σ) も整列集合であり，(T,ρ) はその切片となる．これは (T,ρ) が $(\mathscr{W},\leqq)$ の極大元であるという仮定に矛盾する．従って，$T=X$ でなければならない．このとき，T の整列

順序 ρ によって，(X, ρ) は整列集合となる．□

問 11.1　整列可能定理の証明を完成させるために，次のことを証明せよ．$(W_\lambda \mid \lambda \in \Lambda)$ を集合 X の部分集合系とし，各 W_λ には一つの順序 $\leqq_\lambda$ が与えられていて，$(W_\lambda, \leqq_\lambda)$ は整列集合をなし，Λ の異なる 2 元 α, β に対しては，常に $(W_\alpha, \leqq_\alpha)$，$(W_\beta, \leqq_\beta)$ の中のいずれか一方は他方の切片になっているものとする．そのとき，

(i)　$W = \bigcup(W_\lambda \mid \lambda \in \Lambda)$ の任意の 2 元 x, y に対して

$$x \in W_\lambda, \qquad y \in W_\lambda$$

となる元 $\lambda \in \Lambda$ が必ず存在する．

(ii)　その場合，$x \leqq_\lambda y$ であるか $y \leqq_\lambda x$ であるかに応じて，それぞれ $x \leqq y$，$y \leqq x$ と定義すれば，W の上の二項関係 $\leqq$ は (i) を満足する添え字 $\lambda \in \Lambda$ の選び方に依存しないで定まる．

(iii)　このようにして定義された W の上の二項関係 $\leqq$ は順序関係であり，$(W, \leqq)$ は整列集合となる．

(iv)　さらに，各 $\lambda \in \Lambda$ に対して，$(W_\lambda, \leqq_\lambda)$ は $(W, \leqq)$ に一致するかまたは $(W, \leqq)$ の切片となる．

さて，われわれは選択公理からツォルンの補題を導き，ツォルンの補題から整列可能定理を導いたが，逆に，整列可能定理から選択公理は次のようにきわめて容易に導かれる．

空でない集合から成る集合系 $(A_\lambda \mid \lambda \in \Lambda)$ が与えられたとき，その和集合を $A = \bigcup_{\lambda \in \Lambda} A_\lambda$ とおく．整列可能定理によって，集合 A の上にある順序 $\leqq$ を定義して $(A, \leqq)$ を整列集合とすることができる．そこで，関数 $f : \Lambda \to A$ を

$$f(\lambda) = \min(A_\lambda), \qquad \lambda \in \Lambda$$

によって定義すれば，f は与えられた集合系 $(A_\lambda \mid \lambda \in \Lambda)$ の選択関数である．

以上で，選択公理，ツォルンの補題，整列可能定理はすべて互いに同値な命題であることがわかった．

ここで，整列可能定理の応用例を二つ挙げておこう．

例 11.1　二つの集合 A, B に対して　(1)　A と B は濃度が等しい　(2)　A は B より濃度が大きい　(3)　A は B より濃度が小さい　という三つの場合が考えられる．この中のどの二つの場合も同時に起こり得ないことがベルンシュタインの定理によってわかっている．整列可能定理を用いて三つの場合のいずれかが必ず成り立つことを示そう．そのためには，A から B への単射または B から A への単射が存在することを示せば十分である．

整列可能定理によって，集合 A, B の上にそれぞれ整列順序 α, β が存在することがわかる．整列集合の比較定理によれば，二つの整列集合 $(A, \alpha), (B, \beta)$ について　(i)　互いに順序同型である　(ii)　(A, α) は (B, β) の切片と順序同型である　(iii)　(B, β) は (A, α) の切片と順序同型である　という三つの場合のうち，いずれかが必ず成り立つ．(i), (ii) の場合には A から B への単射が存在し，(iii) の場合には B から A への単射が存在する．

例 11.2　実数 $x_1, x_2, \cdots, x_r$ および有理数 $a_1, a_2, \cdots, a_r$ に対して，実数 $a_1x_1 + a_2x_2 + \cdots + a_rx_r$ を $x_1, x_2, \cdots, x_r$ の $\boldsymbol{Q}$ 上**一次結合**という．有理数 $a_1, a_2, \cdots, a_r$ に対して $a_1x_1 + a_2x_2 + \cdots + a_rx_r = 0$ となるのは $a_1 = a_2 = \cdots = a_r = 0$ のときに限るならば，実数 $x_1, x_2, \cdots, x_r$ は $\boldsymbol{Q}$ 上**一次独立**であるという．$\boldsymbol{R}$ の部分集合 B で，B に属する有限個の実数 $x_1, x_2, \cdots, x_r$ は常に $\boldsymbol{Q}$ 上一次独立であり，任意の実数が B に属するある有数個の実数の $\boldsymbol{Q}$ 上一次結合となるものが存在することを示そう．このような集合 B を $\boldsymbol{R}$ の**ハメル基**という．

整列可能定理によって，ある整列集合 $(W, \leqq)$ と全単射 $f : W \to \boldsymbol{R} - \{0\}$ が存在する．W の部分集合 W_0 を，超限帰納法により，次のように構成しよう．$f(a)$ が $\{f(x) \mid x \in W\langle a\rangle \cap W_0\}$ に属する有限個の実数の $\boldsymbol{Q}$ 上一次結合と成り得ないとき，そのときに限り $a \in W_0$ とする．$B = \{f(a) \mid a \in W_0\}$ とおけば，集合 B がハメル基である．

問 11.2　上の二つの例について，ツォルンの補題を使った別証明を与えよ．

4

距　離　空　間

解析学では関数の連続性や微分可能性の概念が基本的である．その定義を与えるには，数列の収束・発散や極限の概念が基礎的なものである．このような概念を抽象化して位相の概念に到達するのである．

本章では，まず，ユークリッド空間について考察する．多変数関数の定義域に当る空間である．ε–近傍という概念を導入し，これを用いて，開集合や閉集合の概念を導入し，その基本的性質について考察する．

次に，ユークリッド空間の距離の概念を抽象化して，一般の距離空間の概念を導入し，ユークリッド空間において考察した種々の概念がそのまま距離空間においても意味のあるものであることを確かめる．なぜこのような概念に注目するのかという疑問には，次の第５章の内容が答えることになる．最後に，二つの距離空間の間の写像の連続性の概念を導入する．

§12.　ユークリッド空間

n を自然数とする．実数全体の集合 $\boldsymbol{R}$ の n 個の直積 $\boldsymbol{R}\times\boldsymbol{R}\times\cdots\times\boldsymbol{R}$ を $\boldsymbol{R}^n$ で表す．よく知られているように，座標の導入によって，直線，平面，空間はそれぞれ $\boldsymbol{R}=\boldsymbol{R}^1$，$\boldsymbol{R}\times\boldsymbol{R}=\boldsymbol{R}^2$，$\boldsymbol{R}\times\boldsymbol{R}\times\boldsymbol{R}=\boldsymbol{R}^3$ と同一視される．この場合，直交座標を考えるのが通例であり，例えば平面 $\boldsymbol{R}^2$ の二つの点 $x=(x_1,x_2)$，$y=(y_1,y_2)$ の距離 $d(x,y)$ が

$$d(x,y)=\sqrt{(x_1-y_1)^2+(x_2-y_2)^2}$$

で与えられることも，よく知られた事実である（ピタゴラスの定理）．

一般に $\boldsymbol{R}^n$ の二つの元 $x=(x_1,\cdots,x_n)$，$y=(y_1,\cdots,y_n)$ に対して，その**距離** $d^{(n)}(x,y)$ を

$$d^{(n)}(x,y)=\sqrt{(x_1-y_1)^2+(x_2-y_2)^2+\cdots+(x_n-y_n)^2}$$

で定義する．集合 $\boldsymbol{R}^n$ に距離 $d^{(n)}$ を導入したとき，$(\boldsymbol{R}^n,d^{(n)})$ または単に $\boldsymbol{R}^n$ を **n 次元ユークリッド空間**と呼び，$\boldsymbol{R}^n$ の元を n 次元ユークリッド空間の**点**という．さらに，$d^{(n)}(x,y)$ を 2 点 x,y の**ユークリッド距離**という．

平面三角形について，“2 辺の長さの和は残りの 1 辺の長さより大きい” ことが知られている．この事実を一般化して，$\boldsymbol{R}^n$ の 3 点 x,y,z に対して

$$d^{(n)}(x,z)\leqq d^{(n)}(x,y)+d^{(n)}(y,z)$$

が成り立つことを示そう．この不等式を**三角不等式**という．まず，任意の実数 $a_1,\cdots,a_n,b_1,\cdots,b_n$ に対して

$$\left(\sum_{i=1}^n a_ib_i\right)^2\leqq\left(\sum_{i=1}^n a_i^2\right)\cdot\left(\sum_{i=1}^n b_i^2\right)$$

が成り立つことを示そう．この不等式を**シュワルツの不等式**という．単純な式の変形によって

$$\begin{aligned}\left(\sum_{i=1}^n a_i^2\right)\left(\sum_{i=1}^n b_i^2\right)-\left(\sum_{i=1}^n a_ib_i\right)^2&=\sum_{i<j}(a_i^2b_j^2+a_j^2b_i^2-2a_ib_ia_jb_j)\\&=\sum_{i<j}(a_ib_j-a_jb_i)^2\geqq 0.\end{aligned}$$

さて，$x=(x_1,\cdots,x_n)$，$y=(y_1,\cdots,y_n)$，$z=(z_1,\cdots,z_n)$ とし，$a_i=x_i-y_i$，

$b_i = y_i - z_i$ とおく．$a_i + b_i = x_i - z_i$ であるから，シュワルツの不等式を使うと

$$
\begin{aligned}
(d^{(n)}(x, z))^2 &= \sum_{i=1}^{n} (a_i + b_i)^2 = \sum_{i=1}^{n} a_i{}^2 + \sum_{i=1}^{n} b_i{}^2 + 2\sum_{i=1}^{n} a_i b_i \\
&\leqq \sum_{i=1}^{n} a_i{}^2 + \sum_{i=1}^{n} b_i{}^2 + 2\sqrt{\left(\sum_{i=1}^{n} a_i{}^2\right)\left(\sum_{i=1}^{n} b_i{}^2\right)} \\
&= (d^{(n)}(x, y) + d^{(n)}(y, z))^2.
\end{aligned}
$$

従って，三角不等式が成り立つ．

$\boldsymbol{R}^n$ の点 a と正の実数 ε に対して，$\boldsymbol{R}^n$ の部分集合

$$\{x \in \boldsymbol{R}^n \mid d^{(n)}(a, x) < \varepsilon\}$$

を，a を**中心**とし ε を**半径**とする**開球体**といい，$B_n(a\,;\,\varepsilon)$ で表す．$B_1(a\,;\,\varepsilon)$ は開区間 $(a - \varepsilon, a + \varepsilon)$ であり，$B_2(a\,;\,\varepsilon)$ は開円板である．

M を $\boldsymbol{R}^n$ の部分集合とする．$\boldsymbol{R}^n$ の点 a について，

$$B_n(a\,;\,\varepsilon) \subset M$$

となる正の実数 ε が存在するとき，a を M の**内点**という．M の内点全体の集合を M の**内部**といい，M^i で表す．M の内点はもちろん M の点であるから

$$M^i \subset M$$

が成り立つ．M の $\boldsymbol{R}^n$ に関する補集合 M^c の内点を M の**外点**という．すなわち，$\boldsymbol{R}^n$ の点 a について

$$B_n(a\,;\,\varepsilon) \cap M = \emptyset$$

となる正の実数 ε が存在するとき，a を M の**外点**というのである．M の外点全体の集合を M の**外部**といい，M^e で表す．

$$M^e = (M^c)^i, \qquad M^e \subset M^c, \qquad M^i \cap M^e = \emptyset$$

が成り立つ．$\boldsymbol{R}^n$ の点で M の内点でも外点でもない点を M の**境界点**という．M の境界点全体の集合 $\boldsymbol{R}^n - (M^i \cup M^e)$ を M の**境界**といい，M^f で表す．定義から明らかなように，M の境界と M の補集合 M^c の境界とは一致し，$\boldsymbol{R}^n$ の点 a が M の境界点であるとは，どんな正の実数 ε に対しても

$$B_n(a\,;\,\varepsilon) \cap M \neq \emptyset, \qquad B_n(a\,;\,\varepsilon) \cap M^c \neq \emptyset$$

が成り立つことである．定義からすぐわかるように

$$\boldsymbol{R}^n = M^i \cup M^e \cup M^f \qquad \text{(非交和)}$$

が成り立つ．

例 12.1 $M = B_n(a\,;\varepsilon)$ に対して

$$M^i = \{x \in \boldsymbol{R}^n \mid d^{(n)}(a, x) < \varepsilon\} = M,$$
$$M^e = \{x \in \boldsymbol{R}^n \mid d^{(n)}(a, x) > \varepsilon\},$$
$$M^f = \{x \in \boldsymbol{R}^n \mid d^{(n)}(a, x) = \varepsilon\}$$

である．直観的にはほとんど明らかであろうが，定義にもとづいて証明しよう．

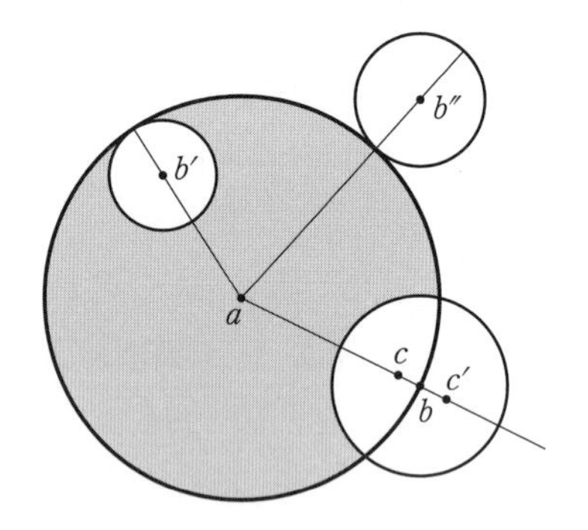

$\boldsymbol{R}^n$ の点 b' について，まず $d^{(n)}(a, b') < \varepsilon$ ならば $b' \in M^i$ となることを示そう．$\delta = \varepsilon - d^{(n)}(a, b')$ は正の実数である．開球体 $B_n(b'\,;\delta)$ に属する点 x について

$$d^{(n)}(a, x) \leqq d^{(n)}(a, b') + d^{(n)}(b', x) < d^{(n)}(a, b') + \delta = \varepsilon.$$

よって，$B_n(b'\,;\delta) \subset B_n(a\,;\varepsilon) = M$ となる．従って，M の点 b' は M の内点であること，すなわち $M \subset M^i$ となることがわかった．一方，$\boldsymbol{R}^n$ の任意の部分集合 M に対して $M^i \subset M$ が成り立っているので，$M = B_n(a\,;\varepsilon)$ に対して $M = M^i$ となる．次に $\boldsymbol{R}^n$ の点 b'' について，$d^{(n)}(a, b'') > \varepsilon$ とする．$\delta = d^{(n)}(a, b'') - \varepsilon$ とおけば，δ は正の実数で，$B_n(b''\,;\delta) \subset M^c$ となることが上の場合と同様に示される．従って，$d^{(n)}(a, b'') > \varepsilon$ ならば $b'' \in M^e$ である．最後に，$\boldsymbol{R}^n$ の点 b について，$d^{(n)}(a, b) = \varepsilon$ ならば $b \in M^f$ であること，従って $b \notin M^i \cup M^e$ であること，を示せば証明が完了する．どんな正の実数 δ に対し

ても

$$B_n(b\,;\,\delta)\cap M \neq \varnothing,\qquad B_n(b\,;\,\delta)\cap M^c \neq \varnothing$$

が成り立つことを示そう．$a=(a_1,\cdots,a_n)$，$b=(b_1,\cdots,b_n)$ とする．

$\rho=\min\left\{\dfrac{1}{2},\dfrac{\delta}{2\varepsilon}\right\}$ とし，

$$c\ =(b_1+\rho(a_1-b_1),\cdots,b_n+\rho(a_n-b_n)),$$
$$c'=(b_1-\rho(a_1-b_1),\cdots,b_n-\rho(a_n-b_n))$$

とおく．このとき

$$d^{(n)}(b,c)=d^{(n)}(b,c')=\rho\cdot d^{(n)}(a,b)=\rho\varepsilon\leqq\frac{\delta}{2}$$

であるから，点 c,c' はともに $B_n(b\,;\,\delta)$ の点である．さらに

$$d^{(n)}(a,c)\ =(1-\rho)d^{(n)}(a,b)=(1-\rho)\varepsilon<\varepsilon,$$
$$d^{(n)}(a,c')=(1+\rho)d^{(n)}(a,b)=(1+\rho)\varepsilon>\varepsilon$$

が成り立つので，$c\in M$ かつ $c'\in M^c$ となり

$$B_n(b\,;\,\delta)\cap M \neq \varnothing,\qquad B_n(b\,;\,\delta)\cap M^c \neq \varnothing$$

であることがわかった．結局，$d^{(n)}(a,b)=\varepsilon$ ならば $b\in M^f$ である．

この例における M^f，すなわち集合

$$\{x\in \boldsymbol{R}^n\mid d^{(n)}(a,x)=\varepsilon\}$$

を，a を中心とし ε を半径とする**球面**といい，$S_n(a\,;\,\varepsilon)$ で表す．

M を $\boldsymbol{R}^n$ の部分集合とする．$\boldsymbol{R}^n$ の点 a について，どんな正の実数 ε に対しても

$$B_n(a\,;\,\varepsilon)\cap M \neq \varnothing$$

が成り立つとき，a を M の**触点**という．M の触点全体の集合を M の**閉包**といい，$\overline{M}$ または M^a で表す．M の点はもちろん M の触点であるから

$$M\subset\overline{M}=M^a$$

が成り立つ．定義から明らかなように，等式

$$\overline{M}=M^i\cup M^f$$

が成り立っている．

開集合と閉集合

$\boldsymbol{R}^n$ の部分集合 M について，$M = M^i$ となるとき，M を n 次元ユークリッド空間 $\boldsymbol{R}^n$ の**開集合**といい，$M = \overline{M}$ となるとき，M を n 次元ユークリッド空間 $\boldsymbol{R}^n$ の**閉集合**という．

問 12.1 $\boldsymbol{R}^n$ の部分集合 M について，$(M^i)^i = M^i$ および $(M^a)^a = M^a$ が成り立つことを示せ．

問 12.2 $a_i, b_i\ (i = 1, 2, \cdots, n)$ を $a_i < b_i$ であるような実数とする．集合

$$\{x = (x_1, \cdots, x_n) \mid a_i < x_i < b_i\ \ (i = 1, \cdots, n)\}$$
$$= (a_1, b_1) \times \cdots \times (a_n, b_n)$$

は $\boldsymbol{R}^n$ の開集合であり，集合

$$\{x = (x_1, \cdots, x_n) \mid a_i \leqq x_i \leqq b_i\ \ (i = 1, \cdots, n)\}$$
$$= [a_1, b_1] \times \cdots \times [a_n, b_n]$$

は $\boldsymbol{R}^n$ の閉集合であることを示せ．

$\boldsymbol{R}^n$ の開集合と閉集合とは次の意味で双対的な概念である．

定理 12.1 n 次元ユークリッド空間 $\boldsymbol{R}^n$ において，開集合の補集合は閉集合であり，また，閉集合の補集合は開集合である．

［**証明**］ M を開集合とすれば $M = M^i$ であり，そのとき

$$M^c = M^e \cup M^f = (M^c)^i \cup (M^c)^f = (M^c)^a$$

が成り立つので，M^c は閉集合である．次に，M を閉集合とすれば $M = M^a = M^i \cup M^f$ であり，そのとき

$$M^c = M^e = (M^c)^i$$

が成り立つので，M^c は開集合である． □

この定理とド・モルガンの法則によって，開集合に関して一般に成り立つ集合算的命題は，閉集合に関する双対的な命題にただちに書き直すことができる．

n 次元ユークリッド空間 $\boldsymbol{R}^n$ の開集合全体の集合を $\boldsymbol{R}^n$ の**開集合系**といい $\mathcal{O}(\boldsymbol{R}^n)$ で表す．

定理 12.2 $\boldsymbol{R}^n$ の開集合系 $\mathcal{O}=\mathcal{O}(\boldsymbol{R}^n)$ は次の条件を満足する.

(1) $\boldsymbol{R}^n \in \mathcal{O},\ \varnothing \in \mathcal{O}$.

(2) $O_1, O_2, \cdots, O_k \in \mathcal{O}$ ならば $O_1 \cap O_2 \cap \cdots \cap O_k \in \mathcal{O}$.

(3) $(O_\lambda \mid \lambda \in \Lambda)$ を $\mathcal{O}$ の元から成る集合系とすれば,

$$\bigcup_{\lambda \in \Lambda} O_\lambda \in \mathcal{O}.$$

［**証明**］ (1) $\boldsymbol{R}^n$ の点 a について $B_n(a\,;1) \subset \boldsymbol{R}^n$ が成り立つから点 a は $\boldsymbol{R}^n$ の内点である. よって $\boldsymbol{R}^n$ は開集合である. また $\varnothing^i=\varnothing$ であるから, $\varnothing$ も開集合である.

(2) $O_1, \cdots, O_k \in \mathcal{O}$ とし, $O=O_1 \cap \cdots \cap O_k$ とする. $a \in O$ とすれば各 j $(1 \leqq j \leqq k)$ に対して $a \in O_j$ であり, $O_j \in \mathcal{O}$ だから, $B_n(a\,;\varepsilon_j) \subset O_j$ となる正の実数 ε_j が存在する. そこで $\varepsilon=\min\{\varepsilon_1, \cdots, \varepsilon_k\}$ とおけば, 各 j に対して $B_n(a\,;\varepsilon) \subset O_j$ となるから, $B_n(a\,;\varepsilon) \subset O$ となり, a は O の内点となる. すなわち $O \subset O^i$ が示された. 従って $O \in \mathcal{O}$ となる.

(3) $O_\lambda \in \mathcal{O}$ $(\lambda \in \Lambda)$ とし, $O=\bigcup_{\lambda \in \Lambda} O_\lambda$ とおく. $a \in O$ とすれば, $a \in O_\lambda$ となる $\lambda \in \Lambda$ が存在し, $O_\lambda \in \mathcal{O}$ だから, $B_n(a\,;\varepsilon) \subset O_\lambda$ となる正の実数 ε が存在する. 従って, $B_n(a\,;\varepsilon) \subset O_\lambda \subset O$ となり, a は O の内点となる. すなわち $O \subset O^i$ が示された. 従って $O \in \mathcal{O}$ となる. □

注 無限個の開集合の共通部分は必ずしも開集合とは限らない. 例えば, $\boldsymbol{R}^n$ の点 a を中心とする開球体 $B_n\left(a\,;\dfrac{1}{k}\right)$ $(k \in \boldsymbol{N})$ はすべて開集合であるが, その共通部分

$$\bigcap_{k=1}^{\infty} B_n\left(a\,;\frac{1}{k}\right)$$

は明らかにただ一つの点 a のみから成る集合 $\{a\}$ となり, この集合 $\{a\}$ は開集合でない.

問 12.3 $\boldsymbol{R}^n$ の閉集合全体の集合 ($\boldsymbol{R}^n$ の**閉集合系**という) を $\mathfrak{A}$ で表すとき, $\mathfrak{A}$ は次の条件を満足することを示せ.

(1) $\boldsymbol{R}^n \in \mathfrak{A},\ \varnothing \in \mathfrak{A}$.

(2) $A_1, \cdots, A_k \in \mathfrak{A}$ ならば $A_1 \cup \cdots \cup A_k \in \mathfrak{A}$.

(3) $(A_\lambda \mid \lambda \in \Lambda)$ を $\mathfrak{A}$ の元から成る集合系とすれば

$$\bigcap_{\lambda \in \Lambda} A_\lambda \in \mathfrak{A}.$$

問 12.4 $\boldsymbol{R}^n$ の部分集合 M について，内部 M^i は M に包まれる最大の開集合であり，閉包 $\overline{M}$ は M を包む最小の閉集合であることを示せ.

§13. 距離空間

X を空でない集合とする．直積集合 $X \times X$ 上の実数値関数 $d : X \times X \to \boldsymbol{R}$ が次の条件を満足するものとする.

［$\mathbf{D}_1$］ 任意の $x, y \in X$ に対して $d(x, y) \geqq 0$ であり，$d(x, y) = 0$ となるのは $x = y$ のとき，そのときに限る.

［$\mathbf{D}_2$］ 任意の $x, y \in X$ に対して $d(x, y) = d(y, x)$.

［$\mathbf{D}_3$］ 任意の $x, y, z \in X$ に対して

$$d(x, z) \leqq d(x, y) + d(y, z).$$

このとき，関数 d を集合 X 上の**距離関数**といい，対 (X, d) または単に X を**距離空間**という．さらに，X の元を**点**と呼ぶ．［$\mathbf{D}_3$］の不等式を**三角不等式**という.

例 13.1 n 次元ユークリッド空間 $(\boldsymbol{R}^n, d^{(n)})$ は距離空間である．三角不等式［$\mathbf{D}_3$］が成り立つことはすでに示してある．［$\mathbf{D}_1$］,［$\mathbf{D}_2$］が成り立つことは，$d^{(n)}$ の定義から明らかであろう.

例 13.2 関数 $d_0{}^{(n)} : \boldsymbol{R}^n \times \boldsymbol{R}^n \to \boldsymbol{R}$ を $x = (x_1, \cdots, x_n)$，$y = (y_1, \cdots, y_n)$ に対して

$$d_0{}^{(n)}(x, y) = \max\{|x_1 - y_1|, \cdots, |x_n - y_n|\}$$

によって定義すれば，$(\boldsymbol{R}^n, d_0{}^{(n)})$ も距離空間になる.

例 13.3 $C[a, b]$ によって，閉区間 $[a, b]$ 上の実数値連続関数全体の集合を表す．$C[a, b]$ の 2 元 f, g に対して

$$d(f, g) = \int_a^b |f(x) - g(x)|\, dx$$

と定義する．d は集合 $C[a,b]$ 上の距離関数である．［$\mathbf{D}_1$］の前半および［$\mathbf{D}_2$］が成り立つことは明らかであろう．連続関数 f,g のグラフを図のようにとれば，$d(f,g)$ は影の部分の図形の面積を表している．

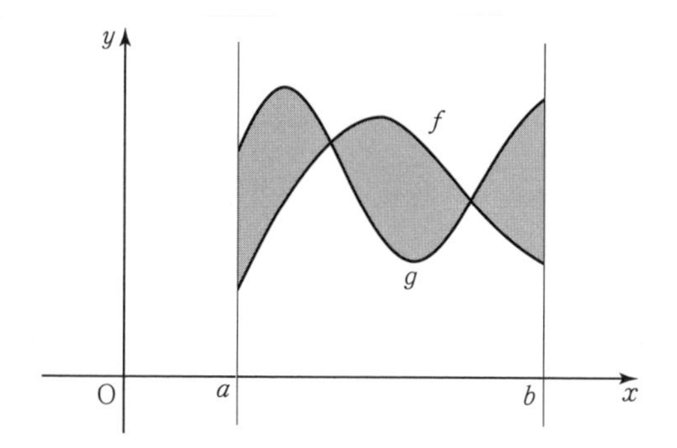

従って，［$\mathbf{D}_1$］の後半を満足することが確かめられる．最後に，$C[a,b]$ の元 f,g,h に対して

$$|f(x)-h(x)| \leqq |f(x)-g(x)| + |g(x)-h(x)| \qquad (a \leqq x \leqq b)$$

が成り立つので

$$\begin{aligned} d(f,h) &= \int_a^b |f(x)-h(x)|\,dx \\ &\leqq \int_a^b |f(x)-g(x)|\,dx + \int_a^b |g(x)-h(x)|\,dx \\ &= d(f,g)+d(g,h) \end{aligned}$$

となり［$\mathbf{D}_3$］も成り立つ．

問 13. 1　$B[a,b]$ によって，閉区間 $[a,b]$ 上の有界な実数値関数全体の集合を表す．すなわち，関数 $f:[a,b]\to\boldsymbol{R}$ が集合 $B[a,b]$ に属するのは，ある正の実数 K が存在して，$|f(x)| \leqq K$ $(a \leqq x \leqq b)$ が成り立つときである．$B[a,b]$ の 2 元 f,g に対して

$$d(f,g)=\sup\{|f(x)-g(x)|,\ a \leqq x \leqq b\}$$

と定義する．d は集合 $B[a,b]$ 上の距離関数であることを示せ．

問 13. 2　実数列 $x=(x_n \mid n\in\boldsymbol{N})$ で $\sum_{n=1}^{\infty} x_n{}^2 < \infty$ となるものの全体を l^2 で表す．l^2 の 2 元 $x=(x_n \mid n\in\boldsymbol{N})$，$y=(y_n \mid n\in\boldsymbol{N})$ に対して，実数

$$d_\infty(x, y) = \sqrt{\sum_{n=1}^{\infty} (x_n - y_n)^2}$$

が定まることを示し，さらに d_∞ は l^2 上の距離関数であることを示せ．(l^2, d_∞) を**ヒルベルト空間**という．

ユークリッド空間におけるいくつかの概念が，距離空間についても同様に考察できることがわかる．(X, d) を距離空間とする．X の点 a と正の実数 ε に対して，X の部分集合

$$\{x \in X \mid d(a, x) < \varepsilon\}$$

を，点 a の **ε-近傍**といい，$N(a\,;\,\varepsilon)$ で表す．A を X の部分集合とする．X の点 a について

$$N(a\,;\,\varepsilon) \subset A$$

となる正の実数 ε が存在するとき，a を A の**内点**といい，A の内点全体の集合を A の**内部**といい A^i で表す．X の点 a について

$$N(a\,;\,\varepsilon) \cap A = \emptyset$$

となる正の実数 ε が存在するとき，a を A の**外点**といい，A の外点全体の集合を A の**外部**といい A^e で表す．明らかに，$A^e = (A^c)^i$ が成り立つ．さらに，どんな正の実数 ε に対しても

$$N(a\,;\,\varepsilon) \cap A \neq \emptyset, \quad N(a\,;\,\varepsilon) \cap A^c \neq \emptyset$$

が成り立つとき，a を A の**境界点**といい，A の境界点全体の集合を A の**境界**といい A^f で表す．明らかに $A^f = (A^c)^f$ が成り立ち，ユークリッド空間の場合と同様に

$$X = A^i \cup A^e \cup A^f \qquad \text{（非交和）}$$

が成り立つ．

問 13.3 距離空間 (X, d) の部分集合 $A = N(a\,;\,\varepsilon)$ について，例 12.1 と同様な結果が成り立つかどうか検討せよ．

(X, d) を距離空間とし，A を X の部分集合とする．X の点 x について，ど

んな正の実数εに対しても

$$N(x\,;\,\varepsilon) \cap A \neq \emptyset$$

が成り立つとき，xをAの**触点**といい，Aの触点全体の集合をAの**閉包**という．Aの閉包を$\overline{A}$またはA^aで表す．ユークリッド空間の場合と同様に

$$A^i \subset A \subset \overline{A}, \qquad \overline{A} = A^i \cup A^f$$

が成り立つ．Xの部分集合Aについて，$A = A^i$となるとき，Aを距離空間(X, d)の**開集合**といい，$A = \overline{A}$となるとき，Aを距離空間(X, d)の**閉集合**という．

定理 13.1　(X, d)を距離空間とする．Xの部分集合Aについて，$(A^i)^i = A^i$および$(A^a)^a = A^a$が常に成り立つ．

［**証明**］　$x \in A^i$とすれば，$N(x\,;\,\varepsilon) \subset A$となる正の実数$\varepsilon$が存在する．このとき，$N(x\,;\,\varepsilon) \subset A^i$となることを示そう．$y \in N(x\,;\,\varepsilon)$とし，$\delta = \varepsilon - d(x, y)$とおく．$\delta > 0$かつ$N(y\,;\,\delta) \subset N(x\,;\,\varepsilon) \subset A$であることがわかる．従って$y \in A^i$となり，$N(x\,;\,\varepsilon) \subset A^i$が成り立つ．ゆえに$x$は$A^i$の内点，すなわち$(A^i)^i$の点である．よって，$A^i \subset (A^i)^i$が成り立つ．一般に$A^i$の内部$(A^i)^i$は$A^i$の部分集合であるから，$(A^i)^i = A^i$が成り立つ．

次に$x \in (A^a)^a$とすれば，どんな正の実数εに対しても，$N(x\,;\,\varepsilon) \cap A^a \neq \emptyset$となる．$y \in N(x\,;\,\varepsilon) \cap A^a$について，$\delta = \varepsilon - d(x, y)$とおく．$\delta > 0$かつ$y \in A^a$だから，$N(y\,;\,\delta) \cap A \neq \emptyset$となる．一方$N(y\,;\,\delta) \subset N(x\,;\,\varepsilon)$だから，$N(x\,;\,\varepsilon) \cap A \neq \emptyset$となる．従って$x \in A^a$となり，$(A^a)^a \subset A^a$が成り立つ．一般に$A^a$の閉包$(A^a)^a$は$A^a$を包むので，$(A^a)^a = A^a$が成り立つ．□

問 13.4　距離空間において，開集合の補集合は閉集合であり，また閉集合の補集合は開集合であることを確かめよ．

問 13.5　距離空間(X, d)の開集合全体の集合を，(X, d)の**開集合系**といい$\mathcal{O}$で表す．$\mathcal{O}$についても，定理 12.2 と同様な性質，すなわち

(1)　$X \in \mathcal{O}$,　$\emptyset \in \mathcal{O}$.

(2)　$O_1, \cdots, O_k \in \mathcal{O}$　ならば　$O_1 \cap \cdots \cap O_k \in \mathcal{O}$.

(3) $(O_\lambda \mid \lambda \in \Lambda)$ を $\mathcal{O}$ の元から成る集合系とすれば

$$\bigcup_{\lambda \in \Lambda} O_\lambda \in \mathcal{O}$$

が成り立つことを確かめよ．

問 13.6 距離空間 (X, d) の閉集合全体の集合を，(X, d) の**閉集合系**といい $\mathfrak{A}$ で表す．$\mathfrak{A}$ についても，問 12.3 と同様な性質，すなわち

(1) $X \in \mathfrak{A}$, $\varnothing \in \mathfrak{A}$.

(2) $A_1, \cdots, A_k \in \mathfrak{A}$ ならば $A_1 \cup \cdots \cup A_k \in \mathfrak{A}$.

(3) $(A_\lambda \mid \lambda \in \Lambda)$ を $\mathfrak{A}$ の元から成る集合系とすれば

$$\bigcap_{\lambda \in \Lambda} A_\lambda \in \mathfrak{A}$$

が成り立つことを確かめよ．

問 13.7 距離空間 (X, d) と X の部分集合 A について，A^i は A に包まれる最大の開集合であり，$\overline{A}$ は A を包む最小の閉集合であることを示せ．

(X, d) を距離空間とし，A を X の部分集合とする．X の点 x が集合 $A - \{x\}$ の触点であるとき，x を A の**集積点**という．点 x が A に属さない点であるときには，x が A の触点であることと，x が A の集積点であることとは同等である．A の集積点全体の集合を A の**導集合**といい，A^d で表す．また，$A - A^d$ の点を A の**孤立点**という．定義から明らかなように

$$\overline{A} = A \cup A^d$$

が成り立つ．

定理 13.2* (X, d) を距離空間とする．X の部分集合 A について，$(A^d)^d \subset A^d$ が常に成り立つ．

［**証明**］ $x \in (A^d)^d$ とすれば，どんな正の実数 ε に対しても

$$N(x\,;\,\varepsilon) \cap (A^d - \{x\}) \neq \varnothing$$

となる．$y \in N(x\,;\,\varepsilon) \cap (A^d - \{x\})$ について

$$\delta = \min\{d(x, y), \varepsilon - d(x, y)\}$$

とおく．$\delta > 0$ かつ $y \in A^d \subset \overline{A}$ だから，$N(y\,;\,\delta) \cap A \neq \varnothing$ となる．$x \notin N(y\,;\,\delta)$

だから，$N(y;\delta)\cap(A-\{x\})\neq\emptyset$ となり，$N(y;\delta)\subset N(x;\varepsilon)$ だから，$N(x;\varepsilon)\cap(A-\{x\})\neq\emptyset$ となる．よって $x\in A^d$ となり，$(A^d)^d\subset A^d$ が成り立つ． □

(X,d) を距離空間とし，A を X の空でない部分集合とする．X の点 x に対して，点 x と集合 A の**距離**を

$$d(x,A)=\inf\{d(x,a)\mid a\in A\}$$

と定義する．

定理 13.3 (X,d) を距離空間とする．X の空でない部分集合 A と X の点 x,y に対して

(1) $|d(x,A)-d(y,A)|\leqq d(x,y)$ が成り立つ．

(2) x が A の触点であるための必要十分条件は $d(x,A)=0$ が成り立つことである．

(3) x が A の内点であるための必要十分条件は $d(x,A^c)>0$ が成り立つことである．

［**証明**］ (1) 三角不等式によって

$$d(x,a)\leqq d(x,y)+d(y,a)\qquad(a\in A)$$

が成り立つ．よって

$$d(x,A)=\inf\{d(x,a)\mid a\in A\}\leqq d(x,y)+d(y,a)\qquad(a\in A)$$

が成り立つ．ゆえに $d(x,A)-d(x,y)$ は集合 $\{d(y,a)\mid a\in A\}$ の一つの下界である．よって

$$d(x,A)-d(x,y)\leqq d(y,A)$$

が成り立つ．まったく同様にして

$$d(y,A)-d(y,x)\leqq d(x,A)$$

が成り立つ．よって

$$-d(y,x)\leqq d(x,A)-d(y,A)\leqq d(x,y)$$

となり，$d(x,y)=d(y,x)\geqq 0$ であるから

$$|d(x,A)-d(y,A)|\leqq d(x,y)$$

が成り立つ．

(2)　一般に $d(x, A) \geqq 0$ であるから，$d(x, A) = 0$ が成り立つ必要十分条件は，どんな正の実数 ε に対しても $d(x, a) < \varepsilon$ となる A の点 a が存在することであり，この条件は $N(x\,;\varepsilon) \cap A \neq \emptyset$ と同等である．従って，$d(x, A) = 0$ が成り立つ必要十分条件は x が A の触点となることである．

(3)　$d(x, A^c) > 0$ が成り立つ必要十分条件は，点 x のある ε–近傍が A^c と交わらないこと，すなわち点 x のある ε–近傍が A に包まれることである．従って，$d(x, A^c) > 0$ が成り立つ必要十分条件は x が A の内点となることである．□

例 13.4　集合 $\boldsymbol{R}^n$ 上の二つの距離関数 $d^{(n)}, {d_0}^{(n)}$（例 13.1，例 13.2 参照）について，$(\boldsymbol{R}^n, d^{(n)})$ の開集合系と $(\boldsymbol{R}^n, {d_0}^{(n)})$ の開集合系とは一致することを示そう．$\boldsymbol{R}^n$ の 2 点 x, y に対して

$$ {d_0}^{(n)}(x, y) \leqq d^{(n)}(x, y) \leqq \sqrt{n} \cdot {d_0}^{(n)}(x, y) $$

の成り立つことがわかる．点 x の $(\boldsymbol{R}^n, d^{(n)})$ における ε–近傍を $N^1(x\,;\varepsilon)$ で表し，点 x の $(\boldsymbol{R}^n, {d_0}^{(n)})$ における ε–近傍を $N^0(x\,;\varepsilon)$ で表せば，上の不等式より

$$ N^0\left(x\,;\frac{\varepsilon}{\sqrt{n}}\right) \subset N^1(x\,;\varepsilon) \subset N^0(x\,;\varepsilon) $$

が成り立つ．従って，$\boldsymbol{R}^n$ の任意の部分集合 M と $\boldsymbol{R}^n$ の任意の点 x について，点 x が $(\boldsymbol{R}^n, d^{(n)})$ における M の内点であることと，点 x が $(\boldsymbol{R}^n, {d_0}^{(n)})$ における M の内点であることとは同等であることがわかる．よって，$\boldsymbol{R}^n$ の部分集合 M について，M が $(\boldsymbol{R}^n, d^{(n)})$ における開集合であることと，M が $(\boldsymbol{R}^n, {d_0}^{(n)})$ における開集合であることとは同等になる．

問 13.8　(X, d) を距離空間とする．X の部分集合 A, B について次式が成り立つことを示せ．

$$ (A \cap B)^i = A^i \cap B^i, \qquad (A \cup B)^a = A^a \cup B^a, \qquad (A \cup B)^d = A^d \cup B^d. $$

問 13.9　(X, d) を距離空間とし

$$ d'(x, y) = \frac{d(x, y)}{1 + d(x, y)} \qquad (x, y \in X) $$

とおく．d' もまた集合 X 上の距離関数であることを示し，さらに (X, d) の開集合系と (X, d') の開集合系とは一致することを示せ．

§14. 近傍系と連続写像

(X, d) を距離空間とする．X の部分集合 U が X の点 a の**近傍**であるとは，a が U の内点となることである．点 a の ε-近傍はすべて点 a の近傍である．点 a の近傍全体の集合を点 a の**近傍系**といい $\mathfrak{N}(a)$ で表す．

定理 14.1　(X, d) を距離空間とする．近傍系は次の条件を満足する．

(1)　$a \in X$ ならば $X \in \mathfrak{N}(a)$ であり，$U \in \mathfrak{N}(a)$ ならば $a \in U$ である．

(2)　$U_1, U_2 \in \mathfrak{N}(a)$ ならば，$U_1 \cap U_2 \in \mathfrak{N}(a)$ である．

(3)　$U \in \mathfrak{N}(a)$ かつ $U \subset V \subset X$ ならば，$V \in \mathfrak{N}(a)$ である．

(4)　どんな $U \in \mathfrak{N}(a)$ に対しても，ある $V \in \mathfrak{N}(a)$ を選んで，各点 $b \in V$ に対して $U \in \mathfrak{N}(b)$ となるようにできる．

［**証明**］(1), (3) は明らかであろう．

(2)　$U_1, U_2 \in \mathfrak{N}(a)$ とすれば正の実数 $\varepsilon_1, \varepsilon_2$ で $N(a\,;\varepsilon_i) \subset U_i$ $(i = 1, 2)$ を満足するものが存在する．$\varepsilon = \min\{\varepsilon_1, \varepsilon_2\}$ とおけば，$\varepsilon > 0$ かつ $N(a\,;\varepsilon) \subset U_1 \cap U_2$ となる．よって，$U_1 \cap U_2 \in \mathfrak{N}(a)$ である．

(4)　$U \in \mathfrak{N}(a)$ に対して，$V = U^i$ とおけば，$V \in \mathfrak{N}(a)$ であり，さらに任意の $b \in V = U^i$ に対して $U \in \mathfrak{N}(b)$ となる．□

連続写像

(X_1, d_1) および (X_2, d_2) を距離空間とする．写像 $f : X_1 \to X_2$ が X_1 の点 x で**連続**であるとは，どんな正の実数 ε に対してもある正の実数 δ を選んで，$d_1(x, y) < \delta$ なる X_1 の点 y に対して常に $d_2(f(x), f(y)) < \varepsilon$ が成り立つようにできることである．換言すれば，どんな正の実数 ε に対しても，(X_2, d_2) における点 $f(x)$ の ε-近傍の f による逆像 $f^{-1}(N(f(x)\,;\varepsilon))$ が，(X_1, d_1) において点 x の近傍となるとき，写像 f は X_1 の点 x で連続であるというのである．この条件は，(X_2, d_2) における点 $f(x)$ の近傍 U の f による逆像 $f^{-1}(U)$ が常に (X_1, d_1) における点 x の近傍になることと同等である．

注 ある正の実数 ε に対して $f^{-1}(N(f(x)\,;\,\varepsilon))$ が点 x の近傍であれば，$\varepsilon' > \varepsilon$ であるようなどんな実数 ε' に対しても $f^{-1}(N(f(x)\,;\,\varepsilon'))$ は点 x の近傍となる．なぜならば

$$f^{-1}(N(f(x)\,;\,\varepsilon)) \subset f^{-1}(N(f(x)\,;\,\varepsilon'))$$

だから，定理 14.1 (3) によって $f^{-1}(N(f(x)\,;\,\varepsilon'))$ も点 x の近傍になるからである．従って，写像 $f : X_1 \to X_2$ が X_1 の点 x で連続であるかどうかを判定するには，十分小さいある正の実数 ε_0 より小さい正の実数 ε に対してのみ，集合 $f^{-1}(N(f(x)\,;\,\varepsilon))$ が点 x の近傍になるかどうかを検討すればよいことになる．

例 14.1 各自然数 n について，関数 $f(x) = x^n$ が 1 次元ユークリッド空間 $(\boldsymbol{R}, d^{(1)})$ から $(\boldsymbol{R}, d^{(1)})$ への写像として，各点 $x \in \boldsymbol{R}$ で連続であることを示そう．正の実数 ε に対して

$$\delta = \min\left\{1, \frac{\varepsilon}{(2|x|+1)^{n-1}}\right\}$$

とおく．$\delta > 0$ であり，さらに $|x-y| < \delta$ ならば，不等式

$$\begin{aligned} |x^n - y^n| &\leqq |x-y| \cdot \sum_{i=0}^{n-1} |x|^i |y|^{n-i-1} \\ &\leqq |x-y| \cdot (|x|+|y|)^{n-1} \\ &< \delta(2|x|+\delta)^{n-1} \leqq \delta(2|x|+1)^{n-1} \leqq \varepsilon \end{aligned}$$

が成り立つ．よって，$N(x\,;\,\delta) \subset f^{-1}(N(f(x)\,;\,\varepsilon))$ が成り立ち，f は点 $x \in \boldsymbol{R}$ で連続であることがわかった．

定理 14.2 (X_1, d_1) および (X_2, d_2) を距離空間とする．写像 $f : X_1 \to X_2$ について，次の四つの条件は互いに同等である．

(1) f は X_1 の各点で連続である．

(2) (X_2, d_2) の開集合 O に対して，f による逆像 $f^{-1}(O)$ は常に (X_1, d_1) の開集合である．

(3) (X_2, d_2) の閉集合 F に対して，f による逆像 $f^{-1}(F)$ は常に (X_1, d_1) の閉集合である．

(4) X_1 の部分集合 A について，$f(\overline{A}) \subset \overline{f(A)}$ が常に成り立つ．

［**証明**］　まず (1) から (4) が導かれることを示そう．X_1 の部分集合 A と X_1 の点 x について，$f(x) \notin \overline{f(A)}$ と仮定する．$U = X_2 - \overline{f(A)}$ とおけば，U は (X_2, d_2) の開集合であり，$f(x) \in U$ である．よって，U は (X_2, d_2) における点 $f(x)$ の近傍である．f は X_1 の各点で連続であるから，$f^{-1}(U)$ は (X_1, d_1) における点 x の近傍である．さらに

$$f^{-1}(U) = X_1 - f^{-1}(\overline{f(A)}) \subset X_1 - f^{-1}(f(A)) \subset X_1 - A$$

が成り立つ．点 x の近傍 $f^{-1}(U)$ が A と交わらず，よって $x \notin \overline{A}$ となる．対偶をとれば，$f(\overline{A}) \subset \overline{f(A)}$ が成り立つ．

次に (4) から (3) が導かれることを示そう．F を (X_2, d_2) の閉集合とし，$A = f^{-1}(F)$ とおく．(4) を仮定したので

$$f(\overline{A}) \subset \overline{f(A)} = \overline{f(f^{-1}(F))}$$

が成り立つ．一般に $f(f^{-1}(F)) \subset F$ が成り立ち，F は閉集合だから，$f(f^{-1}(F))$ の閉包は F に包まれる．よって $f(\overline{A}) \subset F$ となる．従って

$$\overline{A} \subset f^{-1}(F) = A$$

となり，$f^{-1}(F)$ が (X_1, d_1) の閉集合であることがわかった．

次に (3) から (2) が導かれることを示そう．O を (X_2, d_2) の開集合とし，$F = X_2 - O$ とおく．

$$f^{-1}(O) = X_1 - f^{-1}(F)$$

が成り立ち，(3) を仮定したので，$f^{-1}(F)$ は (X_1, d_1) の閉集合である．よって，$f^{-1}(O)$ は (X_1, d_1) の開集合となる．

最後に (2) から (1) が導かれることを示そう．X_1 の点 x および (X_2, d_2) における点 $f(x)$ の近傍 U について，$O = U^i$ とおく．$f(x) \in O$ だから $x \in f^{-1}(O)$ であり，(2) を仮定したので，$f^{-1}(O)$ は (X_1, d_1) の開集合である．

$$x \in f^{-1}(O) \subset f^{-1}(U)$$

が成り立つので，$f^{-1}(U)$ は (X_1, d_1) における点 x の近傍になる．よって，写像 f は X_1 の各点 x で連続になる．□

定義　上の定理の条件 (1)～(4) の中の一つが成り立つとき（従って，条件 (1)～(4) がすべて成り立つとき），写像 $f : X_1 \to X_2$ は**連続**であるといい，f を距離空間 (X_1, d_1) から距離空間 (X_2, d_2) への**連続写像**という．

問 14. 1　(X, d) を距離空間とし，A を X の空でない部分集合とする．実数値関数 $f : X \to \boldsymbol{R}$ を $f(x) = d(x, A)$ によって定義すれば，f は距離空間 (X, d) から 1 次元ユークリッド空間 $(\boldsymbol{R}, d^{(1)})$ への連続写像になることを示せ．

問 14. 2　距離空間 (X, d) において，A, B を互いに交わらない空でない閉集合とすれば，互いに交わらない (X, d) の開集合 U, V で $A \subset U$ かつ $B \subset V$ となるものが存在することを示せ．

問 14. 3　(X, d) を距離空間とする．X の空でない部分集合 A, B に対して集合 A, B の**距離**を

$$d(A, B) = \inf\{d(a, b) \mid a \in A,\ \ b \in B\}$$

と定義する．とくに A, B を互いに交わらない空でない閉集合とすれば，常に $d(A, B) > 0$ が成り立つか．

問 14. 4　距離空間 (X, d) において A, B を互いに交わらない空でない閉集合とする．

$$g(x) = \frac{d(x, A)}{d(x, A) + d(x, B)}$$

によって定義される実数値関数 $g : X \to \boldsymbol{R}$ は距離空間 (X, d) から 1 次元ユークリッド空間 $(\boldsymbol{R}, d^{(1)})$ への連続写像であることを示し，さらに

$$0 \leqq g(x) \leqq 1 \quad (x \in X), \qquad g(x) = 0 \quad (x \in A), \qquad g(x) = 1 \quad (x \in B)$$

が成り立つことを示せ．

5 位相空間

収束・発散，近傍系，開集合・閉集合，閉包などという概念をひとまとめにしたものが位相という概念である．先の第4章で距離空間に対して考察したこれらの概念を抽象化して，一般の位相空間の概念を導入する．

閉包作用子を基礎にしたクラトウスキイの流儀や近傍系を基礎にしたハウスドルフの流儀など，位相の概念を導入する方法はいろいろある．近年，開集合系によって位相の概念を導入する傾向が強く，本書もその流れに従った．

さらに，二つの距離空間の間の連続写像の概念を抽象化して，二つの位相空間の間の写像の連続性の概念を導入する．本章の§15から§17までは，位相空間についての一般的・基礎的な事柄の解説である．

関数の連続性を収束する数列と極限との関係によって理解している読者が多いと思う．二つの位相空間の間の写像の連続性の概念は，数列の収束性等とは一見まったく異なるもののように受けとられるであろう．その疑問に答えるのが§18である．

§15. 位　相

X を空でない集合とする．X の部分集合の族（すなわち，X の巾集合 $\mathfrak{P}(X)$ の部分集合）$\mathcal{O}$ は，次の条件を満足するとき，集合 X の**位相**であるという．

[$\mathbf{O}_1$] $X \in \mathcal{O}$, $\varnothing \in \mathcal{O}$.

[$\mathbf{O}_2$] $O_1, O_2, \cdots, O_k \in \mathcal{O}$ ならば $O_1 \cap O_2 \cap \cdots \cap O_k \in \mathcal{O}$.

[$\mathbf{O}_3$] $(O_\lambda \mid \lambda \in \Lambda)$ を $\mathcal{O}$ の元から成る集合系とすれば，

$$\bigcup_{\lambda \in \Lambda} O_\lambda \in \mathcal{O}.$$

位相 $\mathcal{O}$ を与えられた集合 X を**位相空間**といい，$(X, \mathcal{O})$ で表す．$\mathcal{O}$ に属する X の部分集合を位相空間 $(X, \mathcal{O})$ の**開集合**（厳密には $\mathcal{O}$-**開集合**）という．この場合も，集合 X の元を位相空間 $(X, \mathcal{O})$ の**点**という．

注 条件 [$\mathbf{O}_1$], [$\mathbf{O}_2$], [$\mathbf{O}_3$] は n 次元ユークリッド空間の開集合系および距離空間の開集合系が満たしていた条件である（定理 12.2 および問 13.5 参照）．

例 15.1 $\mathcal{O} = \mathfrak{P}(X)$ は明らかに集合 X の一つの位相である．この位相を**離散位相**といい，位相空間 $(X, \mathfrak{P}(X))$ を**離散空間**という．$\mathcal{O} = \{X, \varnothing\}$ も集合 X の一つの位相である．この位相を**密着位相**といい，位相空間 $(X, \{X, \varnothing\})$ を**密着空間**という．

例 15.2 定理 12.2 で考察したように，n 次元ユークリッド空間 $\boldsymbol{R}^n$ の開集合系 $\mathcal{O}$ は $\boldsymbol{R}^n$ の一つの位相である．この位相を $\boldsymbol{R}^n$ の**通常の位相**と呼ぶ．

例 15.3 (X, d) を距離空間とする．§13 で考察した (X, d) の開集合系 $\mathcal{O}$ は X の一つの位相である．この位相を d によって定まる**距離位相**という．集合 X 上の位相 $\mathcal{O}$ が一つの距離位相に一致するとき，この位相 $\mathcal{O}$ は**距離化可能**であるという．

例 15.4 $(X, \mathcal{O})$ を位相空間とし，A を X の空でない部分集合とする．

$$\mathcal{O}_A = \{A \cap U \mid U \in \mathcal{O}\}$$

は集合 A の一つの位相である．この位相を集合 A の上の $\mathcal{O}$ に関する**相対位相**

といい，位相空間 $(A, \mathcal{O}_A)$ を位相空間 $(X, \mathcal{O})$ の**部分空間**という．

問 15. 1　集合 $X = \{1, 2, 3\}$ の上の位相をすべて求めよ．

問 15. 2　離散位相は常に距離化可能であり，密着位相は一般に距離化可能でないことを示せ．

$(X, \mathcal{O})$ を位相空間とする．集合 X の部分集合 F は，その補集合 F^c が $\mathcal{O}$ に属すとき，位相空間 $(X, \mathcal{O})$ の**閉集合**（厳密には **$\mathcal{O}$-閉集合**）であるという．

問 15. 3　位相空間 $(X, \mathcal{O})$ の閉集合の全体 $\mathfrak{A}$ は，次の条件を満足することを確かめよ．

(1)　$X \in \mathfrak{A}$,　$\emptyset \in \mathfrak{A}$.

(2)　$F_1, F_2, \cdots, F_k \in \mathfrak{A}$　ならば　$F_1 \cup F_2 \cup \cdots \cup F_k \in \mathfrak{A}$.

(3)　$(F_\lambda \mid \lambda \in \Lambda)$ を $\mathfrak{A}$ の元から成る集合系とすれば

$$\bigcap_{\lambda \in \Lambda} F_\lambda \in \mathfrak{A}.$$

$(X, \mathcal{O})$ を位相空間とし，A を X の部分集合とする．A に包まれるような開集合全体の和集合を A^i で表せば，A^i 自身も $\mathcal{O}$ に属すから，A^i は A に包まれる最大の開集合である．A^i を A の**内部**または**開核**といい，A^i の点を A の**内点**という．X の各部分集合 A にその内部 A^i を対応させることによって，X の巾集合 $\mathfrak{P}(X)$ から $\mathfrak{P}(X)$ への一つの写像が定まる．この写像を位相空間 $(X, \mathcal{O})$ の**開核作用子**という．

定理 15. 1　位相空間 $(X, \mathcal{O})$ の開核作用子は，次の性質をもつ．

(1)　$X^i = X$

(2)　$A^i \subset A$

(3)　$(A \cap B)^i = A^i \cap B^i$

(4)　$(A^i)^i = A^i$.

［**証明**］　(1)　$X \in \mathcal{O}$ より X に包まれる最大の開集合 X^i は X 自身である．

(2)　は A^i の定義から自明である．

(3) A^i, B^i はそれぞれ A, B に包まれる開集合であるから $A^i \cap B^i$ は $A \cap B$ に包まれる開集合であり，一方 $(A \cap B)^i$ は $A \cap B$ に包まれる最大の開集合である．よって，$A^i \cap B^i \subset (A \cap B)^i$ となる．また，$(A \cap B)^i$ は $A \cap B$ に包まれる開集合であり，従って A に包まれる開集合である．一方 A^i は A に包まれる最大の開集合であるから，$(A \cap B)^i \subset A^i$ となる．まったく同様に $(A \cap B)^i \subset B^i$ となるので，$(A \cap B)^i \subset A^i \cap B^i$ となる．従って，$(A \cap B)^i = A^i \cap B^i$ が成り立つ．

(4) A^i は開集合であるから，A^i に包まれる最大の開集合は A^i 自身である．よって，$(A^i)^i = A^i$ となる．□

$(X, \mathcal{O})$ を位相空間とし，A を X の部分集合とする．A を包むような閉集合全体の共通部分を $\overline{A}$ または A^a で表す．$\overline{A}$ 自身も閉集合である（問 15.3 参照）から，$\overline{A}$ は A を包む最小の閉集合である．$\overline{A}$ を A の**閉包**といい，$\overline{A}$ の点を A の**触点**という．X の各部分集合 A にその閉包 A^a を対応させることによって，X の巾集合 $\mathfrak{P}(X)$ から $\mathfrak{P}(X)$ への一つの写像が定まる．この写像を位相空間 $(X, \mathcal{O})$ の**閉包作用子**という．

定理 15.2 位相空間 $(X, \mathcal{O})$ の閉包作用子は，次の性質をもつ．

(1) $\varnothing^a = \varnothing$

(2) $A \subset A^a$

(3) $(A \cup B)^a = A^a \cup B^a$

(4) $(A^a)^a = A^a$.

［**証明**］ (1) $\varnothing$ は閉集合であるから，$\varnothing$ を包む最小の閉集合 $\varnothing^a$ は $\varnothing$ 自身である．

(2) は A^a の定義から自明である．

(3) A^a, B^a はそれぞれ A, B を包む閉集合であるから $A^a \cup B^a$ は $A \cup B$ を包む閉集合であり，一方 $(A \cup B)^a$ は $A \cup B$ を包む最小の閉集合である．よって，$(A \cup B)^a \subset A^a \cup B^a$ となる．また $(A \cup B)^a$ は $A \cup B$ を包む閉集合であり，従って A を包む閉集合である．一方 A^a は A を包む最小の閉集合であるから，$A^a \subset (A \cup B)^a$ となる．まったく同様に $B^a \subset (A \cup B)^a$ となるので，$A^a \cup B^a \subset (A \cup B)^a$ となる．従って，$(A \cup B)^a = A^a \cup B^a$ が成り立つ．

(4)　A^a は閉集合であるから，A^a を包む最小の閉集合は A^a 自身である．よって，$(A^a)^a = A^a$ となる．□

問 15.4　(X, d) を距離空間とし，$\mathcal{O}$ を d によって定まる距離位相とする．X の部分集合 A について，距離空間 (X, d) における A の内部と，位相空間 $(X, \mathcal{O})$ における A の内部とは一致し，距離空間 (X, d) における A の閉包と，位相空間 $(X, \mathcal{O})$ における A の閉包とは一致することを確かめよ．

問 15.5　$(X, \mathcal{O})$ を位相空間とし，A を X の部分集合とする．A の補集合の閉包 $(A^c)^a$ は A の内部の補集合 $(A^i)^c$ と一致し，A の補集合の内部 $(A^c)^i$ は A の閉包の補集合 $(A^a)^c$ と一致することを示せ．

定理 15.3*　X を空でない集合とし，写像 $k : \mathfrak{P}(X) \to \mathfrak{P}(X)$ が次の条件（**クラトウスキイの公理系**）を満足しているものとする．

[$\mathbf{K}_1$]　$k(\emptyset) = \emptyset$.

[$\mathbf{K}_2$]　$A \subset k(A)$ が各 $A \in \mathfrak{P}(X)$ に対して成り立つ．

[$\mathbf{K}_3$]　$k(A \cup B) = k(A) \cup k(B)$ が各 $A, B \in \mathfrak{P}(X)$ に対して成り立つ．

[$\mathbf{K}_4$]　$k(k(A)) = k(A)$ が各 $A \in \mathfrak{P}(X)$ に対して成り立つ．

このとき，集合 X の位相 $\mathcal{O}$ で，写像 k が位相空間 $(X, \mathcal{O})$ の閉包作用子に一致するものが，ただ一つ存在する．

［**証明**］　もし，与えられた写像 k が位相空間 $(X, \mathcal{O})$ の閉包作用子と一致するならば，X の部分集合 M について，$M \in \mathcal{O}$ であることと，$k(M^c) = M^c$ であることとは同等である．従って，集合 X 上に条件を満足する位相 $\mathcal{O}$ が存在すれば，この位相 $\mathcal{O}$ は

$$(*)\qquad \mathcal{O} = \{M \in \mathfrak{P}(X) \mid k(M^c) = M^c\}$$

という等式によって定義されなければならない．これは条件を満足する位相 $\mathcal{O}$ の一意性を示している．

次に，上の等式（$*$）によって $\mathfrak{P}(X)$ の部分集合 $\mathcal{O}$ を与えたとき，$\mathcal{O}$ が集合 X の位相になることを示そう．[$\mathbf{K}_1$] によって，$X \in \mathcal{O}$ となる．[$\mathbf{K}_2$] によって，$X \subset k(X) \subset X$ となるので，$\emptyset \in \mathcal{O}$ となる．従って，[$\mathbf{O}_1$] が成り立つ．$M_1 \in \mathcal{O}$，$M_2 \in \mathcal{O}$ とすれば，$k(M_j{}^c) = M_j{}^c$（$j = 1, 2$）であるから，[$\mathbf{K}_3$] とド・モルガンの法則によって

$$k((M_1 \cap M_2)^c) = k(M_1{}^c) \cup k(M_2{}^c) = (M_1 \cap M_2)^c$$

が成り立ち，$M_1 \cap M_2 \in \mathcal{O}$ となる．これを有限回くり返せば，$\mathcal{O}$ に属する集合 $M_1, \cdots, M_n$ に対して，$M_1 \cap \cdots \cap M_n \in \mathcal{O}$ となり，[$\mathbf{O}_2$] が成り立つ．

次に，$(M_\lambda \mid \lambda \in \Lambda)$ を $\mathcal{O}$ の元から成る集合系とし，$M = \bigcup_{\lambda \in \Lambda} M_\lambda$ とおく．条件 [$\mathbf{K}_3$] によって，X の部分集合 A, B について，$A \subset B$ ならば $k(A) \subset k(B)$ であることがわかる．各 $\lambda \in \Lambda$ について，$M^c \subset M_\lambda{}^c$ であり，$M_\lambda \in \mathcal{O}$ であるから

$$k(M^c) \subset k(M_\lambda{}^c) = M_\lambda{}^c$$

が成り立つ．よって

$$k(M^c) \subset \bigcap_{\lambda \in \Lambda} M_\lambda{}^c = \left(\bigcup_{\lambda \in \Lambda} M_\lambda\right)^c = M^c$$

となる．一方，[$\mathbf{K}_2$] によって，$M^c \subset k(M^c)$ であるから，$k(M^c) = M^c$ となり，ゆえに $M \in \mathcal{O}$ となる．従って，[$\mathbf{O}_3$] が成り立つ．以上で，等式（$*$）によって定義される $\mathfrak{P}(X)$ の部分集合 $\mathcal{O}$ は集合 X の位相であることがわかった．

最後に，この位相空間 $(X, \mathcal{O})$ における閉包作用子が，与えられた写像 k に一致することを示そう．A を X の部分集合とし，位相空間 $(X, \mathcal{O})$ における A の閉包を A^a で表す．A^a の補集合は $\mathcal{O}$-開集合であり，$\mathcal{O}$ の定義（$*$）から，$k(A^a) = A^a$ となる．また，$A \subset A^a$ より $k(A) \subset k(A^a)$ となるので，$k(A) \subset A^a$ が成り立つ．一方，[$\mathbf{K}_4$] によって，$k(A)$ の補集合は $\mathcal{O}$-開集合だから，$k(A)$ は位相空間 $(X, \mathcal{O})$ の閉集合である．[$\mathbf{K}_2$] によって，$k(A)$ は A を包む $\mathcal{O}$-閉集合であり，A^a は A を包む最小の $\mathcal{O}$-閉集合であるから，$A^a \subset k(A)$ が成り立つ．結局，$A^a = k(A)$ が X のすべての部分集合 A に対して成り立ち，位相空間 $(X, \mathcal{O})$ における閉包作用子が，与えられた写像 k に一致することがわかった． □

問 15.6 X を空でない集合とし，写像 $i : \mathfrak{P}(X) \to \mathfrak{P}(X)$ が次の条件を満足しているものとする．

[$\mathbf{I}_1$] $i(X) = X$.

[$\mathbf{I}_2$] $i(A) \subset A$ が各 $A \in \mathfrak{P}(X)$ に対して成り立つ．

[$\mathbf{I}_3$] $i(A \cap B) = i(A) \cap i(B)$ が各 $A, B \in \mathfrak{P}(X)$ に対して成り立つ．

[$\mathbf{I}_4$] $i(i(A)) = i(A)$ が各 $A \in \mathfrak{P}(X)$ に対して成り立つ．

このとき，集合 X の位相 $\mathcal{O}$ で，写像 i が位相空間 $(X, \mathcal{O})$ の開核作用子に一致するものが，ただ一つ存在することを示せ．

$(X, \mathcal{O})$ を位相空間とし，A を X の部分集合とする．A の補集合の内部 $(A^c)^i$ を A の**外部**といい A^e で表し，A^e の点を A の**外点**という．A の内点でも外点でもない X の点を A の**境界点**といい，A の境界点全体の集合を A の**境界**といい A^f で表す．距離空間の場合と同様に

$$X = A^i \cup A^e \cup A^f \qquad (\text{非交和})$$

が成り立つ．X の点 x が集合 $A-\{x\}$ の触点であるとき，x を A の**集積点**という．A の集積点全体の集合を A の**導集合**といい A^d で表す．また $A-A^d$ の点を A の**孤立点**という．

問 15.7　$(X, \mathcal{O})$ を位相空間とし，$(Y, \mathcal{O}_Y)$ をその部分空間とする．Y の部分集合 A に対して，部分空間 $(Y, \mathcal{O}_Y)$ における A の閉包は，位相空間 $(X, \mathcal{O})$ における A の閉包 $\overline{A}$ と Y の共通部分 $\overline{A} \cap Y$ に一致することを示せ．また，位相空間 $(X, \mathcal{O})$ における A の内部 A^i（および境界 A^f）について，$A^i \cap Y$（および $A^f \cap Y$）は，一般には，部分空間 $(Y, \mathcal{O}_Y)$ における A の内部（および境界）とは一致しないことを示せ．

§16.　近傍系と連続写像

$(X, \mathcal{O})$ を位相空間とする．X の部分集合 N が X の点 a の**近傍**であるとは，a が N の内点となることである．とくに点 a を含む開集合は，すべて点 a の近傍である．これを点 a の**開近傍**という．位相空間 $(X, \mathcal{O})$ において，点 a の近傍全体の集合を点 a の**近傍系**といい $\mathfrak{N}(a)$ で表す．

定理 16.1　$(X, \mathcal{O})$ を位相空間とする．近傍系は次の条件を満足する．

(1)　X の各点 a について $X \in \mathfrak{N}(a)$ であり，$N \in \mathfrak{N}(a)$ ならば $a \in N$ である．

(2)　$N_1, N_2 \in \mathfrak{N}(a)$ ならば，$N_1 \cap N_2 \in \mathfrak{N}(a)$ である．

(3)　$N \in \mathfrak{N}(a)$ かつ $N \subset M \subset X$ ならば，$M \in \mathfrak{N}(a)$ である．

(4)　どんな $N \in \mathfrak{N}(a)$ に対しても，ある $M \in \mathfrak{N}(a)$ を選んで，各点 $b \in M$

に対して $N \in \mathfrak{N}(b)$ となるようにできる.

[**証明**] (1), (3) は明らかであろう. (2) $N_1, N_2 \in \mathfrak{N}(a)$ とすれば $a \in N_j{}^i$ ($j = 1, 2$) が成り立ち, 定理 15.1 (3) により, $(N_1 \cap N_2)^i = N_1{}^i \cap N_2{}^i$ であるから, $a \in (N_1 \cap N_2)^i$ となる. よって, $N_1 \cap N_2 \in \mathfrak{N}(a)$ である. (4) $N \in \mathfrak{N}(a)$ に対して $M = N^i$ とおけば, $M \in \mathfrak{N}(a)$ であり, さらに任意の $b \in M = N^i$ に対して $N \in \mathfrak{N}(b)$ となる. □

定理 16.2* X を空でない集合とする. 写像 $h: X \to \mathfrak{P}(\mathfrak{P}(X))$ が次の条件 (**ハウスドルフの公理系**) を満足しているものとする.

[$\mathbf{N}_1$] X の各元 a について $X \in h(a)$ であり, $U \in h(a)$ ならば $a \in U$ である.

[$\mathbf{N}_2$] $U_1, U_2 \in h(a)$ ならば, $U_1 \cap U_2 \in h(a)$ である.

[$\mathbf{N}_3$] $U \in h(a)$ かつ $U \subset V \subset X$ ならば, $V \in h(a)$ である.

[$\mathbf{N}_4$] どんな $U \in h(a)$ に対しても, ある $V \in h(a)$ を選んで, 各元 $b \in V$ に対して $U \in h(b)$ となるようにできる.

このとき, 集合 X の位相 $\mathcal{O}$ で, 位相空間 $(X, \mathcal{O})$ における各点 a の近傍系 $\mathfrak{N}(a)$ が $h(a)$ に一致するものが, ただ一つ存在する.

[**証明**] もし, ある位相 $\mathcal{O}$ に対して, 位相空間 $(X, \mathcal{O})$ における各点 a の近傍系 $\mathfrak{N}(a)$ が与えられた集合系 $h(a)$ に一致するならば, X の空でない部分集合 N が $\mathcal{O}$ の元であることと, "$a \in N$ ならば $N \in h(a)$ である" という命題 (*) が成り立つこととは同等である. 従って, 集合 X 上に条件を満足する位相 $\mathcal{O}$ が存在すれば, この位相 $\mathcal{O}$ は

(**) $$\mathcal{O} = \{N \in \mathfrak{P}(X) \mid N \text{ は命題 } (*) \text{ を満足する}\}$$

という等式によって定義されなければならない. これは条件を満足する位相 $\mathcal{O}$ の一意性を示している.

次に, 上の等式 (**) によって $\mathfrak{P}(X)$ の部分集合 $\mathcal{O}$ を与えたとき, $\mathcal{O}$ が集合 X の上の位相になることを示そう. [$\mathbf{N}_1$] によって, $X \in \mathcal{O}$ となり, 空集合 $\emptyset$ は命題 (*) を満足するので, $\emptyset \in \mathcal{O}$ となる. よって [$\mathbf{O}_1$] が成り立つ. $M_1 \in \mathcal{O}$, $M_2 \in \mathcal{O}$ とすれば, $a \in M_1 \cap M_2$ に対して $M_j \in h(a)$ ($j = 1, 2$) が成り立ち, [$\mathbf{N}_2$] によって

$M_1 \cap M_2 \in h(a)$ となる．ゆえに $M_1 \cap M_2$ に対しても命題（$*$）が成り立ち，$M_1 \cap M_2 \in \mathcal{O}$ となる．よって［$\mathbf{O}_2$］が成り立つ．

次に $(M_\lambda \mid \lambda \in \Lambda)$ を $\mathcal{O}$ の元から成る集合系とし，$M = \bigcup_{\lambda \in \Lambda} M_\lambda$ とする．a を M の任意の元とすれば，ある $\lambda \in \Lambda$ に対して $a \in M_\lambda$ となり，$M_\lambda \in \mathcal{O}$ であるから，$M_\lambda \in h(a)$ となる．$M_\lambda \subset M \subset X$ であるから，［$\mathbf{N}_3$］によって $M \in h(a)$ となる．ゆえに M に対しても命題（$*$）が成り立ち，$M \in \mathcal{O}$ となる．よって［$\mathbf{O}_3$］が成り立つ．以上で，等式（$**$）によって定義される $\mathfrak{P}(X)$ の部分集合 $\mathcal{O}$ は，集合 X の位相であることがわかった．

最後に，この位相空間 $(X, \mathcal{O})$ における点 a の近傍系 $\mathfrak{N}(a)$ が $h(a)$ に一致することを示そう．$N \in \mathfrak{N}(a)$ とする．位相空間 $(X, \mathcal{O})$ における N の内部 N^i について，$N^i \in \mathcal{O}$ かつ $a \in N^i$ が成り立っている．位相 $\mathcal{O}$ の定義によって，N^i は命題（$*$）を満足し，$a \in N^i$ だから，$N^i \in h(a)$ となる．［$\mathbf{N}_3$］によって，$N \in h(a)$ となる．ゆえに $\mathfrak{N}(a) \subset h(a)$ が X の各点 a に対して成り立つ．逆に $N \in h(a)$ とする．X の部分集合 N^0 を

$$N^0 = \{x \in X \mid N \in h(x)\}$$

によって定義する．［$\mathbf{N}_1$］によって，$N^0 \subset N$ となる．$N \in h(a)$ であるから，N^0 の定義により，$a \in N^0$ である．次に N^0 が $\mathcal{O}$-開集合であることを示そう．$x \in N^0$ に対して $N \in h(x)$ であるから，［$\mathbf{N}_4$］によって，ある $M \in h(x)$ を選んで，各点 $y \in M$ に対して $N \in h(y)$ となるようにできる．N^0 の定義から，$M \subset N^0$ となり，［$\mathbf{N}_3$］によって，$N^0 \in h(x)$ となる．結局，N^0 に対して命題（$*$）が成り立ち，$N^0 \in \mathcal{O}$ となる．従って，N の部分集合 N^0 は点 a を含む $\mathcal{O}$-開集合である．よって，位相空間 $(X, \mathcal{O})$ において，点 a は N の内点となるので，$N \in \mathfrak{N}(a)$ となる．ゆえに $h(a) \subset \mathfrak{N}(a)$ が X の各点 a に対して成り立つ．結局，X の各点 a に対して，$h(a) = \mathfrak{N}(a)$ が成り立つ．□

定理 16.3　$(X, \mathcal{O})$ を位相空間とする．X の部分集合 A と X の点 x について，$x \in \overline{A}$ であるための必要十分条件は，点 x の各近傍が A と交わることである．

［**証明**］　$x \notin \overline{A}$ とすれば，$U = X - \overline{A}$ は点 x の開近傍であり，A と交わらない．ゆえに，点 x の各近傍が A と交われば，$x \in \overline{A}$ となる．逆に，点 x のある近傍 N が

A と交わらなければ，$x \in N^i$ かつ $A \subset X - N^i$ が成り立つ．$X - N^i$ は閉集合だから，$\overline{A} \subset X - N^i$ となり，従って，$x \notin \overline{A}$ が成り立つ．ゆえに，$x \in \overline{A}$ ならば，点 x の各近傍は A と交わる． □

問 16.1 $(X, \mathcal{O})$ を位相空間とし，A を X の部分集合とする．A の閉包 $\overline{A}$ と導集合 A^d について，$\overline{A} = A \cup A^d$ が成り立つことを示せ．

問 16.2 (X, d) を距離空間とし，$\mathcal{O}$ を d によって定まる距離位相とする．X の点 a について，距離空間 (X, d) における点 a の近傍系と，位相空間 $(X, \mathcal{O})$ における点 a の近傍系とは一致することを確かめよ．

連続写像

$(X_1, \mathcal{O}_1)$ および $(X_2, \mathcal{O}_2)$ を位相空間とする．写像 $f : X_1 \to X_2$ が X_1 の点 x で**連続**であるとは，位相空間 $(X_2, \mathcal{O}_2)$ における点 $f(x)$ の近傍 N の f による逆像 $f^{-1}(N)$ が，常に位相空間 $(X_1, \mathcal{O}_1)$ における点 x の近傍になることである．

定理 16.4 $(X_1, \mathcal{O}_1)$ および $(X_2, \mathcal{O}_2)$ を位相空間とする．写像 $f : X_1 \to X_2$ について，次の四つの条件は互いに同等である．

(1) f は X_1 の各点で連続である．

(2) $\mathcal{O}_2$-開集合 O の f による逆像 $f^{-1}(O)$ は，常に $\mathcal{O}_1$-開集合である．

(3) $\mathcal{O}_2$-閉集合 F の f による逆像 $f^{-1}(F)$ は，常に $\mathcal{O}_1$-閉集合である．

(4) X_1 の部分集合 A に対して，$f(\overline{A}) \subset \overline{f(A)}$ が常に成り立つ．

［**証明**］ まず，(1) から (4) が導かれることを示そう．X_1 の部分集合 A と X_1 の点 x について，$f(x) \notin \overline{f(A)}$ と仮定する．$N = X_2 - \overline{f(A)}$ とおけば，N は位相空間 $(X_2, \mathcal{O}_2)$ における点 $f(x)$ の開近傍である．f が X_1 の各点で連続であるから，$f^{-1}(N)$ は位相空間 $(X_1, \mathcal{O}_1)$ における点 x の近傍である．さらに，

$$f^{-1}(N) = X_1 - f^{-1}(\overline{f(A)}) \subset X_1 - f^{-1}(f(A)) \subset X_1 - A$$

が成り立つ．よって，点 x の近傍 $f^{-1}(N)$ が A と交わらないので，定理 16.3 により，$x \notin \overline{A}$ となる．対偶をとれば，$f(\overline{A}) \subset \overline{f(A)}$ が成り立つ．

次に，(4) から (3) が導かれることを示そう．F を $\mathcal{O}_2$-閉集合とし，$A = f^{-1}(F)$ と

おく．(4) を仮定したので

$$f(\overline{A}) \subset \overline{f(A)}, \qquad f(A) = f(f^{-1}(F)) \subset F$$

が成り立ち，F は閉集合だから，$\overline{f(A)} \subset F$ が成り立つ．よって，$f(\overline{A}) \subset F$ となる．従って

$$\overline{A} \subset f^{-1}(F) = A$$

となり，$f^{-1}(F)$ は $\mathcal{O}_1$-閉集合となる．

次に，(3) から (2) が導かれることを示そう．O を $\mathcal{O}_2$-開集合とし，$F = X_2 - O$ とおく．$f^{-1}(O) = X_1 - f^{-1}(F)$ が成り立ち，(3) を仮定したので，$f^{-1}(F)$ は $\mathcal{O}_1$-閉集合である．よって，$f^{-1}(O)$ は $\mathcal{O}_1$-開集合となる．

最後に，(2) から (1) が導かれることを示そう．X_1 の点 x および位相空間 $(X_2, \mathcal{O}_2)$ における点 $f(x)$ の近傍 N について，$O = N^i$ とおく．$f(x) \in O$ だから，$x \in f^{-1}(O)$ であり，(2) を仮定したので，$f^{-1}(O)$ は位相空間 $(X_1, \mathcal{O}_1)$ における点 x の開近傍である．$f^{-1}(O) \subset f^{-1}(N)$ が成り立つので，$f^{-1}(N)$ は位相空間 $(X_1, \mathcal{O}_1)$ における点 x の近傍である．よって，写像 f は X_1 の各点 x で連続になる．□

定義　上の定理の条件 (1)～(4) の中の一つが成り立つとき（従って，条件 (1)～(4) がすべて成り立つとき），写像 $f : X_1 \to X_2$ は**連続**であるといい，f を位相空間 $(X_1, \mathcal{O}_1)$ から位相空間 $(X_2, \mathcal{O}_2)$ への**連続写像**という．

問 16.3　(X_1, d_1) および (X_2, d_2) を距離空間とし，$\mathcal{O}_j$ を d_j によって定まる距離位相とする．写像 $f : X_1 \to X_2$ について，f が距離空間 (X_1, d_1) から (X_2, d_2) への連続写像であることと，f が位相空間 $(X_1, \mathcal{O}_1)$ から $(X_2, \mathcal{O}_2)$ への連続写像であることとは，同等であることを確かめよ．

例 16.1　$(X_j, \mathcal{O}_j)$ $(j = 1, 2, 3)$ を位相空間とする．二つの写像 $f : X_1 \to X_2$，$g : X_2 \to X_3$ について，f が $(X_1, \mathcal{O}_1)$ から $(X_2, \mathcal{O}_2)$ への連続写像であり，g が $(X_2, \mathcal{O}_2)$ から $(X_3, \mathcal{O}_3)$ への連続写像であれば，合成写像 $g \circ f$ は $(X_1, \mathcal{O}_1)$ から $(X_3, \mathcal{O}_3)$ への連続写像となる．なぜならば，X_3 の部分集合 M について，一般に $(g \circ f)^{-1}(M) = f^{-1}(g^{-1}(M))$ が成り立ち，とくに M を $\mathcal{O}_3$-開集合とすれば，$g^{-1}(M)$ は $\mathcal{O}_2$-開集合となり，従って，$f^{-1}(g^{-1}(M))$ は $\mathcal{O}_1$-開集合となるからである．

例 16. 2　$(X, \mathcal{O})$ を位相空間とし，$(A, \mathcal{O}_A)$ をその部分空間とすれば，包含写像 $i : A \to X$ は位相空間 $(A, \mathcal{O}_A)$ から位相空間 $(X, \mathcal{O})$ への連続写像である．なぜならば，$\mathcal{O}$-開集合 M に対して，$i^{-1}(M) = A \cap M$ が成り立つので，$i^{-1}(M)$ が $\mathcal{O}_A$-開集合となるからである．

$(X_1, \mathcal{O}_1)$ および $(X_2, \mathcal{O}_2)$ を位相空間とする．写像 $f : X_1 \to X_2$ が全単射であり，f が位相空間 $(X_1, \mathcal{O}_1)$ から $(X_2, \mathcal{O}_2)$ への連続写像で，f の逆写像 f^{-1} が位相空間 $(X_2, \mathcal{O}_2)$ から $(X_1, \mathcal{O}_1)$ への連続写像であるとき，写像 f は位相空間 $(X_1, \mathcal{O}_1)$ から位相空間 $(X_2, \mathcal{O}_2)$ の上への**同相写像**であるといい，このような写像 f が存在するとき，位相空間 $(X_1, \mathcal{O}_1)$ と位相空間 $(X_2, \mathcal{O}_2)$ は**同相**または**位相同型**であるという．

問 16. 4　実数全体の集合 $\boldsymbol{R}$ に通常の位相を与え，$\boldsymbol{R}$ の部分集合には相対位相を与えるものとして，次のことを示せ．

(1)　開区間 (a, b) と開区間 (c, d) とは常に同相である．

(2)　閉区間 $[a, b]$ と閉区間 $[c, d]$ とは常に同相である．

(3)　開区間 (a, b) と $\boldsymbol{R}$ とは常に同相である．

問 16. 5　$(X, \mathcal{O})$ および $(X', \mathcal{O}')$ を位相空間とし，A, B を位相空間 $(X, \mathcal{O})$ の閉集合で $A \cup B = X$ なるものとする．写像 $f : X \to X'$ に対して，$f_A : A \to X'$ および $f_B : B \to X'$ を f の制限写像とする．すなわち

$$f_A(a) = f(a) \qquad (a \in A), \qquad f_B(b) = f(b) \qquad (b \in B)$$

なるものとする．写像 f が位相空間 $(X, \mathcal{O})$ から $(X', \mathcal{O}')$ への連続写像であるための必要十分条件は，f_A が部分空間 $(A, \mathcal{O}_A)$ から $(X', \mathcal{O}')$ への連続写像であり，同時に f_B が部分空間 $(B, \mathcal{O}_B)$ から $(X', \mathcal{O}')$ への連続写像であること，を示せ．

問 16. 6　$(X, \mathcal{O})$ を位相空間とし，$(Y, \mathcal{O}_Y)$ をその部分空間とする．$A \subset Y$ に対して，部分空間 $(Y, \mathcal{O}_Y)$ における A の導集合は，位相空間 $(X, \mathcal{O})$ における A の導集合 A^d と Y との共通部分 $A^d \cap Y$ に一致することを示せ．

§17. 開基と基本近傍系

集合 X の巾集合 $\mathfrak{P}(X)$ の（空でない）部分集合 $\mathfrak{A}$ に対して，X の部分集合系 $(A \mid A \in \mathfrak{A})$ の和集合と共通部分を，それぞれ $\bigcup\mathfrak{A}$ および $\bigcap\mathfrak{A}$ で表すことにしよう．すなわち

$$\bigcup\mathfrak{A} = \bigcup(A \mid A \in \mathfrak{A}), \qquad \bigcap\mathfrak{A} = \bigcap(A \mid A \in \mathfrak{A}).$$

さらに，$\mathfrak{A} = \emptyset$ なるとき

$$\bigcup\mathfrak{A} = \emptyset, \qquad \bigcap\mathfrak{A} = X$$

と定義しよう．

注　$\mathfrak{A} = \emptyset$ の場合に $\bigcup\mathfrak{A} = \emptyset$ と定義することは自然であるが，$\bigcap\mathfrak{A} = X$ と定義することは奇妙に思われることであろう．しかし，集合 X の部分集合系 $(M_\lambda \mid \lambda \in \Lambda)$ に関するド・モルガンの法則

$$\left(\bigcap_{\lambda\in\Lambda} M_\lambda\right)^c = \bigcup_{\lambda\in\Lambda} (M_\lambda{}^c)$$

が，$\Lambda = \emptyset$ の場合にも成り立つものとすれば，$\mathfrak{A} = \emptyset$ の場合に $\bigcap\mathfrak{A} = X$ と定義することの妥当性を理解できるであろう．

$(X, \mathcal{O})$ を位相空間とする．$\mathcal{O}$ の部分集合 $\mathcal{B}$ について，どんな $\mathcal{O}$-開集合 O に対しても，$\mathcal{B}$ のある部分集合 $\mathcal{B}_0$ を選んで，$O = \bigcup\mathcal{B}_0$ とできるとき，$\mathcal{B}$ を位相 $\mathcal{O}$ の**開基**であるという．この条件は，$\mathcal{O}$-開集合 O と $x \in O$ に対して，$x \in U$ かつ $U \subset O$ となる元 $U \in \mathcal{B}$ が常に存在すること，といい換えることができる．

例 17.1　通常の位相をもった実数全体の集合 $\boldsymbol{R}$ において，開区間全体の集合は一つの開基である．

例 17.2　離散空間 $(X, \mathcal{O})$，すなわち $\mathcal{O} = \mathfrak{P}(X)$ において，$\mathcal{B} = \{\{x\} \mid x \in X\}$ は一つの開基である．

定理 17.1　X を空でない集合とし，$\mathcal{B}$ を X の巾集合 $\mathfrak{P}(X)$ の部分集合とする．$\mathcal{B}$ が集合 X のある位相の開基となるための必要十分条件は，次の条件

が成り立つことである．

(1)　$X=\bigcup\mathscr{B}$.

(2)　$B_1\in\mathscr{B}$, $B_2\in\mathscr{B}$ かつ $x\in B_1\cap B_2$ ならば，$x\in B$ かつ $B\subset B_1\cap B_2$ となる元 $B\in\mathscr{B}$ が存在する．

このとき，$\mathscr{B}$ を開基とする集合 X の位相はただ一つである．

［証明］　$\mathscr{B}$ が位相 $\mathscr{O}$ の開基であるとしよう．

(1)　$X\in\mathscr{O}$ だから，$\mathscr{B}$ の部分集合 $\mathscr{B}_X$ で，$X=\bigcup\mathscr{B}_X$ となるものが存在する．$\bigcup\mathscr{B}_X\subset\bigcup\mathscr{B}\subset X$ が成り立つので，$X=\bigcup\mathscr{B}$ となる．

(2)　B_1, B_2 を $\mathscr{B}$ の元とする．$\mathscr{B}\subset\mathscr{O}$ だから，B_1, B_2 は $\mathscr{O}$-開集合であり，位相の条件 $[\mathbf{O}_2]$ によって，$B_1\cap B_2$ も $\mathscr{O}$-開集合となる．ゆえに，$x\in B_1\cap B_2$ ならば，$x\in B$ かつ $B\subset B_1\cap B_2$ となる元 $B\in\mathscr{B}$ が存在する．

以上で，$\mathscr{B}$ が集合 X のある位相の開基であれば，$\mathscr{B}$ は条件 (1), (2) を満足することがわかった．逆に，$\mathfrak{P}(X)$ の部分集合 $\mathscr{B}$ が条件 (1), (2) を満足しているものとしよう．集合 X の位相 $\mathscr{O}$ が $\mathscr{B}$ を開基とするならば，この位相 $\mathscr{O}$ は

$$(*)\qquad \mathscr{O}=\{\bigcup\mathfrak{A}\mid\mathfrak{A}\subset\mathscr{B}\}$$

という等式によって定義されなければならない．これは $\mathscr{B}$ を開基とする位相 $\mathscr{O}$ の一意性を示している．

次に，上の等式（$*$）によって，$\mathfrak{P}(X)$ の部分集合 $\mathscr{O}$ を与えたとき，$\mathscr{O}$ が集合 X の位相になることを示そう．条件 (1) より $X=\bigcup\mathscr{B}$ であり，$\mathfrak{A}=\emptyset$ のとき $\bigcup\mathfrak{A}=\emptyset$ であることから，$[\mathbf{O}_1]$ が成り立つ．O_1, O_2 を $\mathscr{O}$ の元とすれば，$\mathscr{B}$ の部分集合 $\mathfrak{A}_1, \mathfrak{A}_2$ で $O_j=\bigcup\mathfrak{A}_j$ $(j=1,2)$ となるものが存在する．$x\in O_1\cap O_2$ とすれば，$x\in B_1\cap B_2$ かつ $B_j\subset O_j$ となる元 $B_j\in\mathfrak{A}_j$ $(j=1,2)$ が存在し，条件 (2) によって，$x\in B$ かつ $B\subset B_1\cap B_2$ となる元 $B\in\mathscr{B}$ が存在する．ゆえに，$\mathfrak{A}=\{B\in\mathscr{B}\mid B\subset O_1\cap O_2\}$ とすれば，$O_1\cap O_2=\bigcup\mathfrak{A}$ が成り立つので，$O_1\cap O_2$ も $\mathscr{O}$ の元である．この操作を有限回くり返せば，$\mathscr{O}$ に属する元 $O_1,\cdots,O_k$ に対して，$O_1\cap\cdots\cap O_k$ も $\mathscr{O}$ の元となり，$[\mathbf{O}_2]$ が成り立つ．

次に，$(O_\lambda\mid\lambda\in\Lambda)$ を $\mathscr{O}$ の元から成る集合系とし，$O=\bigcup_{\lambda\in\Lambda}O_\lambda$ とおく．$\mathscr{O}$ の定義によって，各 $\lambda\in\Lambda$ に対して $\mathscr{B}$ の部分集合 $\mathfrak{A}_\lambda$ が存在して $O_\lambda=\bigcup\mathfrak{A}_\lambda$ が成り立っている．$\mathscr{B}$ の部分集合 $\mathfrak{A}$ を，$\mathfrak{A}=\bigcup_{\lambda\in\Lambda}\mathfrak{A}_\lambda$ と定義すれば，$O=\bigcup\mathfrak{A}$ となり，$O\in\mathscr{O}$ である．ゆえに，$[\mathbf{O}_3]$ も成り立つ．以上で，等式（$*$）によって定義される $\mathfrak{P}(X)$ の部分集合

$\mathcal{O}$ は集合 X の位相であることがわかった．与えられた集合 $\mathcal{B}$ が，この位相 $\mathcal{O}$ の開基となることは，$\mathcal{O}$ の定義式（$*$）によって明らかであろう．□

例 17.3　実数全体の集合 $\boldsymbol{R}$ において，左半開区間の全体を $\mathcal{B}_u$ とし，右半開区間の全体を $\mathcal{B}_l$ とする．すなわち，

$$\mathcal{B}_u = \{(a, b] \mid a \in \boldsymbol{R},\ \ b \in \boldsymbol{R},\ \ a < b\},$$
$$\mathcal{B}_l = \{[a, b) \mid a \in \boldsymbol{R},\ \ b \in \boldsymbol{R},\ \ a < b\}.$$

$\boldsymbol{R}$ の部分集合族 $\mathcal{B}_u, \mathcal{B}_l$ は，どちらも定理 17.1 の二つの条件（1），（2）を満足している．$\mathcal{B}_u$ を開基とする $\boldsymbol{R}$ の位相を**上限位相**といい，$\mathcal{B}_l$ を開基とする $\boldsymbol{R}$ の位相を**下限位相**という．

問 17.1　上限位相をもった位相空間 $\boldsymbol{R}$ において，左半開区間 $(a, b]$ は開集合であると同時に閉集合であることを示せ．同様に，下限位相をもった位相空間 $\boldsymbol{R}$ において，右半開区間 $[a, b)$ は開集合であると同時に閉集合であることを示せ．さらに，上限位相（または下限位相）をもった位相空間 $\boldsymbol{R}$ において，開区間 (a, b) は開集合であることを示せ．

$\mathcal{O}_1, \mathcal{O}_2$ を集合 X の位相とする．X の巾集合の部分集合として，$\mathcal{O}_1 \subset \mathcal{O}_2$ であるとき，位相 $\mathcal{O}_1$ は位相 $\mathcal{O}_2$ より**小さい位相**であるといい，位相 $\mathcal{O}_2$ は位相 $\mathcal{O}_1$ より**大きい位相**であるという．離散位相は最も大きい位相であり，密着位相は最も小さい位相である．

問 17.2　実数全体の集合 $\boldsymbol{R}$ において，上限位相および下限位相は，ともに通常の位相より大きい位相であることを示し，さらに，上限位相および下限位相のいずれよりも大きい位相は，離散位相だけであることを示せ．

位相の生成

$(X, \mathcal{O})$ を位相空間とする．$\mathcal{O}$ の部分集合 $\mathcal{S}$ について，$\mathcal{O}$-開集合 O と点 $x \in O$ に対して，常に有限個の $\mathcal{S}$ の元 $N_1, \cdots, N_r$ を選んで，$x \in N_1 \cap \cdots \cap N_r$ かつ $N_1 \cap \cdots \cap N_r \subset O$ が成り立つようにできるとき，$\mathcal{S}$ を位相 $\mathcal{O}$ の**準開基**で

あるという．とくに，位相 $\mathcal{O}$ の開基は常に位相 $\mathcal{O}$ の準開基である．

問 17.3 実数全体の集合 $\boldsymbol{R}$ の通常の位相を $\mathcal{O}$ とし，開半直線の全体を $\mathcal{S}$ とする．すなわち

$$\mathcal{S} = \{(a, +\infty), (-\infty, a) \mid a \in \boldsymbol{R}\}.$$

$\mathcal{S}$ は $\mathcal{O}$ の準開基であるが，$\mathcal{O}$ の開基でないことを示せ．

定理 17.2 X を空でない集合とし，$\mathcal{S}$ を X の巾集合 $\mathfrak{P}(X)$ の部分集合とすれば，集合 X の位相で，$\mathcal{S}$ を準開基とするものがただ一つ存在する．この位相を，$\mathcal{S}$ によって**生成**される位相という．

［**証明**］ $\mathcal{S}$ の有限部分集合 $\mathfrak{A}$ に対して $\bigcap\mathfrak{A}$ と表される $\mathfrak{P}(X)$ の元の全体を $\mathcal{B}$ とする．すなわち，$\mathfrak{P}(X)$ の元 B が $\mathcal{B}$ に属するのは，$\mathcal{S}$ の有限部分集合 $\mathfrak{A}$ で，$B = \bigcap\mathfrak{A}$ となるものが存在するときである．集合 X の位相 $\mathcal{O}$ について，$\mathcal{S}$ が位相 $\mathcal{O}$ の準開基となることと，$\mathcal{B}$ が位相 $\mathcal{O}$ の開基となることとは同等である．よって，$\mathcal{B}$ が定理 17.1 の条件 (1), (2) を満足することを示せば十分である．$\mathcal{S}$ の有限部分集合として，$\mathfrak{A} = \emptyset$ をとれば，$\bigcap\mathfrak{A} = X$ であり，$X \in \mathcal{B}$ となるので，条件 (1) が成り立つ．次に，B_1, B_2 を $\mathcal{B}$ の元とすれば，$\mathcal{S}$ の有限部分集合 $\mathfrak{A}_1, \mathfrak{A}_2$ で，$B_1 = \bigcap\mathfrak{A}_1$，$B_2 = \bigcap\mathfrak{A}_2$ となるものが存在する．$\mathfrak{A} = \mathfrak{A}_1 \cup \mathfrak{A}_2$ とすれば，$\mathfrak{A}$ も $\mathcal{S}$ の有限部分集合であり，$B_1 \cap B_2 = \bigcap\mathfrak{A}$ となる．よって，$B_1 \cap B_2$ も $\mathcal{B}$ の元となり，条件 (2) も成り立つ． □

問 17.4 $X = \{1, 2, 3, 4\}$，$\mathcal{S} = \{\{1, 2\}, \{2, 3\}, \{4\}\}$ とする．$\mathcal{S}$ によって生成される集合 X の位相を求めよ．

X を空でない集合とし，$\mathcal{S}$ を X の巾集合 $\mathfrak{P}(X)$ の部分集合とする．$\mathcal{S}$ によって生成される集合 X の位相を $\mathcal{O}(\mathcal{S})$ で表そう．集合 X の位相 $\mathcal{O}$ について，$\mathfrak{P}(X)$ の部分集合として $\mathcal{S} \subset \mathcal{O}$ であれば，$\mathcal{O}(\mathcal{S}) \subset \mathcal{O}$ となる．すなわち，$\mathcal{S}$ によって生成される位相は，集合 X の上の位相で，$\mathfrak{P}(X)$ の部分集合として $\mathcal{S}$ を包むものの中で最も小さい位相である．$\mathcal{O}$ を集合 X の位相とすれば，$\mathcal{O}$ によって生成される集合 X の位相は $\mathcal{O}$ 自身である．

$(X, \mathcal{O})$ を位相空間とする．点 $x \in X$ の近傍系 $\mathfrak{N}(x)$ の部分集合 $\mathfrak{B}(x)$ につい

て，$N \in \mathfrak{N}(x)$ ならば，$U \subset N$ となる元 $U \in \mathfrak{B}(x)$ が常に存在するとき，$\mathfrak{B}(x)$ を点 x の**基本近傍系**という．点 x の**開近傍**の全体，すなわち，点 x を含む $\mathcal{O}$-開集合の全体，は点 x の基本近傍系である．

例 17.4　(X, d) を距離空間とし，$\mathcal{O}$ を d によって定まる距離位相とする．位相空間 $(X, \mathcal{O})$ において

$$\mathfrak{B}(x) = \left\{ N\left(x\,;\,\frac{1}{n}\right) \middle| \, n \in \boldsymbol{N} \right\}$$

は，点 x の基本近傍系である．

可算公理

$(X, \mathcal{O})$ を位相空間とする．X の各点が高々可算個の近傍から成る基本近傍系をもつとき，位相空間 $(X, \mathcal{O})$ および位相 $\mathcal{O}$ は**第 1 可算公理**を満足するという．また，位相 $\mathcal{O}$ が高々可算個の開集合から成る開基をもつとき，位相空間 $(X, \mathcal{O})$ および位相 $\mathcal{O}$ は**第 2 可算公理**を満足するという．例 17.4 によって，距離位相は常に第 1 可算公理を満足することがわかる．

位相空間 $(X, \mathcal{O})$ の部分集合 A について，その閉包 $\overline{A}$ が X に一致するとき，A は位相空間 $(X, \mathcal{O})$ の**稠密**（チュウミツ）な部分集合であるという．稠密な高々可算部分集合をもつ位相空間を**可分**な位相空間という．

例 17.5　n 次元ユークリッド空間 $(\boldsymbol{R}^n, d^{(n)})$ において，開球体の全体を $\mathcal{B}$ とすれば，$\mathcal{B}$ は $\boldsymbol{R}^n$ の通常の位相（すなわち，$d^{(n)}$ によって定まる距離位相）の開基である．とくに，$\boldsymbol{R}^n$ の有理点（すべての座標が有理数であるような点，従って $\boldsymbol{Q}^n$ の元）を中心とし，半径が有理数であるような開球体

$$B_n(x\,;\,r) \qquad (x \in \boldsymbol{Q}^n,\ r \in \boldsymbol{Q},\ r > 0)$$

の全体を $\mathcal{B}'$ とする．$\mathcal{B}'$ もまた $\boldsymbol{R}^n$ の通常の位相の開基であることを示そう．$\mathcal{B}'$ は可算集合であるから，$\boldsymbol{R}^n$ の通常の位相は第 2 可算公理を満足することになる．さて，$\mathcal{B}$ に属する開球体 $B_n(x\,;\,\varepsilon)$ に対して，$\mathcal{B}'$ に属する開球体 B で，$x \in B$ かつ $B \subset B_n(x\,;\,\varepsilon)$ となるものが常に存在することを示せば，$\mathcal{B}'$ が $\boldsymbol{R}^n$

の通常の位相の開基となることがわかる．開球体 $B_n\left(x\,;\,\dfrac{\varepsilon}{2}\right)$ の中に有理点 x_0 をとることができる．さらに，有理数 r を $d^{(n)}(x, x_0) < r < \dfrac{\varepsilon}{2}$ であるように選ぶことができる．そこで，$B = B_n(x_0\,;\,r)$ とおけば，B は $\mathscr{B}'$ に属し，$x \in B$ かつ $B \subset B_n(x\,;\,\varepsilon)$ となることがわかる．よって，$\mathscr{B}'$ は $\boldsymbol{R}^n$ の通常の位相の開基である．

問 17.5　第2可算公理を満足する位相空間は，第1可算公理を満足し，可分な位相空間であることを示せ．

問 17.6　距離化可能で可分な位相空間は，第2可算公理を満足することを示せ．

問 17.7　$\boldsymbol{R}^2$ において

$$\mathscr{B} = \{[a, b) \times [c, d) \mid a, b, c, d \in \boldsymbol{R}\,;\, a < b,\ \ c < d\}$$

を開基とする位相を $\mathcal{O}$ とする．次のことを示せ．

(1)　位相空間 $(\boldsymbol{R}^2, \mathcal{O})$ は第1可算公理を満足し，可分である．

(2)　$\boldsymbol{R}^2$ の部分集合 $A = \{(x, y) \in \boldsymbol{R}^2 \mid x + y = 1\}$ の上の相対位相は離散位相である．

(3)　位相空間 $(\boldsymbol{R}^2, \mathcal{O})$ は第2可算公理を満足しない．

問 17.8　$(X_1, \mathcal{O}_1)$ および $(X_2, \mathcal{O}_2)$ を位相空間とし，$\mathscr{S}$ を位相 $\mathcal{O}_2$ の準開基とする．写像 $f : X_1 \to X_2$ について，$\mathscr{S}$ に属する X_2 の部分集合の f による逆像が常に $\mathcal{O}_1$ に属すことと，f が位相空間 $(X_1, \mathcal{O}_1)$ から位相空間 $(X_2, \mathcal{O}_2)$ への連続写像であることとは同等であることを示せ．

問 17.9　実数全体の集合 $\boldsymbol{R}$ において，通常の位相を $\mathcal{O}$ で表し，上限位相を $\mathcal{O}_u$ で表そう．写像 $f : \boldsymbol{R} \to \boldsymbol{R}$ を

$$f(x) = \begin{cases} x & (x \leqq 1) \\ x + 2 & (x > 1) \end{cases}$$

によって定義する．次のそれぞれの場合について，f が連続であるかどうかを判定せよ．

(1)　$(\boldsymbol{R}, \mathcal{O})$ から $(\boldsymbol{R}, \mathcal{O})$ への写像として．

(2)　$(\boldsymbol{R}, \mathcal{O}_u)$ から $(\boldsymbol{R}, \mathcal{O}_u)$ への写像として．

(3)　$(\boldsymbol{R}, \mathcal{O})$ から $(\boldsymbol{R}, \mathcal{O}_u)$ への写像として．

(4)　$(\boldsymbol{R}, \mathcal{O}_u)$ から $(\boldsymbol{R}, \mathcal{O})$ への写像として．

§18*. 点列連続性

読者は，高等学校において，次のようなことを学習したであろう．関数 $f: \boldsymbol{R} \to \boldsymbol{R}$ について，実数 a に収束するどんな実数列 $(x_n \mid n \in \boldsymbol{N})$ に対しても，実数列 $(f(x_n) \mid n \in \boldsymbol{N})$ が実数 $f(a)$ に収束するとき，関数 $f(x)$ は $x = a$ で連続であるというのである．さらに，大学に進んで，実数列 $(x_n \mid n \in \boldsymbol{N})$ が実数 a に収束するとは，どんな正の実数 ε に対しても，ある番号 n_0 を選んで，$n > n_0$ ならば，$|x_n - a| < \varepsilon$ であるようにできることであり，関数 $f(x)$ が $x = a$ で連続であるということは，どんな正の実数 ε に対しても，常にある正の実数 δ を選んで，$|x - a| < \delta$ ならば $|f(x) - f(a)| < \varepsilon$ であるようにできること（**ε-δ 論法**という）と同等であることを学んだことと思う．

§14 における二つの距離空間の間の写像の連続性の定義，および，§16 における二つの位相空間の間の写像の連続性の定義は，いずれも，上述した ε-δ 論法を一般化したものであることが理解できるであろう．本節においては，数列の収束による関数の連続性の定義を一般化することを考えてみよう．

$(X, \mathcal{O})$ を位相空間とする．X の点列 $(x_n \mid n \in \boldsymbol{N})$ および点 $x \in X$ について，点 x のどんな近傍 N に対しても，ある番号 n_0 を選んで，$n > n_0$ ならば $x_n \in N$ であるようにできるとき，点列 $(x_n \mid n \in \boldsymbol{N})$ は点 x に**収束**するといい，

$$x = \lim_{n \to \infty} x_n$$

で表し，点 x を点列 $(x_n \mid n \in \boldsymbol{N})$ の**極限点**という．

問 18.1　(X, d) を距離空間とし，$\mathcal{O}$ を d によって定まる距離位相とする．位相空間 $(X, \mathcal{O})$ において，X の点列 $(x_n \mid n \in \boldsymbol{N})$ が点 $x \in X$ に収束することと，実数列 $(d(x, x_n) \mid n \in \boldsymbol{N})$ について，$\lim_{n \to \infty} d(x, x_n) = 0$ が成り立つこととは同等であることを確かめよ．

$(X_1, \mathcal{O}_1)$ および $(X_2, \mathcal{O}_2)$ を位相空間とする．写像 $f: X_1 \to X_2$ について，点 $x \in X_1$ に収束する X_1 のどんな点列 $(x_n \mid n \in \boldsymbol{N})$ に対しても，X_2 の点列

$(f(x_n) \mid n \in \boldsymbol{N})$ が常に $f(x)$ に収束するとき，写像 f は点 $x \in X_1$ において**点列連続**であるという．

定理 18.1*　$(X_1, \mathcal{O}_1)$ および $(X_2, \mathcal{O}_2)$ を位相空間とする．写像 $f : X_1 \to X_2$ について，

(1)　写像 f が点 $x \in X_1$ で連続ならば，f は点 x で点列連続である．

(2)　位相 $\mathcal{O}_1$ が第 1 可算公理を満足するとき，写像 f が点 $x \in X_1$ で点列連続ならば，f は点 x で連続である．

［**証明**］(1)　写像 f が点 $x \in X_1$ で連続であるとすれば，位相空間 $(X_2, \mathcal{O}_2)$ における点 $f(x)$ の任意の近傍 N に対して，f による逆像 $f^{-1}(N)$ は位相空間 $(X_1, \mathcal{O}_1)$ において点 x の近傍になる．いま，$(x_n \mid n \in \boldsymbol{N})$ を点 x に収束する X_1 の点列とする．位相空間 $(X_2, \mathcal{O}_2)$ における点 $f(x)$ の近傍 N に対して，$f^{-1}(N)$ が位相空間 $(X_1, \mathcal{O}_1)$ における点 x の近傍であるから，ある番号 n_0 を選んで，$n > n_0$ ならば $x_n \in f^{-1}(N)$ となるようにできる．よって，$n > n_0$ ならば $f(x_n) \in N$ となり，X_2 の点列 $(f(x_n) \mid n \in \boldsymbol{N})$ は点 $f(x)$ に収束する．従って，写像 f は点 $x \in X_1$ で点列連続になる．

(2)　$(V_n \mid n \in \boldsymbol{N})$ を位相空間 $(X_1, \mathcal{O}_1)$ における点 x の可算基本近傍系とする．

$$W_n = V_1 \cap V_2 \cap \cdots \cap V_n \qquad (n \in \boldsymbol{N})$$

とおけば，$(W_n \mid n \in \boldsymbol{N})$ もまた点 x の可算基本近傍系となる．写像 f が点 x で連続でないと仮定しよう．ゆえに，位相空間 $(X_2, \mathcal{O}_2)$ において，点 $f(x)$ のある近傍 N を選んで，f による逆像 $f^{-1}(N)$ は位相空間 $(X_1, \mathcal{O}_1)$ における点 x の近傍でないようにできる．従って，各自然数 n について，$W_n \not\subset f^{-1}(N)$ が成り立つ．よって，X_1 の点列 $(x_n \mid n \in \boldsymbol{N})$ で，各 n について $x_n \in W_n$ かつ $f(x_n) \notin N$ となるものが存在する．この点列 $(x_n \mid n \in \boldsymbol{N})$ は点 x に収束するが，点列 $(f(x_n) \mid n \in \boldsymbol{N})$ は点 $f(x)$ に収束しない．これは，f が点 x で点列連続であるという仮定に矛盾する．よって，(2) が成り立つ．□

例 18.1　実数全体の集合 $\boldsymbol{R}$ について，巾集合 $\mathfrak{P}(\boldsymbol{R})$ の部分集合 $\mathcal{O}_c$ を次のように定義しよう．$\boldsymbol{R}$ の部分集合 A が $\mathcal{O}_c$ に属すのは，$A = \emptyset$ または $\boldsymbol{R} - A$ が高々可算集合であるときとする．$\mathcal{O}_c$ は $\boldsymbol{R}$ の位相となる．$\boldsymbol{R}$ 上の通常の位相を $\mathcal{O}$ とし，$f : \boldsymbol{R} \to \boldsymbol{R}$ を恒等写像とする．このとき，写像 f は位相空間 $(\boldsymbol{R},$

$\mathcal{O}_c$) から位相空間 $(\boldsymbol{R}, \mathcal{O})$ への写像として，各点で点列連続であるが，各点で連続でないことを示そう．実数 a および正の実数 ε に対して，開区間 $(a-\varepsilon, a+\varepsilon)$ は a の $\mathcal{O}$-開近傍であるが，位相空間 $(\boldsymbol{R}, \mathcal{O}_c)$ における点 a の近傍でない．よって，f は点 a で連続でないことがわかる．

次に，実数列 $(x_n \mid n \in \boldsymbol{N})$ および実数 a に対して，$\boldsymbol{R}$ の部分集合

$$N = (\boldsymbol{R} - \{x_n \mid n \in \boldsymbol{N}\}) \cup \{a\}$$

は，点 a の $\mathcal{O}_c$-開近傍である．ゆえに，位相空間 $(\boldsymbol{R}, \mathcal{O}_c)$ において，点列 $(x_n \mid n \in \boldsymbol{N})$ が点 a に収束するための必要十分条件は，ある番号 n_0 を選んで，$n > n_0$ ならば $x_n = a$ とできることである．この事実から，写像 f が位相空間 $(\boldsymbol{R}, \mathcal{O}_c)$ の各点で点列連続になることは自明であろう．

問 18.2　例 18.1 における $\mathcal{O}_c$ が $\boldsymbol{R}$ の位相になることを確かめよ．

問 18.3　例 18.1 において考察した二つの位相空間 $(\boldsymbol{R}, \mathcal{O}_c)$ と $(\boldsymbol{R}, \mathcal{O})$ とは同相でないことを示せ．

注　定理 18.1 と例 18.1 によって，一般に点列連続性は連続性より弱い条件であることがわかった．

半順序集合 $(\Gamma, \leqq)$ において，Γ の 2 元 α, β に対して，$\alpha \leqq \gamma$ かつ $\beta \leqq \gamma$ であるような Γ の元 γ が常に存在する場合，$(\Gamma, \leqq)$ は**有向集合**であるという．最も典型的な例として次のようなものがある．位相空間 $(X, \mathcal{O})$ において，点 a の二つの近傍 N, N' について，$N' \subset N$ が成り立つ場合に $N \leqq N'$ であると定義すれば，この順序に関して，点 a の近傍系 $\mathfrak{N}(a)$ は有向集合になる．なぜならば，$\mathfrak{N}(a)$ の 2 元 N_1, N_2 に対して $N = N_1 \cap N_2$ とおけば，$N \in \mathfrak{N}(a)$ かつ $N_i \leqq N$ $(i = 1, 2)$ となるからである．位相空間の 1 点の近傍系は，いつもこのようにして有向集合とみることにしよう．

位相空間 $(X, \mathcal{O})$ において，ある有向集合 $(\Gamma, \leqq)$ を添え字の集合とする X の点の系 $(x_\alpha \mid \alpha \in \Gamma)$ を X の**有向点列**という．この有向点列 $(x_\alpha \mid \alpha \in \Gamma)$ が X の点 a に**収束**するとは，点 a のどんな近傍 N に対しても，ある元 $\delta \in \Gamma$ を選

んで，$\delta \leqq \alpha$ であるようなすべての $\alpha \in \Gamma$ に対して $x_\alpha \in N$ となるようにできることである．

定理 18.2* $(X_1, \mathcal{O}_1)$ および $(X_2, \mathcal{O}_2)$ を位相空間とする．写像 $f: X_1 \to X_2$ について，f が X_1 の点 x で連続であることと，点 x に収束する X_1 の有向点列 $(x_\alpha \mid \alpha \in \Gamma)$ に対して，$(X_2, \mathcal{O}_2)$ において有向点列 $(f(x_\alpha) \mid \alpha \in \Gamma)$ が常に $f(x)$ に収束することとは，同等である．

［**証明**］ f が X_1 の点 x で連続であると仮定し，$(x_\alpha \mid \alpha \in \Gamma)$ を点 x に収束する X_1 の有向点列とする．点 $f(x)$ の近傍 N に対し，$f^{-1}(N)$ は点 x の近傍であるから，$\delta \in \Gamma$ を選んで $\delta \leqq \alpha$ であるようなすべての $\alpha \in \Gamma$ に対して $x_\alpha \in f^{-1}(N)$ となるようにできる．このとき，$\delta \leqq \alpha$ ならば $f(x_\alpha) \in N$ となるので，有向点列 $(f(x_\alpha) \mid \alpha \in \Gamma)$ は $f(x)$ に収束することがわかった．

次に，f が X_1 の点 x で連続でないと仮定しよう．この場合，$f(x)$ の近傍 U で $f^{-1}(U)$ が点 x の近傍でないものが存在する．$\Gamma = \mathfrak{N}(x)$ とおく．各元 $N \in \Gamma$ に対して $N - f^{-1}(U) \neq \emptyset$ であるから，選択公理を使って，X_1 の有向点列 $(x_N \mid N \in \Gamma)$ で，各 $N \in \Gamma$ に対して $x_N \in N - f^{-1}(U)$ となるようなものを選ぶことができる．この有向点列は点 x に収束するが，有向点列 $(f(x_N) \mid N \in \Gamma)$ は点 $f(x)$ に収束しない．なぜならば，$f(x_N) \notin U$ $(N \in \Gamma)$ となるからである．□

問 18.4 $(X, \mathcal{O})$ を位相空間とする．X の部分集合 A と X の点 x について，$x \in \overline{A}$ であるための必要十分条件は，$(X, \mathcal{O})$ において点 x に収束する A の有向点列が存在することである，ことを証明せよ．

6

積空間と商空間

本章では，すでに位相が導入されている若干の位相空間から，新しく別の位相空間を生み出す方法を二つ紹介する．その1は，位相が導入されている若干の集合の直積集合の上に最も自然なものと考えられる位相（これを積位相という）を導入して位相空間とする方法であり，その2は，位相が導入されている一つの集合とその上の同値関係が与えられている場合に，その同値類全体の集合の上に最も自然なものと考えられる位相（これを商位相という）を導入して位相空間とする方法である．

この二つの方法について，その定義と基本的な性質について解説した．積位相は積空間のコンパクト性に関するチコノフの定理を述べる際に不可欠のものである．商位相については，本書の他の章において引用されることはないが，位相幾何学を学ぶ際に不可欠の概念である．

§19. 積 空 間

$(X_1, \mathcal{O}_1)$ および $(X_2, \mathcal{O}_2)$ を位相空間とする．直積 $X_1 \times X_2$ の部分集合族

$$\mathcal{B} = \{V \times W \mid V \in \mathcal{O}_1,\ \ W \in \mathcal{O}_2\}$$

は，ある位相の開基となるための条件（定理 17.1）を満足している．$\mathcal{B}$ を開基とする集合 $X_1 \times X_2$ 上の位相を $\mathcal{O}_1$ と $\mathcal{O}_2$ の**積位相**といい，$\mathcal{O}_1 ※ \mathcal{O}_2$ で表す．位相空間 $(X_1 \times X_2, \mathcal{O}_1 ※ \mathcal{O}_2)$ を二つの位相空間 $(X_1, \mathcal{O}_1)$ と $(X_2, \mathcal{O}_2)$ の**積空間**といい，$(X_1, \mathcal{O}_1) \times (X_2, \mathcal{O}_2)$ で表し，$(X_1, \mathcal{O}_1)$ および $(X_2, \mathcal{O}_2)$ を**因子空間**という．

n 個の位相空間 $(X_1, \mathcal{O}_1), \cdots, (X_n, \mathcal{O}_n)$ についても，同様に直積 $X_1 \times \cdots \times X_n$ の部分集合族

$$\mathcal{B} = \{V_1 \times \cdots \times V_n \mid V_i \in \mathcal{O}_i\,;\ i = 1, 2, \cdots, n\}$$

を開基とする集合 $X_1 \times \cdots \times X_n$ 上の位相を $\mathcal{O}_1, \cdots \mathcal{O}_n$ の**積位相**といい，$\mathcal{O}_1 ※ \cdots ※ \mathcal{O}_n$ で表す．位相空間 $(X_1 \times \cdots \times X_n, \mathcal{O}_1 ※ \cdots ※ \mathcal{O}_n)$ を n 個の位相空間 $(X_1, \mathcal{O}_1), \cdots, (X_n, \mathcal{O}_n)$ の**積空間**といい，$(X_1, \mathcal{O}_1) \times \cdots \times (X_n, \mathcal{O}_n)$ で表し，各々の $(X_i, \mathcal{O}_i)$ を**因子空間**という．

例 19.1 n 次元ユークリッド空間 $(\boldsymbol{R}^n, d^{(n)})$ について，$d^{(n)}$ から定まる $\boldsymbol{R}^n$ の距離位相を $\mathcal{O}_n$ で表そう．$\boldsymbol{R}^p$ の点 $x = (x_1, \cdots, x_p)$ と $\boldsymbol{R}^q$ の点 $y = (y_1, \cdots, y_q)$ の対 (x, y) に対して，$\boldsymbol{R}^{p+q}$ の点 $(x_1, \cdots, x_p, y_1, \cdots, y_q)$ を対応させることによって，直積 $\boldsymbol{R}^p \times \boldsymbol{R}^q$ と $\boldsymbol{R}^{p+q}$ を同一視すれば，積空間 $(\boldsymbol{R}^p, \mathcal{O}_p) \times (\boldsymbol{R}^q, \mathcal{O}_q)$ の積位相 $\mathcal{O}_p ※ \mathcal{O}_q$ は距離位相 $\mathcal{O}_{p+q}$ に一致することがわかる．なぜならば，ユークリッドの距離について，等式

$$(d^{(p+q)}((x, y), (x', y')))^2 = (d^{(p)}(x, x'))^2 + (d^{(q)}(y, y'))^2$$

が成り立つので，開球体について

$$B_p\left(x\,;\,\frac{\varepsilon}{\sqrt{2}}\right) \times B_q\left(y\,;\,\frac{\varepsilon}{\sqrt{2}}\right) \subset B_{p+q}((x, y)\,;\,\varepsilon)$$

$$\subset B_p(x\,;\,\varepsilon) \times B_q(y\,;\,\varepsilon)$$

が成り立つからである．まったく同様に，n 個の $(\boldsymbol{R}, \mathcal{O}_1)$ の積空間の位相は，$\boldsymbol{R}^n$ の距離位相 $\mathcal{O}_n$ に一致することがわかる．

問 19. 1　(X_1, d_1) および (X_2, d_2) を距離空間とする．直積 $X_1 \times X_2$ の 2 元 $x = (x_1, x_2)$，$y = (y_1, y_2)$ に対して

$$d(x, y) = \sqrt{d_1(x_1, y_1)^2 + d_2(x_2, y_2)^2}$$

と定義すれば，d は集合 $X_1 \times X_2$ 上の距離関数になることを示せ．さらに，d_i から定まる X_i 上の距離位相を $\mathcal{O}_i$ とすれば，直積 $X_1 \times X_2$ 上の積位相 $\mathcal{O}_1 ※ \mathcal{O}_2$ は d から定まる集合 $X_1 \times X_2$ 上の距離位相に一致することを示せ．

$(X_1, \mathcal{O}_1), \cdots, (X_n, \mathcal{O}_n)$ を位相空間とし，各 i（$i = 1, 2, \cdots, n$）について，$p_i : X_1 \times \cdots \times X_n \to X_i$ を直積因子 X_i への射影とする．すなわち，$p_i((x_1, \cdots, x_n)) = x_i$ である．X_i の $\mathcal{O}_i$-開集合 V_i の p_i による逆像は

$$p_i^{-1}(V_i) = X_1 \times \cdots \times X_{i-1} \times V_i \times X_{i+1} \times \cdots \times X_n$$

であるから，$p_i^{-1}(V_i)$ は直積 $X_1 \times \cdots \times X_n$ の $\mathcal{O}_1 ※ \cdots ※ \mathcal{O}_n$-開集合である．ゆえに，射影 p_i は積空間 $(X_1, \mathcal{O}_1) \times \cdots \times (X_n, \mathcal{O}_n)$ から因子空間 $(X_i, \mathcal{O}_i)$ への連続写像である．さらに，$V_i \subset X_i$（$i = 1, 2, \cdots, n$）に対して

$$V_1 \times \cdots \times V_n = p_1^{-1}(V_1) \cap \cdots \cap p_n^{-1}(V_n)$$

が成り立つから，積位相 $\mathcal{O}_1 ※ \cdots ※ \mathcal{O}_n$ は

$$\mathcal{S} = \{p_i^{-1}(V_i) \mid V_i \in \mathcal{O}_i\,;\, i = 1, 2, \cdots, n\}$$

で生成される位相である．従って，直積 $X_1 \times \cdots \times X_n$ の上の積位相 $\mathcal{O}_1 ※ \cdots ※ \mathcal{O}_n$ は，各射影 p_i（$i = 1, 2, \cdots, n$）が位相空間 $(X_i, \mathcal{O}_i)$ への連続写像となるような $X_1 \times \cdots \times X_n$ の上の位相の中で最小の位相である．なぜならば，直積 $X_1 \times \cdots \times X_n$ の位相 $\mathcal{O}$ について，各射影 p_i が位相空間 $(X_1 \times \cdots \times X_n, \mathcal{O})$ から位相空間 $(X_i, \mathcal{O}_i)$ への連続写像であれば，$\mathcal{S} \subset \mathcal{O}$ となり，従って $\mathcal{S}$ が生成する積位相について，$\mathcal{O}_1 ※ \cdots ※ \mathcal{O}_n \subset \mathcal{O}$ となるからである．よって，次の定理が成り立つ．

定理 19. 1*　位相空間 $(X_1, \mathcal{O}_1), \cdots, (X_n, \mathcal{O}_n)$ と，直積 $X_1 \times \cdots \times X_n$ から直積因子 X_i への射影 p_i（$i = 1, 2, \cdots, n$）について，各射影 p_i は積空間 $(X_1, \mathcal{O}_1) \times \cdots \times (X_n, \mathcal{O}_n)$ から因子空間 $(X_i, \mathcal{O}_i)$ への連続写像であり，積位相 $\mathcal{O}_1 ※ \cdots ※ \mathcal{O}_n$

は各射影 p_i $(i = 1, 2, \cdots, n)$ が位相空間 $(X_i, \mathcal{O}_i)$ への連続写像となるような，直積 $X_1 \times \cdots \times X_n$ の位相の中で最小の位相である． □

問 19.2　位相空間 $(X_1, \mathcal{O}_1), (X_2, \mathcal{O}_2)$ および積空間 $(X_1, \mathcal{O}_1) \times (X_2, \mathcal{O}_2)$ において，$A_1 \subset X_1$, $A_2 \subset X_2$ に対して，次の等式が成り立つことを示せ．

(1)　$(A_1 \times A_2)^a = A_1{}^a \times A_2{}^a$　　（閉包作用子）

(2)　$(A_1 \times A_2)^i = A_1{}^i \times A_2{}^i$　　（開核作用子）

問 19.3　$(X, \mathcal{O})$ を位相空間とし，$\Delta : X \to X \times X$ を対角線写像，すなわち，$\Delta(x) = (x, x)$ $(x \in X)$ とする．Δ は位相空間 $(X, \mathcal{O})$ から積空間 $(X, \mathcal{O}) \times (X, \mathcal{O})$ への連続写像であることを示せ．

問 19.4　$\boldsymbol{R}^n$ の 2 元 $x = (x_1, \cdots, x_n)$, $y = (y_1, \cdots, y_n)$ に対して，$\boldsymbol{R}^n$ の元 $x + y$ を

$$x + y = (x_1 + y_1, \cdots, x_n + y_n)$$

により定義し，写像 $f : \boldsymbol{R}^n \times \boldsymbol{R}^n \to \boldsymbol{R}^n$ を $f((x, y)) = x + y$ により定義する．$\boldsymbol{R}^n$ の通常の位相を $\mathcal{O}$ とすれば，f は積空間 $(\boldsymbol{R}^n, \mathcal{O}) \times (\boldsymbol{R}^n, \mathcal{O})$ から位相空間 $(\boldsymbol{R}^n, \mathcal{O})$ への連続写像であることを示せ．

問 19.5　(X, d) を距離空間とし，d から定まる X の距離位相を $\mathcal{O}$ とする．距離関数 $d : X \times X \to \boldsymbol{R}$ は積空間 $(X, \mathcal{O}) \times (X, \mathcal{O})$ から通常の位相をもった $\boldsymbol{R}$ への連続写像であることを示せ．

位相空間系の積空間

先に，有限個の集合の直積の概念を一般化して，集合系の直積を定義した（§10 参照）．ここでは，有限個の位相空間の積空間の概念を一般化して，位相空間系 $((X_\lambda, \mathcal{O}_\lambda) \mid \lambda \in \Lambda)$ の積空間を定義しよう．

そのため，集合系 $(X_\lambda \mid \lambda \in \Lambda)$ の直積 $\prod_{\lambda \in \Lambda} X_\lambda$ の定義について，復習しておこう．添え字の集合 Λ から和集合 $\bigcup (X_\lambda \mid \lambda \in \Lambda)$ への関数 x で，各 $\lambda \in \Lambda$ に対して $x(\lambda) = x_\lambda \in X_\lambda$ となるものを，集合系 $(X_\lambda \mid \lambda \in \Lambda)$ の**選択関数**といい，このような選択関数の全体を $\prod_{\lambda \in \Lambda} X_\lambda$ で表し，集合系 $(X_\lambda \mid \lambda \in \Lambda)$ の**直積**と定義したのであった．各 X_λ を**直積因子**といい，$\lambda \in \Lambda$ を一つ固定したとき，直積

$\prod_{\lambda \in \Lambda} X_\lambda$ の元 x の λ においてとる値 $x_\lambda \in X_\lambda$ を，x の λ-**成分**という．各 λ-成分が決まれば，直積 $\prod_{\lambda \in \Lambda} X_\lambda$ の元 x が一意に決まるので，元 x を

$$(x_\lambda \mid \lambda \in \Lambda), \qquad (x_\lambda)_{\lambda \in \Lambda}$$

などと表す．さらに，添え字の集合 Λ を明示する必要がない場合には，$(x_\lambda \mid \lambda \in \Lambda)$ を略して，単に (x_λ) と書くことにしよう．

直積 $\prod_{\lambda \in \Lambda} X_\lambda$ の各元 x に，その λ-成分 x_λ を対応させれば，直積 $\prod_{\lambda \in \Lambda} X_\lambda$ から直積因子 X_λ への一つの写像が得られる．この写像を $p_\lambda : \prod_{\lambda \in \Lambda} X_\lambda \to X_\lambda$ で表し，直積 $\prod_{\lambda \in \Lambda} X_\lambda$ から直積因子 X_λ への**射影**という．さらに，“各直積因子 X_λ が空でなければ，その直積 $\prod_{\lambda \in \Lambda} X_\lambda$ も空でない”という選択公理によって，各射影 p_λ は全射であることがわかっている（例 10.1）．

さて，位相空間系 $((X_\lambda, \mathcal{O}_\lambda) \mid \lambda \in \Lambda)$ の積空間の定義を与えよう．各 $\lambda \in \Lambda$ に対して，$p_\lambda : \prod_{\lambda \in \Lambda} X_\lambda \to X_\lambda$ を直積 $\prod_{\lambda \in \Lambda} X_\lambda$ から直積因子 X_λ への射影とする．直積 $\prod_{\lambda \in \Lambda} X_\lambda$ の部分集合族

$$\mathscr{S} = \{p_\lambda^{-1}(V_\lambda) \mid V_\lambda \in \mathcal{O}_\lambda,\ \lambda \in \Lambda\}$$

によって生成される直積 $\prod_{\lambda \in \Lambda} X_\lambda$ の位相を $(\mathcal{O}_\lambda \mid \lambda \in \Lambda)$ の**積位相**といい，$\mathop{※}_{\lambda \in \Lambda} \mathcal{O}_\lambda$ で表す．位相空間 $\left(\prod_{\lambda \in \Lambda} X_\lambda, \mathop{※}_{\lambda \in \Lambda} \mathcal{O}_\lambda\right)$ を位相空間系 $((X_\lambda, \mathcal{O}_\lambda) \mid \lambda \in \Lambda)$ の**積空間**といい，$\prod_{\lambda \in \Lambda} (X_\lambda, \mathcal{O}_\lambda)$ で表し，各位相空間 $(X_\lambda, \mathcal{O}_\lambda)$ を**因子空間**という．

この定義から，積位相 $\mathop{※}_{\lambda \in \Lambda} \mathcal{O}_\lambda$ は各射影 p_λ（$\lambda \in \Lambda$）が位相空間 $(X_\lambda, \mathcal{O}_\lambda)$ への連続写像となるような直積 $\prod_{\lambda \in \Lambda} X_\lambda$ の位相の中で最小の位相であることがわかる．

定理 19.2*　$(Y, \mathcal{O})$ を位相空間とし，$((X_\lambda, \mathcal{O}_\lambda) \mid \lambda \in \Lambda)$ を位相空間系とする．写像 $f : Y \to \prod_{\lambda \in \Lambda} X_\lambda$ について，f が位相空間 $(Y, \mathcal{O})$ から積空間 $\prod_{\lambda \in \Lambda} (X_\lambda, \mathcal{O}_\lambda)$ への連続写像であることと，すべての $\lambda \in \Lambda$ に対して，合成写像 $p_\lambda \circ f$ が位相空間 $(Y, \mathcal{O})$ から因子空間 $(X_\lambda, \mathcal{O}_\lambda)$ への連続写像であることとは同等である．ここに，p_λ は直積 $\prod_{\lambda \in \Lambda} X_\lambda$ から直積因子 X_λ への射影である．

［**証明**］　各 p_λ（$\lambda \in \Lambda$）は積空間 $\prod_{\lambda \in \Lambda} (X_\lambda, \mathcal{O}_\lambda)$ から因子空間 $(X_\lambda, \mathcal{O}_\lambda)$ への連続写像であるから，f が連続写像であれば，合成写像 $p_\lambda \circ f$ も連続写像になる．逆に，すべての

$p_\lambda \circ f$ $(\lambda \in \Lambda)$ が連続写像であると仮定して，f が連続写像になることを示そう．集合族

$$\mathscr{S} = \{p_\lambda^{-1}(V_\lambda) \mid V_\lambda \in \mathcal{O}_\lambda,\ \lambda \in \Lambda\}$$

は積位相 $\underset{\lambda \in \Lambda}{\divideontimes} \mathcal{O}_\lambda$ の準開基であるから，f が連続であることを示すには，$\mathscr{S}$ に属する集合の f による逆像がすべて $\mathcal{O}$-開集合になることを示せば十分である（問 17.8 参照）．一般に

$$f^{-1}(p_\lambda^{-1}(V_\lambda)) = (p_\lambda \circ f)^{-1}(V_\lambda)$$

が成り立ち，$p_\lambda \circ f$ が連続だから，$V_\lambda \in \mathcal{O}_\lambda$ に対して $(p_\lambda \circ f)^{-1}(V_\lambda)$ は $\mathcal{O}$-開集合である．よって，すべての $p_\lambda \circ f$ $(\lambda \in \Lambda)$ が連続であれば，f も連続であることがわかった．□

定理 19.3*　$((X_\lambda, \mathcal{O}_\lambda) \mid \lambda \in \Lambda)$ および $((Y_\lambda, \mathcal{O}_\lambda') \mid \lambda \in \Lambda)$ を位相空間系とし，写像 $f_\lambda : X_\lambda \to Y_\lambda$ $(\lambda \in \Lambda)$ を位相空間 $(X_\lambda, \mathcal{O}_\lambda)$ から位相空間 $(Y_\lambda, \mathcal{O}_\lambda')$ への連続写像とする．写像 $f : \prod_{\lambda \in \Lambda} X_\lambda \to \prod_{\lambda \in \Lambda} Y_\lambda$ を $f((x_\lambda)) = (f_\lambda(x_\lambda))$ によって定義すれば，f は積空間 $\prod_{\lambda \in \Lambda} (X_\lambda, \mathcal{O}_\lambda)$ から積空間 $\prod_{\lambda \in \Lambda} (Y_\lambda, \mathcal{O}_\lambda')$ への連続写像である（写像 f を写像系 $(f_\lambda \mid \lambda \in \Lambda)$ の**積写像**といい，$\prod_{\lambda \in \Lambda} f_\lambda$ で表す）．

［**証明**］　$p_\lambda : \prod_{\lambda \in \Lambda} X_\lambda \to X_\lambda$，$q_\lambda : \prod_{\lambda \in \Lambda} Y_\lambda \to Y_\lambda$ を射影とすれば，$q_\lambda \circ f = f_\lambda \circ p_\lambda$ $(\lambda \in \Lambda)$ が成り立つ．各 f_λ が連続であるから，各 $f_\lambda \circ p_\lambda$ が連続であり，従って，各 $q_\lambda \circ f$ が連続になる．よって，定理 19.2 により，f が連続になる．□

$(X_1, \mathcal{O}_1)$ および $(X_2, \mathcal{O}_2)$ を位相空間とする．写像 $f : X_1 \to X_2$ について，$\mathcal{O}_1$-開集合の f による像が常に $\mathcal{O}_2$-開集合であるとき，f は位相空間 $(X_1, \mathcal{O}_1)$ から位相空間 $(X_2, \mathcal{O}_2)$ への**開写像**であるといい，$\mathcal{O}_1$-閉集合の f による像が常に $\mathcal{O}_2$-閉集合であるとき，f は位相空間 $(X_1, \mathcal{O}_1)$ から位相空間 $(X_2, \mathcal{O}_2)$ への**閉写像**であるという．同相写像は開写像であり閉写像である．

定理 19.4*　$((X_\lambda, \mathcal{O}_\lambda) \mid \lambda \in \Lambda)$ を位相空間系とする．各射影 $p_\lambda : \prod_{\lambda \in \Lambda} X_\lambda \to X_\lambda$ は積空間 $\prod_{\lambda \in \Lambda} (X_\lambda, \mathcal{O}_\lambda)$ から因子空間 $(X_\lambda, \mathcal{O}_\lambda)$ への開写像である．

［**証明**］　直積 $\prod_{\lambda \in \Lambda} X_\lambda$ の部分集合 M が $\underset{\lambda \in \Lambda}{\divideontimes} \mathcal{O}_\lambda$-開集合であると仮定し，$p_\lambda(M)$ が $\mathcal{O}_\lambda$-開集合になることを示そう．積位相 $\underset{\lambda \in \Lambda}{\divideontimes} \mathcal{O}_\lambda$ の定義から，M の任意の点 x に対して，Λ

の有限個の元 $\lambda_1, \cdots, \lambda_n$ および $\mathcal{O}_{\lambda_j}$-開集合 V_j （$j = 1, 2, \cdots, n$）を選んで

$$x \in p_{\lambda_1}{}^{-1}(V_1) \cap \cdots \cap p_{\lambda_n}{}^{-1}(V_n), \qquad p_{\lambda_1}{}^{-1}(V_1) \cap \cdots \cap p_{\lambda_n}{}^{-1}(V_n) \subset M$$

が成り立つようにできる．ここで

$$p_\lambda(p_{\lambda_1}{}^{-1}(V_1) \cap \cdots \cap p_{\lambda_n}{}^{-1}(V_n)) = \begin{cases} V_j, & \lambda = \lambda_j \quad (j = 1, \cdots, n) \\ X_\lambda, & \lambda \notin \{\lambda_1, \cdots, \lambda_n\} \end{cases}$$

であるから，$p_\lambda(p_{\lambda_1}{}^{-1}(V_1) \cap \cdots \cap p_{\lambda_n}{}^{-1}(V_n))$ は $\mathcal{O}_\lambda$-開集合である．よって，$p_\lambda(x)$ は $p_\lambda(M)$ の内点になる．従って，$p_\lambda(M)$ は $\mathcal{O}_\lambda$-開集合である．□

例 19.2　積空間から因子空間への射影は必ずしも閉写像にならないことを示そう．通常の位相をもった $\boldsymbol{R}$ について，積空間 $\boldsymbol{R} \times \boldsymbol{R} = \boldsymbol{R}^2$ から因子空間 $\boldsymbol{R}$ への射影 p_1, p_2（$p_1((x, y)) = x$, $p_2((x, y)) = y$）はともに閉写像でない．なぜならば，集合

$$A = \{(x, y) \in \boldsymbol{R}^2 \mid xy = 1\}$$

は積空間 $\boldsymbol{R}^2$ の閉集合であるが，$p_1(A) = p_2(A) = \boldsymbol{R} - \{0\}$ は因子空間 $\boldsymbol{R}$ の閉集合でないからである．

注　位相空間系 $((X_\lambda, \mathcal{O}_\lambda) \mid \lambda \in \Lambda)$ について，直積 $\prod_{\lambda \in \Lambda} X_\lambda$ の部分集合族

$$\mathcal{B}' = \left\{ \prod_{\lambda \in \Lambda} V_\lambda \,\middle|\, V_\lambda \in \mathcal{O}_\lambda, \ \lambda \in \Lambda \right\}$$

も，ある位相の開基となるための条件を満足している．$\mathcal{B}'$ を開基とする直積 $\prod_{\lambda \in \Lambda} X_\lambda$ の位相を**箱型積位相**という．この箱型積位相は積位相 $\mathop{\text{※}}_{\lambda \in \Lambda} \mathcal{O}_\lambda$ より大きい位相であり，Λ が有限集合であれば，二つの位相は一致する．

問 19.6　位相空間系 $((X_\lambda, \mathcal{O}_\lambda) \mid \lambda \in \Lambda)$ および $A_\lambda \subset X_\lambda$ $(\lambda \in \Lambda)$ に対して，各因子空間 $(X_\lambda, \mathcal{O}_\lambda)$ における A_λ の閉包 $A_\lambda{}^a$ $(\lambda \in \Lambda)$ の直積 $\prod_{\lambda \in \Lambda} A_\lambda{}^a$ は，積空間 $\prod_{\lambda \in \Lambda} (X_\lambda, \mathcal{O}_\lambda)$ における $\prod_{\lambda \in \Lambda} A_\lambda$ の閉包 $\left(\prod_{\lambda \in \Lambda} A_\lambda\right)^a$ に一致することを示せ（すなわち，閉包作用子に関する問 19.2 の等式が一般化できる）．また，開核作用子に関する問 19.2 の等式は一般化できるか．

問 19.7　可算個の距離空間系 $((X_n, d_n) \mid n \in \boldsymbol{N})$ が与えられ，$\mathcal{O}_n$ を d_n から定まる X_n の距離位相とする（$n \in \boldsymbol{N}$）．このとき，位相空間系 $((X_n, \mathcal{O}_n) \mid n \in \boldsymbol{N})$ の積空間は距離化可能であることを示せ．

§ 20*. 商 空 間

$(X, \mathcal{O})$ を位相空間とし，$f : X \to Y$ を集合 X から集合 Y への全射とする．集合 Y の部分集合族 $\mathcal{O}(f)$ を

$$\mathcal{O}(f) = \{H \in \mathfrak{P}(Y) \mid f^{-1}(H) \in \mathcal{O}\}$$

によって定義する．$\mathcal{O}(f)$ は位相の条件 $[\mathbf{O}_1], [\mathbf{O}_2], [\mathbf{O}_3]$ を満足することがわかる．この位相 $\mathcal{O}(f)$ を，全射 f により定まる集合 Y の**商位相**といい，位相空間 $(Y, \mathcal{O}(f))$ を，f により定まる $(X, \mathcal{O})$ の**商空間**という．

問 20. 1 $\mathcal{O}(f)$ が位相の条件を満足することを確かめよ．

$(X, \mathcal{O})$ を位相空間とし，集合 X に同値関係 σ が与えられているものとする．集合 X から，同値関係 σ による商集合 X/σ への自然な全射 $p : X \to X/\sigma$ が定まる（§8 参照）ので，商空間 $(X/\sigma, \mathcal{O}(p))$ が定義できる．この商空間を，同値関係 σ による $(X, \mathcal{O})$ の**商空間**という．この位相空間は，同値関係にある点を同一視して得られるので，**等化空間**ともいう．

$(X, \mathcal{O})$ および $(Y, \mathcal{O}')$ を位相空間とし，$f : X \to Y$ を集合 X から集合 Y への全射とする．Y の位相 $\mathcal{O}'$ が f により定まる商位相 $\mathcal{O}(f)$ に一致するとき，すなわち，Y の各部分集合 H に対して，$f^{-1}(H) \in \mathcal{O}$ であることと $H \in \mathcal{O}'$ であることとが同等であるとき，f を位相空間 $(X, \mathcal{O})$ から位相空間 $(Y, \mathcal{O}')$ への**商写像**または**等化写像**であるという．この定義から明らかなように，位相空間 $(X, \mathcal{O})$ から位相空間 $(Y, \mathcal{O}')$ への商写像は，常に $(X, \mathcal{O})$ から $(Y, \mathcal{O}')$ への連続写像である．

定理 20. 1* $(X, \mathcal{O})$ および $(Y, \mathcal{O}')$ を位相空間とする．全射 $f : X \to Y$ が位相空間 $(X, \mathcal{O})$ から位相空間 $(Y, \mathcal{O}')$ への連続写像であり，さらに開写像（または閉写像）であるとすれば，f は位相空間 $(X, \mathcal{O})$ から位相空間 $(Y, \mathcal{O}')$ への商写像である．

［**証明**］ f が全射だから，Y の各部分集合 H に対して

$$f(f^{-1}(H)) = H, \qquad f(X - f^{-1}(H)) = Y - H$$

が成り立つ．いま，$f^{-1}(H)$ が $\mathcal{O}$-開集合であると仮定する．f が開写像であれば，$f(f^{-1}(H)) = H$ は $\mathcal{O}'$-開集合になる．f が閉写像であれば，$f(X - f^{-1}(H)) = Y - H$ は $\mathcal{O}'$-閉集合になり，従って H は $\mathcal{O}'$-開集合になる．よって，$\mathcal{O}(f) \subset \mathcal{O}'$ であることがわかった．一方，f の連続性から，$\mathcal{O}' \subset \mathcal{O}(f)$ であることがわかる．よって，$\mathcal{O}' = \mathcal{O}(f)$ が成り立つ．□

例 20.1　$\boldsymbol{R} = \boldsymbol{R}^1$ および $\boldsymbol{R}^2$ に通常の距離位相を与えて位相空間とする．S^1 を $\boldsymbol{R}^2$ の単位円周とする．すなわち，

$$S^1 = \{(x, y) \in \boldsymbol{R}^2 \mid x^2 + y^2 = 1\}.$$

集合 S^1 には $\boldsymbol{R}^2$ の相対位相を与えるものとする．写像 $f : \boldsymbol{R} \to S^1$ を $f(\theta) = (\cos 2\pi\theta, \sin 2\pi\theta)$ によって定義すれば，f は全射である．三角関数の加法公式によって，等式

$$d^{(2)}(f(\alpha), f(\beta)) = 2 \cdot |\sin \pi(\alpha - \beta)| \qquad (\alpha, \beta \in \boldsymbol{R})$$

の成り立つことがわかる．ここに，$d^{(2)}$ は $\boldsymbol{R}^2$ 上のユークリッド距離である．よって，

$$f(B_1(\theta\,;\,\varepsilon)) = S^1 \cap B_2(f(\theta)\,;\,2 \sin \pi\varepsilon) \qquad \left(\theta \in \boldsymbol{R},\ 0 < \varepsilon < \frac{1}{2}\right)$$

が成り立つ．従って，f は連続開写像であり，商写像になる．

例 20.2　積空間 $X = S^1 \times S^1$ を考える．写像 $g : X \to X$ を

$$g(((x, y), (u, v))) = ((x, -y), (-u, -v))$$

によって定義する．集合 X 上の二項関係 σ を，X の 2 元 p, q に対して $p\,\sigma\,q$ であるのは $p = q$ または $p = g(q)$ であることと定義する．$g \circ g = 1_X$ であるから，σ は同値関係であり，各元 $p \in X$ に対して，$g(p) \neq p$ であるから，各元の同値類はちょうど 2 元から成る集合である．この同値関係 σ による X の商空間を**クラインの壺**という．表裏の区別のない曲面として知られていて，空想科学小説の素材として扱われることが多い．

商写像に関して，次の定理は基本的なものである．

定理 20.2*　$(X_i, \mathcal{O}_i)$ $(i=1,2,3)$ を位相空間とし，$f: X_1 \to X_2$ および $g: X_2 \to X_3$ を写像とする．f が位相空間 $(X_1, \mathcal{O}_1)$ から位相空間 $(X_2, \mathcal{O}_2)$ への商写像であり，合成写像 $g \circ f$ が位相空間 $(X_1, \mathcal{O}_1)$ から位相空間 $(X_3, \mathcal{O}_3)$ への連続写像であれば，g は位相空間 $(X_2, \mathcal{O}_2)$ から位相空間 $(X_3, \mathcal{O}_3)$ への連続写像である．

［**証明**］ $\mathcal{O}_3$-開集合 H に対して，$g^{-1}(H)$ が $\mathcal{O}_2$-開集合になることを示せばよい．$g \circ f$ の連続性から，$f^{-1}(g^{-1}(H)) = (g \circ f)^{-1}(H)$ は $\mathcal{O}_1$-開集合であり，f が $(X_1, \mathcal{O}_1)$ から $(X_2, \mathcal{O}_2)$ への商写像であることから，$f^{-1}(g^{-1}(H))$ が $\mathcal{O}_1$-開集合であれば $g^{-1}(H)$ は $\mathcal{O}_2$-開集合となる．よって，g の連続性がわかった．□

例 20.3　実数全体の集合 $\boldsymbol{R}$ に通常の距離位相を与えておく．2元 x, x' は差 $x - x'$ が整数であるとき，すなわち $x - x' \in \boldsymbol{Z}$ であるとき，同値であると定める．この同値関係による商空間を $\boldsymbol{R}/\boldsymbol{Z}$ で表す．商空間 $\boldsymbol{R}/\boldsymbol{Z}$ は $\boldsymbol{R}^2$ の部分空間 S^1 と同相であることを示そう．写像 $f: \boldsymbol{R} \to S^1$ を例 20.1 で与えた写像とする．すなわち，

$$f(x) = (\cos 2\pi x, \sin 2\pi x)$$

である．このとき，$\boldsymbol{R}$ の2元 x, x' について，$x - x' \in \boldsymbol{Z}$ であることと，$f(x) = f(x')$ であることとは同等である．$p: \boldsymbol{R} \to \boldsymbol{R}/\boldsymbol{Z}$ を自然な射影とすれば，ここまでに考察したことによって，全単射 $g: \boldsymbol{R}/\boldsymbol{Z} \to S^1$ が $g \circ p = f$ を満足するように定義できることがわかる．p が商写像であるから，f の連続性によって，g の連続性がわかる．また，$p = g^{-1} \circ f$ であり，f も商写像であるから，p の連続性によって，g^{-1} の連続性がわかる．よって，g は $\boldsymbol{R}/\boldsymbol{Z}$ から S^1 への同相写像である．

7 位相的性質

§21 では，距離空間がそなえている位相的性質を抽象化した分離公理について考察する．逆に，位相空間がどのような性質をそなえたら本質的に距離空間とみることができるのであろうか．この疑問に対する一つの答がウリゾーンの距離化定理である．

“閉区間の開被覆は常に有限部分被覆をもつ”というハイネ－ボレルの定理は解析学における基礎的な定理の一つである．この定理を抽象化した位相空間のコンパクト性の概念は，最も重要な位相的性質である．§22 では，ハウスドルフ空間のコンパクト性を中心に，コンパクト性の基本的性質について考察する．§23 では，積空間のコンパクト性に関するチコノフの定理を証明する．

その他の位相的性質として，局所コンパクト性，連結性についても考察する．実連続関数に対する中間値の定理は，連結性に関する定理であることがわかる．

§21. 分離公理

$(X, \mathcal{O})$ を位相空間とする．X の相異なる 2 点 a, b は，互いに交わらない $\mathcal{O}$-開集合 U, V で $a \in U$，$b \in V$ となるものが存在するとき，開集合によって分離されるという．X の互いに交わらない部分集合 A, B は，互いに交わらない $\mathcal{O}$-開集合 U, V で $A \subset U$，$B \subset V$ となるものが存在するとき，開集合によって分離されるという．

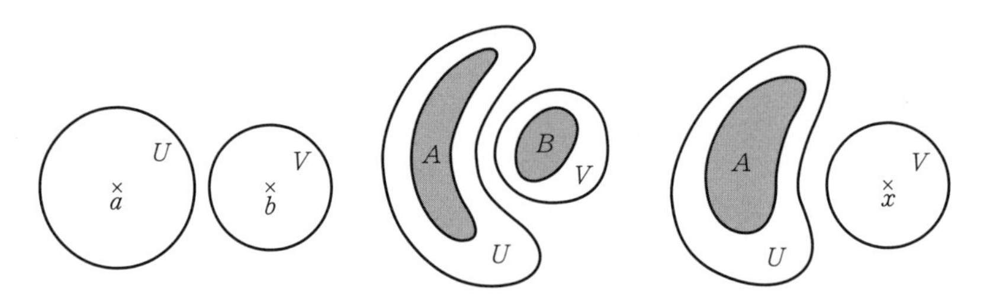

同様に，X の部分集合 A と A に属さない X の点 x は，互いに交わらない $\mathcal{O}$-開集合 U, V で $A \subset U$，$x \in V$ となるものが存在するとき，開集合によって分離されるという．

位相空間 $(X, \mathcal{O})$ は，X の相異なる 2 点が常に開集合によって分離されるとき，**ハウスドルフ空間**という．このとき，位相 $\mathcal{O}$ は**ハウスドルフの分離公理**を満足するという．

位相空間 $(X, \mathcal{O})$ は，X の互いに交わらない二つの $\mathcal{O}$-閉集合が常に開集合によって分離されるとき，**正規空間**といい，位相 $\mathcal{O}$ は**正規**であるという．

位相空間 $(X, \mathcal{O})$ は，X の任意の $\mathcal{O}$-閉集合 F と F に属さない X の点が常に開集合によって分離されるとき，**正則空間**といい，位相 $\mathcal{O}$ は**正則**であるという．

問 21.1 ハウスドルフ空間の**一点集合**（1 点のみを元とする集合）は常に閉集合であり，従って，正規ハウスドルフ空間は正則空間であることを示せ．

問 21.2 距離位相は常にハウスドルフの分離公理を満足し，かつ，正規であることを示せ．

定理 21.1　位相空間 $(X, \mathcal{O})$ について，次の三つの条件は互いに同等である．

(1)　$(X, \mathcal{O})$ はハウスドルフ空間である．

(2)　積空間 $(X, \mathcal{O}) \times (X, \mathcal{O})$ において，対角線集合 $\Delta = \{(x, x) \mid x \in X\}$ は閉集合である．

(3)　各点 $x \in X$ について，点 x の**閉近傍**（すなわち，点 x を内点とする閉集合）すべての共通部分は一点集合 $\{x\}$ である．

［**証明**］　まず (1) から (2) が導かれることを示そう．Δ の補集合 Δ^c が開集合であることを示せばよい．Δ^c の点 (x, y) すなわち X の相異なる 2 点 x, y について，$(X, \mathcal{O})$ がハウスドルフ空間であるから，互いに交わらない $\mathcal{O}$-開集合 U, V で $x \in U$, $y \in V$ となるものが存在する．このとき，$(x, y) \in U \times V$ かつ $U \times V \subset \Delta^c$ である．従って，Δ^c の任意の点 (x, y) は Δ^c の内点である．よって，Δ^c は開集合であり，Δ は閉集合である．

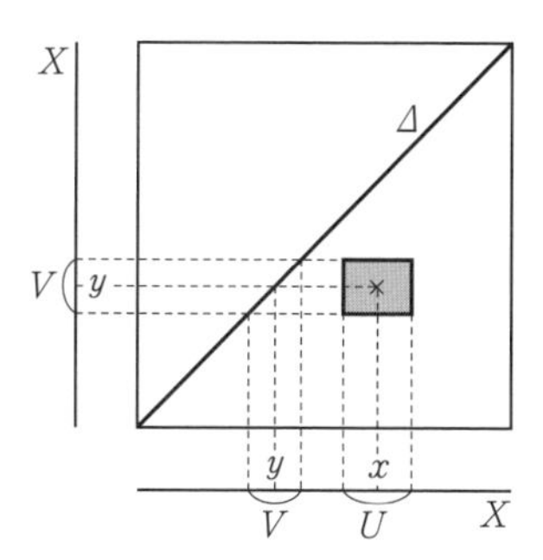

次に，(2) から (3) が導かれることを示そう．X の相異なる 2 点 x, y について，条件 (2) によって，積空間 $(X, \mathcal{O}) \times (X, \mathcal{O})$ において，点 (x, y) は開集合 Δ^c に属する．積位相の定義によって，$\mathcal{O}$-開集合 U, V で $x \in U$, $y \in V$ かつ $U \times V \subset \Delta^c$ となるものが存在する．このとき，V^c は点 x の閉近傍であり，y を含まないことがわかる．従って，点 x の閉近傍すべての共通部分は，x と異なる任意の点 y を含まないので，一点集合 $\{x\}$ に一致する．

最後に，(3) から (1) が導かれることを示そう．X の相異なる 2 点 x, y について，点 x の閉近傍すべての共通部分が，仮定により一点集合 $\{x\}$ であるから，y を含まない x の閉近傍 N が存在する．そこで，$U = N^i$, $V = N^c$ とおけば，U, V は互いに交わらない$\mathcal{O}$-開集合で，$x \in U$ かつ $y \in V$ である．よって，X の相異なる 2 点は常に開集合によって分離される． □

定理 21.2　位相空間 $(X, \mathcal{O})$ について，次の二つの条件は同等である．

(1)　$(X, \mathcal{O})$ は正規空間である．

(2)　$\mathcal{O}$-閉集合 F と $\mathcal{O}$-開集合 G について，$F \subset G$ ならば，$\mathcal{O}$-開集合 U で，$F \subset U$ かつ $\overline{U} \subset G$ となるものが常に存在する．

［**証明**］　まず (1) から (2) が導かれることを示そう．閉集合 F と開集合 G について，$F \subset G$ であるとすれば，G の補集合 G^c と F とは互いに交わらない閉集合である．$(X, \mathcal{O})$ が正規空間であるから，互いに交わらない $\mathcal{O}$-開集合 U, V で $F \subset U$ かつ $G^c \subset V$ となるものが存在する．このとき，$F \subset U \subset V^c \subset G$ であり，V^c は閉集合であるから，$\overline{U} \subset V^c \subset G$ となる．よって，$F \subset U$ かつ $\overline{U} \subset G$ となる．

逆に，(2) から (1) が導かれることを示そう．A, B を互いに交わらない $\mathcal{O}$-閉集合とする．B の補集合 B^c は A を包む開集合であるから，条件 (2) によって，$A \subset U$ かつ $\overline{U} \subset B^c$ となる $\mathcal{O}$-開集合 U が存在する．$\overline{U}$ の補集合を V とすれば，V は U と交わらない $\mathcal{O}$-開集合であり，さらに $B \subset V$ である．よって，条件 (2) を仮定すれば，$(X, \mathcal{O})$ の互いに交わらない二つの閉集合は常に開集合によって分離される． □

定理 21.3　位相空間 $(X, \mathcal{O})$ について，次の二つの条件は同等である．

(1)　$(X, \mathcal{O})$ は正則空間である．

(2)　各点 $x \in X$ について，点 x の閉近傍の全体が基本近傍系となる．

［**証明**］　点 x の近傍系を $\mathfrak{N}(x)$ で表し，閉近傍の全体を $\mathfrak{A}(x)$ で表そう．条件 (2) は，どんな $N \in \mathfrak{N}(x)$ に対しても，ある $M \in \mathfrak{A}(x)$ を選んで $M \subset N$ となるようにできる，ということである．まず (1) から (2) が導かれることを示そう．$N \in \mathfrak{N}(x)$ すなわち $x \in N^i$ とする．N^i の補集合を F とすれば，F は x を含まない閉集合である．$(X, \mathcal{O})$ が正則空間だから，互いに交わらない $\mathcal{O}$-開集合 U, V で $F \subset U$ かつ $x \in V$ となるものが存在する．このとき，$\overline{V} \in \mathfrak{A}(x)$ であり，$\overline{V} \subset N$ となることがわかる．

逆に，(2) から (1) が導かれることを示そう．閉集合 F と F に属さない点 $x \in X$ について，$F^c \in \mathfrak{N}(x)$ であるから，条件 (2) によって，点 x の閉近傍 M で $M \subset F^c$ となるものが存在する．そこで，$U = M^c$，$V = M^i$ とおけば，U, V は互いに交わらな

い $\mathcal{O}$-開集合で，$F \subset U$ かつ $x \in V$ となる．□

問 21.3　f, g を位相空間 $(X, \mathcal{O})$ からハウスドルフ空間 $(X', \mathcal{O}')$ への連続写像とすれば，$A = \{x \in X \mid f(x) = g(x)\}$ は $\mathcal{O}$-閉集合であることを示せ．

問 21.4　位相空間 $(X, \mathcal{O})$ において一点集合が常に閉集合であるとき，$(X, \mathcal{O})$ は **T_1 空間**であるといい，$\mathcal{O}$ は **T_1 位相**であるという．有限集合の上の T_1 位相は常に離散位相であることを示せ．さらに，自然数全体の集合 $\boldsymbol{N}$ について，空集合および有限集合の補集合の全体を $\mathcal{O}$ とすれば，$\mathcal{O}$ は $\boldsymbol{N}$ 上の位相であり，T_1 位相であるが，ハウスドルフの分離公理を満足しないことを示せ．

問 21.5　集合 $X = \{1, 2, 3\}$ の上の位相で，次の条件を満足するものをすべて求めよ．

(1)　正規かつ正則であるが T_1 位相でないもの．

(2)　正規であるが正則でなくかつ T_1 位相でないもの．

問 21.6　有限集合の上の正則な位相について，閉集合は同時に開集合であり，従って，有限正則空間は常に正規空間であることを示せ．

注　文献によっては，正規 T_1 空間を“正規空間”といい，正則 T_1 空間を“正則空間”ということがある．

ウリゾーンの補題と距離化定理

$(X, \mathcal{O})$ を位相空間とし，$f : X \to \boldsymbol{R}$ を（実数値）関数とする．f が位相空間 $(X, \mathcal{O})$ から通常の位相をもった位相空間 $\boldsymbol{R}$ への連続写像であるとき，f を位相空間 $(X, \mathcal{O})$ 上の**実連続関数**という．

定理 21.4（**ウリゾーンの補題**）　$(X, \mathcal{O})$ を正規空間とする．A, B を互いに交わらない空でない $\mathcal{O}$-閉集合とすれば，$(X, \mathcal{O})$ 上の実連続関数 f で，$f(X) \subset [0, 1]$，$f(A) = \{0\}$ かつ $f(B) = \{1\}$ となるものが存在する．

［**証明**］　各自然数 k に対して，$m/2^k$ $(m = 0, 1, \cdots, 2^k)$ の形の有理数全体の集合を $D(k)$ とする．このとき，$D(k) \subset D(k+1)$ が成り立っている．さらに $D = \bigcup_{k=1}^{\infty} D(k)$

とおき，$\mathcal{O}$-開集合系 $(G(t) \mid t \in D)$ で次の二つの条件を満足するものを構成しよう．各自然数 k に対して，

(1-k)：すべての $t \in D(k)$ に対して，$A \subset G(t)$ かつ $G(t)^a \subset B^c$ である．ここに，$G(t)^a$ は $G(t)$ の閉包である．

(2-k)：$s < t$ であるすべての $s, t \in D(k)$ に対して，$G(s)^a \subset G(t)$ である．

閉集合 A, B は互いに交わらないので，$A \subset B^c$ であり，B^c は開集合である．定理 21.2 を組 (A, B^c) に適用すれば，開集合 $G(0)$ で，$A \subset G(0)$，$G(0)^a \subset B^c$ となるものが存在する．次に，組 $(G(0)^a, B^c)$ に定理 21.2 を適用すれば，開集合 $G(1)$ で，$G(0)^a \subset G(1)$，$G(1)^a \subset B^c$ となるものが存在する．さらに組 $(G(0)^a, G(1))$ に対して，開集合 $G\left(\frac{1}{2}\right)$ で，$G(0)^a \subset G\left(\frac{1}{2}\right)$，$G\left(\frac{1}{2}\right)^a \subset G(1)$ となるものが存在する．よって，$k = 1$ に対して，上の二つの条件を満足する開集合系 $\left(G(0), G\left(\frac{1}{2}\right), G(1)\right)$ が存在する．いま開集合系 $(G(t) \mid t \in D(h))$ が条件（1-h），（2-h）を満足しているものと仮定しよう．差集合 $D(h+1) - D(h)$ の元は $(2m-1)/2^{h+1}$ $(m = 1, 2, \cdots, 2^h)$ の形の有理数である．組 $(G((m-1)/2^h)^a, G(m/2^h))$ に対して定理 21.2 を適用すれば，開集合 $G((2m-1)/2^{h+1})$ で，

$$G((m-1)/2^h)^a \subset G((2m-1)/2^{h+1}), \qquad G((2m-1)/2^{h+1})^a \subset G(m/2^h)$$

となるものが存在する．このようにして作った開集合系 $(G(t) \mid t \in D(h+1))$ は $k = h+1$ に対して上の二つの条件を満足している．よって，数学的帰納法により，各自然数 k に対して条件（1-k），（2-k）を満足するような開集合系 $(G(t) \mid t \in D)$ が構成できた．

実数値関数 $f : X \to \boldsymbol{R}$ を次のように定義しよう．$G = \bigcup(G(t) \mid t \in D)$ とおき，$x \notin G$ のときには $f(x) = 1$，$x \in G$ のときには

$$f(x) = \inf\{t \in D \mid x \in G(t)\}$$

と定義する．明らかに $f(X) \subset [0, 1]$ であり，$A \subset G(0)$ だから $f(A) = \{0\}$ であり，$B \cap G = \emptyset$ だから $f(B) = \{1\}$ となる．

最後に，f が位相空間 $(X, \mathcal{O})$ 上の実連続関数であることを示そう．各実数 α に対して，X の部分集合を

$$L_\alpha = \{x \in X \mid f(x) < \alpha\}, \qquad R_\alpha = \{x \in X \mid f(x) > \alpha\}$$

と定義する．すべての L_α, R_α が $\mathcal{O}$-開集合であることを示せば，f は $(X, \mathcal{O})$ 上の実連続関数であることがわかる．f の定義から，$\alpha \leqq 0$ ならば $L_\alpha = \emptyset$，$\alpha > 1$ ならば

$L_\alpha = X$，$\alpha \geqq 1$ ならば $R_\alpha = \emptyset$，$\alpha < 0$ ならば $R_\alpha = X$ であることがわかる．

次に

$$L_\alpha = \bigcup_{t<\alpha} G(t),\ (0 < \alpha \leqq 1)\ ; \qquad R_\alpha = \Big(\bigcap_{t>\alpha} G(t)^a\Big)^c,\ (0 \leqq \alpha < 1)$$

が成り立つことを示そう．この等式の右辺の集合を，それぞれ L_α', R_α' で表そう．この二つの等式が成り立てば，すべての L_α, R_α が $\mathcal{O}$-開集合になる．$0 < \alpha \leqq 1$ とする．$x \in L_\alpha$ とすれば，$0 \leqq f(x) < \alpha \leqq 1$ であるから，$f(x) < t < \alpha$ となる $t \in D$ が存在する．開集合系 $(G(t) \mid t \in D)$ の性質と f の定義から，$x \in G(t)$ となる．よって，$L_\alpha \subset L_\alpha'$ である．逆に，$x \in L_\alpha'$ とすれば，$x \in G(t)$ かつ $t < \alpha$ となる $t \in D$ が存在する．ゆえに，$f(x) \leqq t < \alpha$ となり，$x \in L_\alpha$ である．よって，$L_\alpha' \subset L_\alpha$ である．結局，$0 < \alpha \leqq 1$ のとき，$L_\alpha = L_\alpha'$ となる．

次に，$0 \leqq \alpha < 1$ とする．$x \in R_\alpha$ とすれば，$0 \leqq \alpha < f(x) \leqq 1$ であるから，$\alpha < s < t < f(x)$ となる $s, t \in D$ が存在し，f の定義から $x \notin G(t)$ となる．$G(s)^a \subset G(t)$ であるから，$x \notin G(s)^a$ となる．よって，$R_\alpha \subset R_\alpha'$ である．逆に，$x \in R_\alpha'$ とすれば，$x \notin G(t)^a$ かつ $t > \alpha$ となる $t \in D$ が存在する．ゆえに，$f(x) \geqq t > \alpha$ となり，$x \in R_\alpha$ である．よって，$R_\alpha' \subset R_\alpha$ である．結局，$0 \leqq \alpha < 1$ のとき，$R_\alpha = R_\alpha'$ となる．□

注　上述した開集合系 $(G(t) \mid t \in D)$ の構成方法は，若干確定性に欠けるところがあることに気付かれたことであろう．この点を厳密にするには，選択公理を適用して，次のように述べればよい．すなわち，正規空間 $(X, \mathcal{O})$ における閉集合 F と開集合 G で，$F \subset G$ となるものの組 (F, G) の全体を Λ とする．Λ の各元 (F, G) に対して，$\mathcal{O}$ の部分集合 $\mathcal{O}_{(F,G)}$ を

$$\mathcal{O}_{(F,G)} = \{O \in \mathcal{O} \mid F \subset O,\ O^a \subset G\}$$

と定義する．定理 21.2 によって，各 $\mathcal{O}_{(F,G)}$ は空集合でない．集合系 $(\mathcal{O}_{(F,G)} \mid (F, G) \in \Lambda)$ に対する選択関数の一つを $\Phi : \Lambda \to \mathcal{O}$ とする．すなわち，$(F, G) \in \Lambda$ に対して，$O = \Phi((F, G))$ とおけば，$F \subset O$，$O^a \subset G$ が成り立つものである．そこで

$$G((2m-1)/2^{h+1}) = \Phi((G((m-1)/2^h)^a,\ G(m/2^h)))$$

と定義して，帰納的に $G(t)$ $(t \in D)$ を定めればよいのである．

定理 21.5* （**ウリゾーンの距離化定理**）　第2可算公理を満足する正規ハウスドルフ空間は距離化可能である．

［**証明**］　$(X, \mathcal{O})$ を正規ハウスドルフ空間とし，$\mathcal{B}$ を位相 $\mathcal{O}$ の可算開基とする．$\mathcal{B}$ に属する開集合 U, V で $U^a \subset V$ となるものの組 (U, V) 全体の集合 M は可算集合である．この集合を $M = \{(U_n, V_n) \mid n \in \boldsymbol{N}\}$ とする．各組 $(U_n, V_n) \in M$ に対して，位相空間 $(X, \mathcal{O})$ 上の実連続関数 f_n で，$f_n(X) \subset [0, 1]$，$f_n(U_n{}^a) = \{0\}$，$f_n(V_n{}^c) = \{1\}$ となるものを一つ定めておく．このような f_n の存在はウリゾーンの補題によって保証されている．実連続関数列 $(f_n \mid n \in \boldsymbol{N})$ を用いて，集合 X 上の距離関数 d を次のように定義する．

$$d(x, y) = \sum_{n=1}^{\infty} \frac{|f_n(x) - f_n(y)|}{2^n} \qquad (x, y \in X)$$

常に $|f_n(x) - f_n(y)| \leqq 1$ であるから，右辺の級数が収束し，$0 \leqq d(x, y) \leqq 1$ となる．d が集合 X 上の距離関数であることを確かめるためには，$x \neq y$ ならば $d(x, y) > 0$ であることを示せば十分であろう．$(X, \mathcal{O})$ は正規ハウスドルフ空間であるから，正則空間である．従って，$x \neq y$ ならば，ある組 $(U_n, V_n) \in M$ に対して，$x \in U_n$ かつ $y \notin V_n$ となり，$f_n(x) = 0$ かつ $f_n(y) = 1$ となる．よって，$d(x, y) \geqq 2^{-n} > 0$ となる．

距離関数 d から定まる X 上の距離位相を $\mathcal{O}_d$ とする．$\mathcal{O} = \mathcal{O}_d$ となることを証明しよう．まず，$\mathcal{O} \subset \mathcal{O}_d$ であることを示そう．W を $\mathcal{O}$-開集合とし，$x \in W$ とする．$(X, \mathcal{O})$ が正則空間であるから，ある組 $(U_n, V_n) \in M$ に対して，$x \in U_n$ かつ $V_n \subset W$ となる．距離空間 (X, d) における点 x の 2^{-n}-近傍 $N(x\,;\,2^{-n})$ について，$y \in N(x\,;\,2^{-n})$ とすれば，$d(x, y) < 2^{-n}$ だから，$|f_n(x) - f_n(y)| < 1$ となる．一方，$x \in U_n$ より $f_n(x) = 0$ である．よって，$f_n(y) < 1$ となり，$y \in V_n$ である．ゆえに，$N(x\,;\,2^{-n}) \subset V_n$ となり，$N(x\,;\,2^{-n}) \subset W$ である．結局，$\mathcal{O}$-開集合 W の各点が，距離空間 (X, d) において W の内点であることがわかった．従って，W は $\mathcal{O}_d$-開集合である．よって，$\mathcal{O} \subset \mathcal{O}_d$ が成り立つ．

次に，$\mathcal{O}_d \subset \mathcal{O}$ であることを示そう．そのためには，距離空間 (X, d) における点 x の ε-近傍 $N(x\,;\,\varepsilon)$ が常に位相空間 $(X, \mathcal{O})$ における点 x の近傍であることを示せば十分であろう．自然数 k を

$$\sum_{n>k} \frac{1}{2^n} < \frac{\varepsilon}{2}$$

となるように選んでおく．各自然数 n に対して

$$W_n(x) = \{y \in X \mid |f_n(x) - f_n(y)| < \varepsilon/2k\}$$

と定義すれば，f_n が $(X, \mathcal{O})$ 上の実連続関数であるから，$W_n(x)$ は位相空間 $(X, \mathcal{O})$ における点 x の開近傍である．従って，$W(x) = \bigcap_{1 \leq n \leq k} W_n(x)$ もまた $(X, \mathcal{O})$ における点 x の開近傍である．$y \in W(x)$ とすれば，

$$d(x, y) = \sum_{n=1}^{k} \frac{|f_n(x) - f_n(y)|}{2^n} + \sum_{n=k+1}^{\infty} \frac{|f_n(x) - f_n(y)|}{2^n} < k \cdot \frac{\varepsilon}{2k} + \frac{\varepsilon}{2} = \varepsilon$$

となり，$W(x) \subset N(x\,;\varepsilon)$ である．従って，$N(x\,;\varepsilon)$ は $(X, \mathcal{O})$ における点 x の近傍である．よって，$\mathcal{O}_d \subset \mathcal{O}$ が成り立つ．結局，$\mathcal{O} = \mathcal{O}_d$ となり，位相 $\mathcal{O}$ は距離化可能であることがわかった．□

問 21.7　第2可算公理を満足する正則空間は正規空間であることを，次の順序で証明せよ．

(i)　A, B を互いに交わらない閉集合とすれば，開集合系 $(U_n \mid n \in \boldsymbol{N})$，$(V_n \mid n \in \boldsymbol{N})$ で，$A \subset \bigcup_{n=1}^{\infty} U_n$ かつ $B \subset \bigcup_{n=1}^{\infty} V_n$ であり，さらに $U_n{}^a \cap B = \varnothing$ $(n \in \boldsymbol{N})$ かつ $V_n{}^a \cap A = \varnothing$ $(n \in \boldsymbol{N})$ となるものが存在する．

(ii)　$U_n' = U_n - \bigcup_{k=1}^{n} V_k{}^a$,　$V_n' = V_n - \bigcup_{k=1}^{n} U_k{}^a$,　$U = \bigcup_{n=1}^{\infty} U_n'$,　$V = \bigcup_{n=1}^{\infty} V_n'$
とおけば，U と V は互いに交わらない開集合で，$A \subset U$ かつ $B \subset V$ である．

問 21.8　自然数全体の集合 $\boldsymbol{N}$ に，問 21.4 で定義した位相 $\mathcal{O}$ を与えておく．自然数列 $\mathscr{S} = (x_n \mid n \in \boldsymbol{N})$ が $x_n \geqq n$ $(n \in \boldsymbol{N})$ を満足するものとすれば，$\mathscr{S}$ は位相空間 $(\boldsymbol{N}, \mathcal{O})$ のすべての点に収束することを示せ．さらに，ハウスドルフ空間においては，収束する点列の極限点は1点のみであることを示せ．

§22.　コンパクト性

集合 X と部分集合 A に対して，X の**部分集合族**（すなわち，X の巾集合 $\mathfrak{P}(X)$ の部分集合）$\mathfrak{S}$ は，$A \subset \bigcup \mathfrak{S}$ であるとき，A を**被覆する**といい，$\mathfrak{S}$ は A の**被覆**であるともいう．A の被覆 $\mathfrak{S}$ の部分集合 $\mathfrak{S}'$ に対しても $A \subset \bigcup \mathfrak{S}'$ であるとき，$\mathfrak{S}'$ を $\mathfrak{S}$ の**部分被覆**といい，$\mathfrak{S}$ は部分被覆 $\mathfrak{S}'$ をもつという．

とくに，位相空間 $(X, \mathcal{O})$ と X の部分集合 A に対して，位相 $\mathcal{O}$ の部分集合 $\mathfrak{G}$ が A を被覆するとき，$\mathfrak{G}$ を A の**開被覆**という．位相空間 $(X, \mathcal{O})$ の部分集合 A は，任意の開被覆が有限な部分被覆をもつとき，すなわち，A の任意の開被覆 $\mathfrak{G}$ に対して，$\mathfrak{G}$ に属する有限個の開集合 $O_1, \cdots, O_n$ を選んで

$$A \subset O_1 \cup \cdots \cup O_n$$

となるようにできるとき，**コンパクト集合**といい，A は**コンパクト**であるという．位相空間 $(X, \mathcal{O})$ について，X 自身がコンパクト集合であるとき，$(X, \mathcal{O})$ を**コンパクト空間**といい，位相空間 $(X, \mathcal{O})$ はコンパクトであるという．

例 22.1　位相空間の有限部分集合は常にコンパクトであり，離散空間がコンパクトであるのは有限集合のときに限る．

例 22.2　有限個のコンパクト部分集合の和集合はコンパクトである．なぜなら，$(X, \mathcal{O})$ を位相空間とし，$A_1, \cdots, A_r$ をコンパクト部分集合，$\mathfrak{G}$ を和集合 $A = A_1 \cup \cdots \cup A_r$ の開被覆とすれば，$\mathfrak{G}$ は各 A_i の開被覆であり，A_i がコンパクトだから，$\mathfrak{G}$ は A_i に対する有限部分被覆 $\mathfrak{G}_i$ をもち，$\mathfrak{G}_1 \cup \cdots \cup \mathfrak{G}_r$ は和集合 A に対する $\mathfrak{G}$ の有限部分被覆となるからである．

問 22.1　$(X, \mathcal{O})$ を位相空間とし，A を X の部分集合，$\mathcal{O}_A$ を A 上の相対位相とする．A が位相空間 $(X, \mathcal{O})$ の部分集合としてコンパクトである必要十分条件は，部分空間 $(A, \mathcal{O}_A)$ がコンパクト空間であること，を示せ．

例 22.3　(X, d) を距離空間とする．X の部分集合 A について，

$$\delta(A) = \sup\{d(x, y) \mid x, y \in A\}$$

を集合 A の**直径**という．集合 A の直径が有限な値であるとき，集合 A は**有界**であるという．

d によって定まる距離位相を $\mathcal{O}_d$ とすれば，位相空間 $(X, \mathcal{O}_d)$ のコンパクト集合は，距離空間 (X, d) において有界な閉集合であることを示そう．X の 1 点 x を固定し，開集合系 $(N(x\,;\,r) \mid r \in \boldsymbol{N})$ を考えよう．この開集合系 $\mathfrak{G}_1$ は X の任意の部分集合の開被覆であり，X の部分集合 A に対して，$\mathfrak{G}_1$ が有限な部分

被覆をもてば，$A \subset N(x\,;\,r)$ となる自然数 r が存在し，A は有界になる．従って，$(X, \mathcal{O}_d)$ のコンパクト集合は，(X, d) において有界であることがわかった．

次に，$(X, \mathcal{O}_d)$ のコンパクト集合 A は閉集合であることを示そう．X の１点 y に対して，開集合系

$$\mathfrak{G}_2 = (N(y\,;\,n^{-1})^{ac} \mid n \in \boldsymbol{N})$$

を考えよう．ここに，$N(y\,;\,n^{-1})^{ac}$ は点 y の n^{-1}–近傍の閉包の補集合を表している．$y \notin A$ であれば $\mathfrak{G}_2$ は A の開被覆であり，A がコンパクトだから

$$A \cap N(y\,;\,n^{-1})^{a} = \emptyset$$

となる自然数 n が存在し，$y \notin A^a$ となる．よって，位相空間 $(X, \mathcal{O}_d)$ のコンパクト集合は閉集合であることもわかった．

定理 22.1（**ハイネ－ボレルの被覆定理**）　通常の位相に関して，$\boldsymbol{R}$ の任意の閉区間 $[a, b]$ はコンパクトである．

［**証明**］　$\mathfrak{G}$ を区間 $[a, b]$ の開被覆とし，$\mathfrak{G}$ が有限な部分被覆をもたないものと仮定しよう．このとき，閉区間

$$\left[a, \frac{a+b}{2}\right], \qquad \left[\frac{a+b}{2}, b\right]$$

の中の少なくとも一方は $\mathfrak{G}$ に属する有限個の開集合によって被覆できない．その閉区間を $[a_1, b_1]$ とする．同様に，閉区間

$$\left[a_1, \frac{a_1+b_1}{2}\right], \qquad \left[\frac{a_1+b_1}{2}, b_1\right]$$

の中の少なくとも一方は $\mathfrak{G}$ に属する有限個の開集合によって被覆できない．その閉区間を $[a_2, b_2]$ とする．以下同様にして，$\mathfrak{G}$ に属する有限個の開集合によって被覆できない閉区間 $[a_n, b_n]$ を２等分して，閉区間 $[a_{n+1}, b_{n+1}]$ を選ぶことができる．もし，$[a_n, b_n]$ を２等分した閉区間の両者ともに $\mathfrak{G}$ に属する有限個の開集合によって被覆できないときには，常に a_n を含む閉区間を $[a_{n+1}, b_{n+1}]$ とするように決めておけば，このような操作を続けることによって，閉区間の列

$$[a, b] \supset [a_1, b_1] \supset \cdots \supset [a_n, b_n] \supset [a_{n+1}, b_{n+1}] \supset \cdots\cdots$$

を一つ定めることができる．作り方から，$b_n - a_n = 2^{-n}(b-a)$ である．ゆえに，カ

ントールの区間縮小定理（付録参照）によって，すべての閉区間 $[a_n, b_n]$ に共通に含まれるただ一つの実数 c が存在する．

さて，$\mathfrak{G}$ が閉区間 $[a, b]$ の開被覆であるから，$\mathfrak{G}$ に属する開集合 O で c を含むものが存在する．このとき，正の実数 ε で，

$$(c-\varepsilon, c+\varepsilon) \subset O$$

となるものが存在する．$\lim_{n\to\infty} a_n = \lim_{n\to\infty} b_n = c$ であるから，十分大きい自然数 n に対して

$$[a_n, b_n] \subset (c-\varepsilon, c+\varepsilon)$$

となることがわかる．よって，この閉区間 $[a_n, b_n]$ は $\mathfrak{G}$ に属するただ一つの開集合 O により被覆されることになり，閉区間 $[a_n, b_n]$ の作り方に矛盾する．従って，閉区間 $[a, b]$ の任意の開被覆は有限な部分被覆をもつことになり，閉区間 $[a, b]$ はコンパクトであることがわかった．□

定理 22.2 コンパクト空間の閉集合は常にコンパクトである．

［**証明**］ $(X, \mathcal{O})$ をコンパクト空間とし，A を閉集合とする．$\mathfrak{G}$ を A の開被覆とし，$\mathfrak{G}^* = \mathfrak{G} \cup \{A^c\}$ とおけば，$\mathfrak{G}^*$ は X の開被覆である．X がコンパクトであるから，$\mathfrak{G}$ に属する有限個の開集合 $O_1, \cdots, O_n$ および A^c によって，X を被覆できる．このとき，A は $O_1, \cdots, O_n$ によって被覆されるので，A の任意の開被覆が有限な部分被覆をもつことがわかった．□

定理 22.3 f を位相空間 $(X, \mathcal{O})$ から位相空間 $(X', \mathcal{O}')$ への連続写像とする．A を位相空間 $(X, \mathcal{O})$ のコンパクト集合とすれば，像 $f(A)$ は位相空間 $(X', \mathcal{O}')$ のコンパクト集合である．

［**証明**］ $\mathfrak{G}$ を $f(A)$ の開被覆とすれば，$\mathfrak{G}_1 = \{f^{-1}(O) \mid O \in \mathfrak{G}\}$ は A の開被覆である．A がコンパクト集合だから，$\mathfrak{G}_1$ に属する有限個の開集合 $f^{-1}(O_1), \cdots, f^{-1}(O_n)$ によって A が被覆できる．すなわち

$$A \subset f^{-1}(O_1) \cup \cdots \cup f^{-1}(O_n) \qquad (O_i \in \mathfrak{G})$$

が成り立つ．ゆえに

$$f(A) \subset f(f^{-1}(O_1)) \cup \cdots \cup f(f^{-1}(O_n)) \subset O_1 \cup \cdots \cup O_n \qquad (O_i \in \mathfrak{G})$$

が成り立ち，$f(A)$ は $\mathfrak{G}$ に属する有限個の開集合によって被覆できる．よって，$f(A)$

もコンパクトである．□

系　コンパクト空間上の実連続関数は常に最大値と最小値をもつ．

［**証明**］　f をコンパクト空間 $(X, \mathcal{O})$ 上の実連続関数とする．定理 22.3 によって，像 $f(X)$ は，通常の位相に関する $\boldsymbol{R}$ のコンパクト集合であり，例 22.3 によって，$f(X)$ は有界な閉集合である．従って，実数

$$\alpha = \inf f(X), \qquad \beta = \sup f(X)$$

が定まり，ともに閉集合 $f(X)$ に属する．よって，X の点 a, b で $\alpha = f(a)$，$\beta = f(b)$ となるものが存在し，各点 $x \in X$ に対して

$$f(a) = \alpha \leqq f(x) \leqq \beta = f(b)$$

が成り立つ．ゆえに，$\alpha = f(a)$ は f の最小値，$\beta = f(b)$ は f の最大値である．□

注　定理 22.3 によれば，ある位相空間がコンパクトであれば，それと同相な位相空間は常にコンパクトである．このように，位相空間についての性質で，ある位相空間がその性質をもてば，それと同相な位相空間は常にその性質をもつとき，この性質を**位相的性質**という．コンパクト性や，§21 で述べた分離公理などは，いずれも位相的性質である．

問 22.2　通常の位相をもった $\boldsymbol{R}$ の部分空間として，開区間 (a, b) と閉区間 $[a, b]$ とは同相でないことを示せ．

問 22.3　(X, d) を距離空間とし，d から定まる距離位相を $\mathcal{O}_d$ とする．位相空間 $(X, \mathcal{O}_d)$ において，A をコンパクト集合，B を閉集合とし，互いに交わらないものとすれば，$d(A, B) > 0$ となることを示せ（問 14.3 と比較せよ）．

コンパクトハウスドルフ空間

定理 22.4　ハウスドルフ空間 $(X, \mathcal{O})$ において，コンパクト集合 A と A に属さない X の点 x とは常に開集合によって分離される．

［**証明**］　$(X, \mathcal{O})$ がハウスドルフ空間だから，A の各点 a と点 x とは開集合によって分離される．よって，$\mathcal{O}$-開集合 O で，$a \in O$ かつ $x \notin \overline{O}$ となるものが存在する．従って

$$\mathfrak{G} = \{O \in \mathcal{O} \mid x \notin \overline{O}\}$$

は A の開被覆である．A がコンパクトだから，$\mathfrak{G}$ に属する有限個の開集合 $O_1, \cdots, O_n$ を選んで

$$A \subset O_1 \cup \cdots \cup O_n$$

となるようにできる．$V = O_1 \cup \cdots \cup O_n$ とおけば，$\overline{V} = \overline{O}_1 \cup \cdots \cup \overline{O}_n$ であり，各 O_i が $\mathfrak{G}$ に属すので，$x \notin \overline{V}$ となる．$U = X - \overline{V}$ とおけば，U と V とは互いに交わらない開集合で，$x \in U$ かつ $A \subset V$ である．従って，コンパクト集合 A と A に属さない X の点 x とは開集合によって分離される．□

系 1.　ハウスドルフ空間のコンパクト集合は閉集合である．

［**証明**］　A をハウスドルフ空間 $(X, \mathcal{O})$ のコンパクト集合とする．定理 22.4 によって，A の補集合 A^c の各点 x に対して，A と x とは開集合によって分離できるので，とくに点 x は A と交わらない開近傍をもつことになる．よって，点 x は A^c の内点である．従って，A^c は開集合であり，A は閉集合である．□

系 2.　コンパクト空間からハウスドルフ空間への全単射連続写像は同相写像である．

［**証明**］　この写像 f が閉写像であることを示せばよい．コンパクト空間の閉集合 A は，定理 22.2 によって，コンパクト集合であり，その連続写像 f による像 $f(A)$ は，定理 22.3 によって，コンパクト集合である．集合 $f(A)$ はハウスドルフ空間におけるコンパクト集合だから，系 1 によって，閉集合である．よって，f は閉写像である．□

定理 22.5　ハウスドルフ空間において，互いに交わらない二つのコンパクト集合は開集合によって分離される．

［**証明**］　A, B をハウスドルフ空間 $(X, \mathcal{O})$ における互いに交わらないコンパクト集合とする．定理 22.4 によって，集合 A と B の点 b とは開集合によって分離されるので，

$$\mathfrak{G} = \{O \in \mathcal{O} \mid \overline{O} \cap A = \emptyset\}$$

は B の開被覆となることがわかる．B がコンパクトだから，$\mathfrak{G}$ に属する有限個の開集合 $O_1, \cdots, O_r$ を選んで

$$B \subset O_1 \cup \cdots \cup O_r$$

となるようにできる．$V = O_1 \cup \cdots \cup O_r$ とおけば，各 O_i が $\mathfrak{G}$ に属するので，$\overline{V} \cap A = \emptyset$ となることがわかる．そこで，$U = X - \overline{V}$ とおけば，U と V とは互いに交わらない開集合で，$A \subset U$ かつ $B \subset V$ である．□

系　コンパクトハウスドルフ空間は正規空間である．

注　定理22.4および定理22.5の証明には選択公理を使わない．あたかも選択公理を使わざるを得ないのかと思わせる証明が，多くの入門書において採用されているが，読者のために残念なことだと思う．

例 22.4　(X, d) をコンパクトな距離空間とする．すなわち，d から定まる距離位相を $\mathcal{O}_d$ とするとき，位相空間 $(X, \mathcal{O}_d)$ がコンパクト空間であるものとする．X の開被覆 $\mathfrak{G}$ に対して，次の性質“直径が δ より小さい X の部分集合は常に $\mathfrak{G}$ に属するある開集合に包まれる”を満足する正の実数 δ（開被覆 $\mathfrak{G}$ の**ルベーグ数**という）が存在することを示そう．$\mathfrak{G}$ がコンパクト空間 $(X, \mathcal{O}_d)$ の開被覆であるから，$\mathfrak{G}$ に属する有限個の開集合 $O_1, \cdots, O_n$ を選んで

$$X = O_1 \cup \cdots \cup O_n$$

となるようにできる．$(X, \mathcal{O}_d)$ 上の実連続関数 $f_1, \cdots, f_n$ を

$$f_i(x) = d(x, O_i{}^c) \qquad (i = 1, \cdots, n)$$

と定義し，さらに

$$f(x) = f_1(x) + \cdots + f_n(x) \qquad (x \in X)$$

によって，$(X, \mathcal{O}_d)$ 上の実連続関数 f を定義しよう．各 $f_i(x)$ は負の値をとらず，$X = O_1 \cup \cdots \cup O_n$ だから，各点 x に対して，$x \in O_i$ となる番号 i が存在し，$f_i(x) > 0$ となる．よって，$f(x) > 0$ $(x \in X)$ である．f はコンパクト空間上の実連続関数であるから，最小値 $\varepsilon > 0$ をもつ．

正の実数 $\delta = \varepsilon/n$ が求めるものであることを示そう．X の部分集合 A の直径が δ より小さいと仮定し，1点 $a \in A$ を任意に選んでおく．

$$f_1(a) + \cdots + f_n(a) = f(a) \geqq \varepsilon = n\delta$$

だから，$f_i(a) \geqq \delta$ となる番号 i が在在する．この番号 i に対して，

$$A \subset N(a\,;\,\delta) \subset O_i$$

が成り立つ．

§23. 有限交叉性とチコノフの定理

一般の積空間のコンパクト性に関するチコノフの定理は位相空間論において重要な定理の一つである．この定理の特別な場合について，一般の場合の証明とは別に，選択公理を使わない証明を与えることから始めよう．

定理 23.1　$(X_1, \mathcal{O}_1)$ および $(X_2, \mathcal{O}_2)$ をコンパクト空間とすれば，積空間 $(X_1, \mathcal{O}_1) \times (X_2, \mathcal{O}_2)$ もコンパクト空間である．

［**証明**］　直積 $X_1 \times X_2$ の開被覆 $\mathfrak{G}$ を任意に与える．$\mathfrak{G}$ が有限な部分被覆をもつことを示したい．$\mathcal{O}_1$-開集合 O で，直積 $O \times X_2$ が $\mathfrak{G}$ に属する有限個の開集合によって被覆されるようなものの全体を $\mathfrak{G}_1$ とする．$\mathfrak{G}_1$ が X_1 の開被覆になることを示そう．

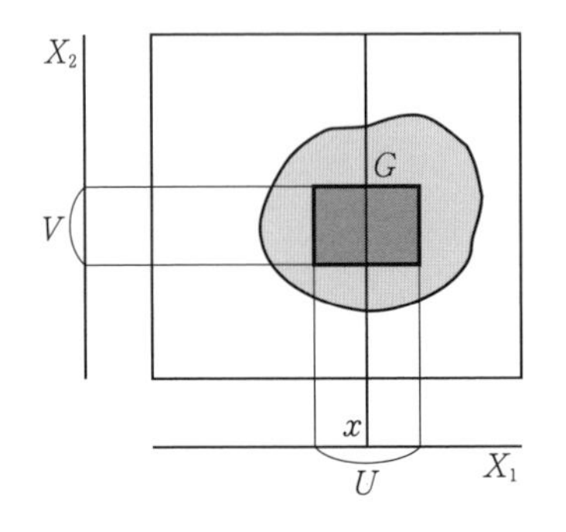

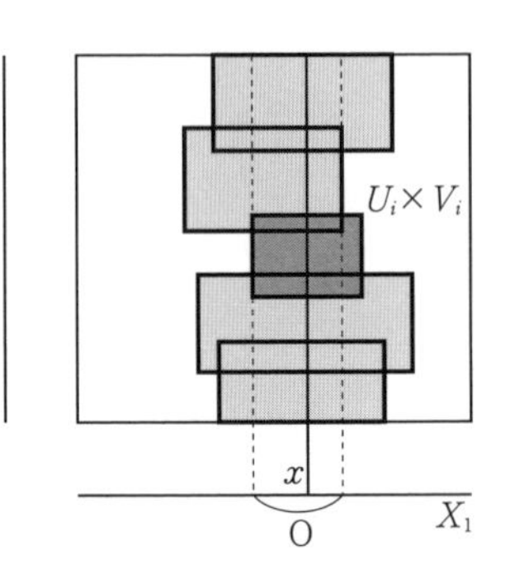

X_1 の点 x に対して，$\mathcal{O}_2$-開集合 V で，点 x のある $\mathcal{O}_1$-開近傍 U との直積 $U \times V$ が $\mathfrak{G}$ に属するある開集合 G に包まれるようなものの全体を $\mathfrak{G}(x)$ とする．積位相 $\mathcal{O}_1 ※ \mathcal{O}_2$ の定義および $\mathfrak{G}$ が直積 $X_1 \times X_2$ の開被覆であることから，$\mathfrak{G}(x)$ は X_2 の開被覆になっている．$(X_2, \mathcal{O}_2)$ がコンパクト空間であるから，$\mathfrak{G}(x)$ に属する有限個の開集合 $V_1, \cdots, V_m$ を選んで，

$$X_2 = V_1 \cup \cdots \cup V_m$$

となるようにできる．$\mathfrak{G}(x)$ の定義によって，点 x の $\mathcal{O}_1$-開近傍 $U_1, \cdots, U_m$ と $\mathfrak{G}$ に属する開集合 $G_1, \cdots, G_m$ を選んで，

$$U_i \times V_i \subset G_i \qquad (i = 1, \cdots, m)$$

となるようにできる．そこで，$O = U_1 \cap \cdots \cap U_m$ とおけば，O は点 x の開近傍で，直積 $O \times X_2$ は $G_1, \cdots, G_m$ によって被覆できる．従って，このようにして定義された点 x の $\mathcal{O}_1$-開近傍 O は，先に定義した $\mathfrak{G}_1$ に属することになり，$\mathfrak{G}_1$ は X_1 の開被覆となることがわかった．$(X_1, \mathcal{O}_1)$ もコンパクト空間であるから，$\mathcal{O}_1$ に属する有限個の開集合 $O_1, \cdots, O_n$ を選んで，

$$X_1 = O_1 \cup \cdots \cup O_n$$

となるようにできる．各番号 i に対して，直積 $O_i \times X_2$ は $\mathfrak{G}$ に属する有限個の開集合によって被覆されるので，その和集合

$$X_1 \times X_2 = \bigcup_{i=1}^{n} (O_i \times X_2)$$

もまた $\mathfrak{G}$ に属する有限個の開集合によって被覆されることになる．よって，二つのコンパクト空間の積空間はコンパクト空間である．□

問 23. 1　$(X_i, \mathcal{O}_i)$ $(i = 1, 2)$ を位相空間とし，K_i を $(X_i, \mathcal{O}_i)$ のコンパクト集合とする．積空間 $(X_1, \mathcal{O}_1) \times (X_2, \mathcal{O}_2)$ の開集合 W について，$K_1 \times K_2 \subset W$ が成り立つならば，$\mathcal{O}_i$-開集合 G_i で，$K_1 \subset G_1$，$K_2 \subset G_2$ かつ $G_1 \times G_2 \subset W$ となるものが存在することを示せ．

例 23. 1　通常の位相をもった $\boldsymbol{R}^n$ の部分集合 A について，A がコンパクトである必要十分条件は A が有界閉集合であること，を示そう．例 22. 3 によって，A がコンパクトであれば有界閉集合であることがわかっている．逆に，$\boldsymbol{R}^n$ の有界閉集合 A はコンパクトであることを示そう．A が有界だから，原点を中心とし，半径 r の開球体 $B_n(0\,;\,r)$ を考えると，ある正の実数 r に対して，$A \subset B_n(0\,;\,r)$ となる．閉区間 $[-r, r]$ を I とおけば，n 個の直積 I^n について，

$$A \subset B_n(0\,;\,r) \subset I^n$$

となる．ハイネ－ボレルの被覆定理によって，通常の位相に関して，閉区間 I は $\boldsymbol{R}$ の部分空間としてコンパクト空間であり，その n 個の積空間 I^n は，定理 23. 1 をくり返し使うことによって，コンパクト空間であることがわかる．A

はコンパクト空間 I^n の閉集合であるから，コンパクト集合である．

有限交叉性

集合 X の部分集合族 $\mathfrak{A}$ は，$\mathfrak{A}$ に属する有限個の集合 $A_1, \cdots, A_n$ について，常に $A_1 \cap \cdots \cap A_n \neq \emptyset$ であるとき，**有限交叉性**をもつという．

例 23.2 $\mathfrak{A}$ をある集合の部分集合族で，$\mathfrak{A}$ に属する集合はすべて有限集合であるものとする．$\mathfrak{A}$ が有限交叉性をもてば，$\bigcap\mathfrak{A} \neq \emptyset$ となることを示そう．$\mathfrak{A}$ に属する集合 $A = \{a_1, \cdots, a_n\}$ を一つ選んでおく．もし $\bigcap\mathfrak{A} = \emptyset$ とすれば，$\mathfrak{A}$ に属する集合 A_i で，$a_i \notin A_i$ となるものが存在するので

$$A \cap A_1 \cap \cdots \cap A_n = \emptyset$$

となり，$\mathfrak{A}$ が有限交叉性をもつことに矛盾する．よって，$\mathfrak{A}$ が有限交叉性をもてば，$\bigcap\mathfrak{A} \neq \emptyset$ となる．

定理 23.2 位相空間 $(X, \mathcal{O})$ について，次の二つの条件は同等である．

(1) 位相空間 $(X, \mathcal{O})$ はコンパクトである．

(2) $(X, \mathcal{O})$ の閉集合の族 $\mathfrak{A}$ が有限交叉性をもてば，常に $\bigcap\mathfrak{A} \neq \emptyset$ である．

［**証明**］ まず (1) から (2) が導かれることを示そう．位相空間 $(X, \mathcal{O})$ の閉集合の族 $\mathfrak{A}$ に対して，開集合の族 $\mathfrak{A}^c$ を

$$\mathfrak{A}^c = \{F^c \mid F \in \mathfrak{A}\}$$

によって定義しよう．もし $\bigcap\mathfrak{A} = \emptyset$ であれば，ド・モルガンの法則によって，$\mathfrak{A}^c$ は X の開被覆になる．$(X, \mathcal{O})$ がコンパクト空間だから，$\mathfrak{A}^c$ に属する有限個の開集合 ${F_1}^c, \cdots, {F_n}^c$ を選んで

$$X = {F_1}^c \cup \cdots \cup {F_n}^c \qquad (F_i \in \mathfrak{A})$$

となるようにできる．再びド・モルガンの法則を使えば，

$$F_1 \cap \cdots \cap F_n = \emptyset$$

となる．よって，$\mathfrak{A}$ が有限交叉性をもてば，$\bigcap\mathfrak{A} \neq \emptyset$ となることがわかった．

逆に，(2) から (1) が導かれることを示そう．$(X, \mathcal{O})$ の開集合の族 $\mathfrak{G}$ に対して，閉集合の族 $\mathfrak{G}^c$ を

$$\mathfrak{G}^c = \{O^c \mid O \in \mathfrak{G}\}$$

によって定義しよう．$\mathfrak{G}$ が X の開被覆であれば，ド・モルガンの法則によって，$\bigcap(\mathfrak{G}^c) = \emptyset$ となる．従って，条件 (2) の対偶を考えることにより，$\mathfrak{G}^c$ に属する有限個の閉集合 $O_1{}^c, \cdots, O_m{}^c$ を選んで

$$O_1{}^c \cap \cdots \cap O_m{}^c = \emptyset \qquad (O_j \in \mathfrak{G})$$

となるようにできる．再びド・モルガンの法則を使えば，

$$X = O_1 \cup \cdots \cup O_m$$

となる．よって，X の任意の開被覆 $\mathfrak{G}$ は有限な部分被覆をもつ． □

チコノフの定理

定理 23.3* **（チコノフの定理）**　位相空間系 $((X_\lambda, \mathcal{O}_\lambda) \mid \lambda \in \Lambda)$ の積空間を $(Y, \mathcal{O})$ とする．すべての因子空間 $(X_\lambda, \mathcal{O}_\lambda)$ がコンパクト空間であれば，積空間 $(Y, \mathcal{O})$ もコンパクト空間である．

［証明］　積空間 $(Y, \mathcal{O})$ の閉集合の族 $\mathfrak{A}$ が有限交叉性をもつと仮定し，$\bigcap\mathfrak{A} \neq \emptyset$ となることを示そう．有限交叉性をもつ Y の部分集合族 $\mathfrak{A}'$ で $\mathfrak{A} \subset \mathfrak{A}'$ となるものの全体を $\mathcal{F}$ とする．集合 $\mathcal{F}$ は包含関係による半順序に関して帰納的であるから，ツォルンの補題によって極大元が存在する．その極大元の一つを $\mathfrak{M}$ とする．有限交叉性と極大性によって，$\mathfrak{M}$ は次の二つの性質をもつことになる．

(i)　$\mathfrak{M}$ に属する有限個の集合 $F_1, \cdots, F_n$ の共通部分 $F_1 \cap \cdots \cap F_n$ は $\mathfrak{M}$ に属する．

(ii)　Y の部分集合 A が $\mathfrak{M}$ に属するすべての集合と交わるならば，A もまた $\mathfrak{M}$ に属する．

$p_\lambda : Y \to X_\lambda$ を因子空間への射影とする．

(1)　まず，Y の点 $y = (y_\lambda)$ で，$\mathfrak{M}$ に属する任意の集合 F および各 $\lambda \in \Lambda$ に対して，$y_\lambda \in p_\lambda(F)^a$ となるものが存在することを示そう．ここに，$p_\lambda(F)^a$ は $p_\lambda(F)$ の閉包を表す．X_λ の部分集合族 $\mathfrak{M}_\lambda$ を

$$\mathfrak{M}_\lambda = \{p_\lambda(F)^a \mid F \in \mathfrak{M}\}$$

と定義すれば，$\mathfrak{M}_\lambda$ はコンパクト空間 $(X_\lambda, \mathcal{O}_\lambda)$ における有限交叉性をもつ閉集合の族である．よって，$Y_\lambda = \bigcap\mathfrak{M}_\lambda$ は X_λ の空でない部分集合である．集合系 $(Y_\lambda \mid \lambda \in \Lambda)$ に対して選択公理を適用すれば，Y の点 $y = (y_\lambda)$ で，各 $\lambda \in \Lambda$ に対して $y_\lambda \in Y_\lambda$ となるものが存在する．この点 y が所期の条件を満足するものである．

(2)　次に，このようにして求めた点 y は $\mathfrak{M}$ に属するすべての集合の触点となることを示そう．そのためには，積空間 $(Y,\mathcal{O})$ における点 y の任意の近傍 N が $\mathfrak{M}$ に属するすべての集合と交わることを示せばよい．積位相の定義によって，Λ に属する有限個の添え字 $\lambda_1,\cdots,\lambda_n$ および $\mathcal{O}_{\lambda_i}$-開集合 $U_i\ (i=1,\cdots,n)$ が存在して，

$$y\in\bigcap_{i=1}^{n}p_{\lambda_i}{}^{-1}(U_i),\qquad \bigcap_{i=1}^{n}p_{\lambda_i}{}^{-1}(U_i)\subset N$$

が成り立つ．U_i は $y_{\lambda_i}=p_{\lambda_i}(y)$ の開近傍であることを注意しておこう．もし $p_{\lambda_1}{}^{-1}(U_1)$, $\cdots$, $p_{\lambda_n}{}^{-1}(U_n)$ がすべて $\mathfrak{M}$ に属することが示されたならば，性質 (i) によって，$\mathfrak{M}$ に属する任意の集合 F に対して

$$F\cap p_{\lambda_1}{}^{-1}(U_1)\cap\cdots\cap p_{\lambda_n}{}^{-1}(U_n)\neq\emptyset$$

となり，y の近傍 N が $\mathfrak{M}$ に属するすべての集合 F と交わることになる．そこで，

(3)　各因子空間 $(X_\lambda,\mathcal{O}_\lambda)$ における点 $y_\lambda=p_\lambda(y)$ の開近傍 U に対して，$p_\lambda{}^{-1}(U)$ が $\mathfrak{M}$ に属することを示そう．$\mathfrak{M}$ に属する任意の集合 F に対して，$y_\lambda\in p_\lambda(F)^a$ であった．ゆえに，$U\cap p_\lambda(F)\neq\emptyset$ であり，$p_\lambda{}^{-1}(U)\cap F\neq\emptyset$ となる．従って，性質 (ii) により $p_\lambda{}^{-1}(U)$ が $\mathfrak{M}$ に属することになる．

以上の証明によって，$\mathfrak{M}$ に属するすべての集合の触点となる Y の点 y が存在することがわかった．最初に与えた閉集合の族 $\mathfrak{A}$ は $\mathfrak{M}$ の部分集合であるから，点 y は $\mathfrak{A}$ に属するすべての閉集合に含まれることになり，$\bigcap\mathfrak{A}\neq\emptyset$ であることがわかった．□

問 23.2　$\mathfrak{A}$ を集合 Y の有限交叉性をもつ部分集合族とする．有限交叉性をもつ Y の部分集合族 $\mathfrak{A}'$ で $\mathfrak{A}\subset\mathfrak{A}'$ となるものの全体を $\mathcal{F}$ とする．集合 $\mathcal{F}$ は包含関係による半順序に関して帰納的であることを確かめよ．

問 23.3　$\mathfrak{M}$ を集合 Y の有限交叉性をもつ極大な部分集合族とすれば，$\mathfrak{M}$ は次の二つの性質をもつことを示せ．

(i)　$\mathfrak{M}$ に属する有限個の集合 $F_1,\cdots,F_n$ の共通部分 $F_1\cap\cdots\cap F_n$ は $\mathfrak{M}$ に属する．

(ii)　Y の部分集合 A が $\mathfrak{M}$ に属するすべての集合と交わるならば，A もまた $\mathfrak{M}$ に属する．

チコノフの定理と選択公理

われわれはチコノフの定理を証明する際に，選択公理およびそれと同値なツ

ォルンの補題を本質的に用いている．実は，直積が空集合でないことがあらかじめわかっている積空間については，一般にチコノフの定理が成り立つということを仮定すれば，これから選択公理が導かれることをケリーが証明している．その証明を紹介しておこう．証明すべきことは，集合系 $(A_\lambda \mid \lambda \in \Lambda)$ において，どの A_λ も空でなければ，その直積 $\prod_{\lambda \in \Lambda} A_\lambda$ も空でないことである．

まず，和集合 $\bigcup_{\lambda \in \Lambda} A_\lambda$ に属さない一つの元 ω を選び，

$$X_\lambda = A_\lambda \cup \{\omega\} \qquad (\lambda \in \Lambda)$$

とおく．直積 $X = \prod_{\lambda \in \Lambda} X_\lambda$ は，各 λ-成分が ω となる元を含むので，$X \neq \emptyset$ である．次に，各集合 X_λ の部分集合族 $\mathcal{O}_\lambda$ を，$\emptyset, \{\omega\}$ および，有限集合の補集合となる X_λ の部分集合の全体とすれば，$\mathcal{O}_\lambda$ は集合 X_λ の位相である．例 23.2 と同様の議論によって，位相空間 $(X_\lambda, \mathcal{O}_\lambda)$ において有限交叉性をもつ閉集合の族 $\mathfrak{A}$ に対して常に $\bigcap \mathfrak{A} \neq \emptyset$ となることがわかる．よって，$(X_\lambda, \mathcal{O}_\lambda)$ はコンパクト空間である．ゆえに，条件付きでチコノフの定理が成り立つという仮定によって，積空間 $\left(X, \mathop{\divideontimes}_{\lambda \in \Lambda} \mathcal{O}_\lambda\right)$ もコンパクト空間である．$p_\lambda : X \to X_\lambda$ を因子空間への射影とし，$F_\lambda = p_\lambda{}^{-1}(A_\lambda)$ とおけば，$F_\lambda\ (\lambda \in \Lambda)$ は積空間における閉集合である．さらに，この閉集合系 $(F_\lambda \mid \lambda \in \Lambda)$ は有限交叉性をもつ．実際，Λ に属する有限個の添え字 $\lambda_1, \cdots, \lambda_n$ に対して，直積 X の元 $x = (x_\lambda)$ で，$x_\lambda = \omega\ (\lambda \neq \lambda_1, \cdots, \lambda_n)$ かつ $x_{\lambda_i} \in A_{\lambda_i}\ (i = 1, \cdots, n)$ となるものが存在し，$x \in F_{\lambda_1} \cap \cdots \cap F_{\lambda_n}$ となるからである．従って，定理 23.2 によって，$\bigcap_{\lambda \in \Lambda} F_\lambda \neq \emptyset$ となる．一方，$F_\lambda = p_\lambda{}^{-1}(A_\lambda)$ であるから，$\bigcap_{\lambda \in \Lambda} F_\lambda = \prod_{\lambda \in \Lambda} A_\lambda$ が成り立ち，直積 $\prod_{\lambda \in \Lambda} A_\lambda$ が空でないことがわかった．

問 23.4　集合 X と X の一つの元 ω を与えておく．X の部分集合族 $\mathcal{O}$ を，$\emptyset, \{\omega\}$ および，X の有限集合の補集合の全体から成るものとすれば，$\mathcal{O}$ は集合 X 上の位相となり，位相空間 $(X, \mathcal{O})$ はコンパクト空間であることを確かめよ．

例 23.3　0, 1 の 2 元から成る離散空間 $\{0, 1\}$ の可算無限個の積空間を 2^ω で表そう．各因子空間がコンパクトだから，チコノフの定理によって，位相空間 2^ω もコンパクト空間である．2^ω の元は各項が 0 または 1 の値をとる数列であ

る．2^ω の元 $x = (x_n)$ および自然数 k に対して

$$W(x\,;\,k) = \{y = (y_n) \in 2^\omega \mid x_n = y_n,\ 1 \leqq n \leqq k\}$$

とおく．積位相の定義および各因子空間が離散空間であることから，

$$\mathcal{B} = \{W(x\,;\,k) \mid x \in 2^\omega,\ k \in \boldsymbol{N}\}$$

は位相空間 2^ω の開基である．写像 $\Phi : 2^\omega \to \boldsymbol{R}$ を

$$\Phi((x_n)) = \sum_{n=1}^{\infty} \frac{2x_n}{3^n}$$

によって定義する．簡単な計算によって，次の包含関係

（∗）　$W(x\,;\,k+1) \subset \Phi^{-1}(B_1(\Phi(x)\,;\,3^{-k})) \subset W(x\,;\,k)\,;\quad x \in 2^\omega,\ k \in \boldsymbol{N}$

の成り立つことがわかる．ここに，$B_1(u\,;\,\varepsilon)$ は 1 次元ユークリッド空間において，u を中心とする半径 ε の開球体，すなわち開区間 $(u-\varepsilon, u+\varepsilon)$，を表す．この包含関係（∗）から，$\Phi$ は位相空間 2^ω から通常の位相をもった $\boldsymbol{R}$ への連続写像であり，さらに Φ は位相空間 2^ω から $\boldsymbol{R}$ の部分空間 $\Phi(2^\omega)$ への同相写像であることがわかる．$\boldsymbol{R}$ の部分集合 $\Phi(2^\omega)$ を**カントール集合**という．この集合の具体的な様子については次の問 23.6 で考察しよう．

問 23.5　例 23.3 における包含関係（∗）が成り立つことを確かめよ．

問 23.6　$\boldsymbol{R}$ の有界閉集合の列を次のように構成する．

閉区間 $I = [0, 1]$ を 3 等分して，中央の開区間 $\left(\dfrac{1}{3}, \dfrac{2}{3}\right)$ を除いた集合を T_1 とする．すなわち

$$T_1 = \left[0, \frac{1}{3}\right] \cup \left[\frac{2}{3}, 1\right].$$

次に，T_1 の二つの閉区間をそれぞれ 3 等分して，中央の開区間 $\left(\dfrac{1}{9}, \dfrac{2}{9}\right)$ と $\left(\dfrac{7}{9}, \dfrac{8}{9}\right)$ を除いた集合を T_2 とする．すなわち

$$T_2 = \left[0, \frac{1}{9}\right] \cup \left[\frac{2}{9}, \frac{1}{3}\right] \cup \left[\frac{2}{3}, \frac{7}{9}\right] \cup \left[\frac{8}{9}, 1\right].$$

この操作をくり返して，有界閉集合の列 $T_1 \supset T_2 \supset T_3 \supset \cdots$ を作る．ここに，T_{m+1} は T_m を構成する 2^m 個のそれぞれの閉区間を 3 等分して中央の閉区間を除いた集合である．

このようにして構成した有界閉集合すべての共通部分を $T = \bigcap_{m=1}^{\infty} T_m$ とおく．この

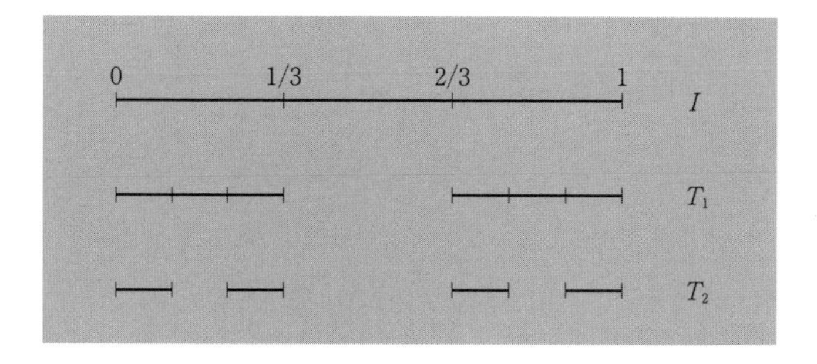

集合 T が例 23.3 で与えたカントール集合 $\Phi(2^{\omega})$ に一致することを示せ．

§24. 局所コンパクト性

位相空間 $(X, \mathcal{O})$ の任意の点に対してコンパクトな近傍が少なくとも一つ存在するとき，$(X, \mathcal{O})$ は**局所コンパクト**であるという．$(X, \mathcal{O})$ 自身がコンパクト空間ならば，$(X, \mathcal{O})$ は局所コンパクトである．実際，X の各点のコンパクトな近傍として X 自身をとり得るからである．離散空間も局所コンパクトである．実際，各点のコンパクトな近傍として，その点のみから成るコンパクト開近傍が存在するからである．また，通常の位相をもった $\boldsymbol{R}^n$ は局所コンパクトである．実際，$\boldsymbol{R}^n$ の任意の点 x に対して，点 x を中心とし半径 1 の開球体 $B_n(x\,;1)$ の閉包は点 x のコンパクトな近傍である．

位相空間 $(X, \mathcal{O})$ の部分集合は，その閉包がコンパクトであるとき，**相対コンパクト**であるという．

問 24.1　ハウスドルフ空間において，各点が相対コンパクトな開近傍をもつことと，各点がコンパクトな近傍をもつこととは，同等な条件であることを確かめよ．

先に，コンパクトハウスドルフ空間は正規空間であることを証明したが，これと類似の結果を次に示そう．

定理 24.1　局所コンパクトハウスドルフ空間において，コンパクトな近傍の全体は基本近傍系となる．すなわち，各点 x の任意の近傍は点 x のコンパクトな近傍を包む．

［**証明**］ $(X, \mathcal{O})$ を局所コンパクトハウスドルフ空間とし，$x \in X$ とする．N を点 x の相対コンパクトな開近傍とし，U を点 x の任意の開近傍とする．N の閉包 $\overline{N}$ は $(X, \mathcal{O})$ の部分空間としてコンパクトハウスドルフ空間であり，$\overline{N} - U$ と $\{x\}$ とは互いに交わらない $\overline{N}$ の閉集合である．よって，$\mathcal{O}$-開集合 V_1, V_2 で

$$x \in V_1, \quad \overline{N} - U \subset V_2, \quad V_1 \cap V_2 \cap \overline{N} = \emptyset$$

となるものが存在する．$W = V_1 \cap N$ とおけば，W は位相空間 $(X, \mathcal{O})$ における点 x の開近傍であり，

$$\overline{W} \subset \overline{N} - V_2 \subset U$$

となる．$\overline{W}$ はコンパクト集合 $\overline{N}$ の閉集合だからコンパクトである．結局，点 x の任意に選んだ開近傍 U は点 x のコンパクトな近傍 $\overline{W}$ を包むことがわかった．　□

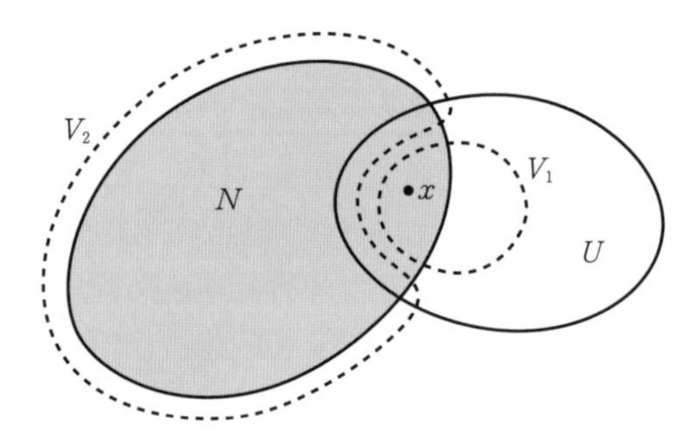

系　局所コンパクトハウスドルフ空間は正則空間である．

問 24.2　局所コンパクトハウスドルフ空間において，互いに交わらないコンパクト集合と閉集合とは開集合によって分離されることを示せ．

問 24.3　局所コンパクトハウスドルフ空間において，開集合と閉集合の共通部分として表される部分空間は常に局所コンパクトであることを示せ．

例 24.1　各点が相対コンパクトな開近傍をもつ位相空間は局所コンパクトであるが，逆は必ずしも成り立たないことを示しておこう．開区間 $(0, 1)$ を

X とし，集合 X 上の位相 $\mathcal{O}$ を開区間

$$U_n = \left(0, 1 - \frac{1}{n}\right) \qquad (n = 2, 3, 4, \cdots)$$

および $\emptyset$ と X から成るものと定義する．このように定義した位相空間 $(X, \mathcal{O})$ において，開集合 U_n $(n \geqq 2)$ はコンパクト集合であり，空集合以外の閉集合はコンパクト集合でない．よって，位相空間 $(X, \mathcal{O})$ は局所コンパクト空間であるが，X の各点は相対コンパクトな開近傍をもたないことがわかる．

問 24. 4　例 24.1 の証明を補え．

問 24. 5　例 24.1 で構成した位相空間はハウスドルフの分離公理を満足せず，正則でもないことを示せ．

例 24. 2　2 次元球面

$$S^2 = \{(x_1, x_2, x_3) \in \boldsymbol{R}^3 \mid {x_1}^2 + {x_2}^2 + {x_3}^2 = 1\}$$

の点 $x = (x_1, x_2, x_3)$ が $q = (0, 0, 1)$ と異なるとき，その点に $\boldsymbol{R}^2$ の点 $y = (y_1, y_2)$ を次のように対応させよう．

$$y_1 = \frac{x_1}{1 - x_3}, \qquad y_2 = \frac{x_2}{1 - x_3}.$$

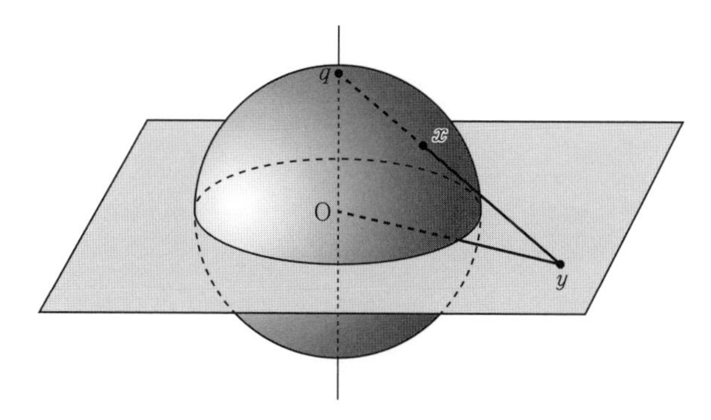

このようにして $S^2 - \{q\}$ から $\boldsymbol{R}^2$ への写像 f を $f(x) = y$ によって与えれば（通常の位相に関して）f は明らかに連続写像である．逆に $\boldsymbol{R}^2$ の点 $y = (y_1, y_2)$ に対して

$$x_1 = \frac{2y_1}{{y_1}^2 + {y_2}^2 + 1}, \quad x_2 = \frac{2y_2}{{y_1}^2 + {y_2}^2 + 1}, \quad x_3 = \frac{{y_1}^2 + {y_2}^2 - 1}{{y_1}^2 + {y_2}^2 + 1}$$

とおけば，$x = (x_1, x_2, x_3)$ は $S^2 - \{q\}$ に属し，$\boldsymbol{R}^2$ から $S^2 - \{q\}$ への写像 g を $g(y) = x$ によって与えれば，g も連続写像であって，しかも g は f の逆写像となることが確かめられる．従って，局所コンパクトハウスドルフ空間 $\boldsymbol{R}^2$ はコンパクトハウスドルフ空間 S^2 から1点 q をとり除いた部分空間と同相になる．

一点コンパクト化

一般に位相空間 $(X, \mathcal{O})$ が与えられた場合，集合 X に，その中に含まれない一つの点 p_∞ をつけ加えた集合を

$$X^* = X \cup \{p_\infty\}$$

とし，集合 X^* の部分集合の族 $\mathcal{O}^*$ を次のように定義しよう．X^* の部分集合 M について，p_∞ が M に含まれない場合には，$M \in \mathcal{O}$ であるとき M は $\mathcal{O}^*$ に属するものと定め，p_∞ が M に含まれる場合は，$X^* - M$ が $(X, \mathcal{O})$ のコンパクト閉集合であるとき M は $\mathcal{O}^*$ に属するものと定める．この場合，空集合はコンパクト集合であると考える．

このように定義した $\mathcal{O}^*$ が位相の条件［$\mathbf{O}_1$］,［$\mathbf{O}_2$］,［$\mathbf{O}_3$］を満足することを確かめよう．まず，$\mathcal{O}^*$ に属する任意の元 M に対して $M \cap X$ が $\mathcal{O}$ に属することを注意しておこう．条件［$\mathbf{O}_1$］を満足すること，すなわち $\emptyset$ と X^* とが $\mathcal{O}^*$ に属することは明らかであろう．次に，M_1, M_2 を $\mathcal{O}^*$ の元とすれば，p_∞ が $M_1 \cap M_2$ に含まれる場合には，M_1, M_2 はどちらも p_∞ を含み

$$X^* - (M_1 \cap M_2) = (X^* - M_1) \cup (X^* - M_2)$$

が成り立ち，位相空間 $(X, \mathcal{O})$ において二つのコンパクト閉集合 $X^* - M_1$, $X^* - M_2$ の和集合はやはりコンパクト閉集合であるから $M_1 \cap M_2$ は $\mathcal{O}^*$ に属し，p_∞ が $M_1 \cap M_2$ に含まれない場合には

$$M_1 \cap M_2 = (M_1 \cap X) \cap (M_2 \cap X)$$

が成り立ち，先に注意したように $M_1 \cap X$，$M_2 \cap X$ はともに $\mathcal{O}$ に属し，従って，その共通部分に等しい $M_1 \cap M_2$ も $\mathcal{O}$ に属するので，やはり $M_1 \cap M_2$ は $\mathcal{O}^*$ に

属することになる．よって，条件［$\mathbf{O}_2$］を満足することがわかる．最後に，条件［$\mathbf{O}_3$］を満足することを示そう．$\mathfrak{A}$ を $\mathcal{O}^*$ の部分集合とする．和集合 $\bigcup\mathfrak{A}$ が p_∞ を含まない場合には

$$\bigcup\mathfrak{A} = \bigcup(M \cap X \mid M \in \mathfrak{A})$$

が成り立ち，各 $M \cap X$ $(M \in \mathfrak{A})$ は $\mathcal{O}$ に属するので，その和集合に等しい $\bigcup\mathfrak{A}$ も $\mathcal{O}$ に属し，よって $\bigcup\mathfrak{A}$ は $\mathcal{O}^*$ に属する．和集合 $\bigcup\mathfrak{A}$ が p_∞ を含む場合には，$\mathfrak{A}$ に属する $\mathcal{O}^*$ の元 M_0 で p_∞ を含むものが存在し，$X^*-(\bigcup\mathfrak{A})$ は位相空間 $(X, \mathcal{O})$ において，コンパクト閉集合 X^*-M_0 の閉部分集合となるので，やはり $\bigcup\mathfrak{A}$ は $\mathcal{O}^*$ に属する．よって，［$\mathbf{O}_3$］も成り立つ．

以上で，$\mathcal{O}^*$ が集合 X^* の上の一つの位相であることがわかった．さらに，与えられた位相空間 $(X, \mathcal{O})$ はこのようにして定義された位相空間 $(X^*, \mathcal{O}^*)$ の部分空間になっていること，すなわち位相 $\mathcal{O}^*$ から定まる集合 X 上の相対位相が $\mathcal{O}$ に一致することがわかる．

次に，位相空間 $(X^*, \mathcal{O}^*)$ はコンパクトであることを示そう．$\mathfrak{U}$ を X^* の任意の開被覆とする．$\mathfrak{U}$ に属する $\mathcal{O}^*$ の元 U_0 で p_∞ を含むものが存在し，X^*-U_0 は X^* のコンパクト部分集合であるから，$\mathfrak{U}$ に属する有限個の元 $U_1, \cdots, U_n$ を選んで

$$X^*-U_0 \subset U_1 \cup \cdots \cup U_n$$

となるようにできる．よって

$$X^* = U_0 \cup U_1 \cup \cdots \cup U_n$$

となり，$\mathfrak{U}$ は有限部分被覆をもつことがわかった．ゆえに $(X^*, \mathcal{O}^*)$ はコンパクト空間である．このようにして定義されたコンパクト空間 $(X^*, \mathcal{O}^*)$ を，位相空間 $(X, \mathcal{O})$ の**一点コンパクト化**または**アレクサンドロフのコンパクト化**といい，つけ加えた点 p_∞ を**無限遠点**という．

定理 24.2*　位相空間 $(X, \mathcal{O})$ と一点コンパクト化 $(X^*, \mathcal{O}^*)$ について

(1)　$(X^*, \mathcal{O}^*)$ がハウスドルフ空間であるための必要十分条件は，$(X, \mathcal{O})$ が局所コンパクトハウスドルフ空間であることである．

(2)　X が $(X^*, \mathcal{O}^*)$ において稠密であるための必要十分条件は，$(X, \mathcal{O})$ がコンパクト空間でないことである．

［**証明**］(1)　$(X^*, \mathcal{O}^*)$ がハウスドルフ空間であれば，$(X, \mathcal{O})$ はコンパクトハウスドルフ空間の開部分空間であるから，局所コンパクトハウスドルフ空間になる．逆に，$(X, \mathcal{O})$ が局所コンパクトハウスドルフ空間であると仮定し，$(X^*, \mathcal{O}^*)$ がハウスドルフ空間になることを示そう．無限遠点 p_∞ と X の各点 x とが開集合によって分離できることを示せば十分であろう．$(X, \mathcal{O})$ が局所コンパクトハウスドルフ空間であるから，点 x は $(X, \mathcal{O})$ において相対コンパクトな開近傍 N をもつ．この場合，位相空間 $(X^*, \mathcal{O}^*)$ において $X^* - \overline{N}$ は点 p_∞ の開近傍であり，N は点 x の開近傍であって，互いに交わらない．ゆえに p_∞ と x とは開集合によって分離できることがわかった．

(2)　X が $(X^*, \mathcal{O}^*)$ において稠密であることと，無限遠点 p_∞ のみから成る集合が X^* の開集合でないこととは，同等な条件であり，$\mathcal{O}^*$ の定義によって，後者が成り立つことと，$(X, \mathcal{O})$ がコンパクトでないこととは，同等である．□

問 24.6　一点コンパクト化を用いて，問 24.2 の別証明を与えよ．

§ 25*. 連 結 性

位相空間 $(X, \mathcal{O})$ において，空集合 $\emptyset$ と X は常に開集合であり同時に閉集合であるが，この二つ以外に開集合であり同時に閉集合であるような X の部分集合が存在しない場合，$(X, \mathcal{O})$ は**連結**であるという．

位相空間 $(X, \mathcal{O})$ において，X の部分集合 A が（相対位相に関して）部分空間として連結であるとき，A は $(X, \mathcal{O})$ の**連結集合**であるという．

問 25.1　位相空間 $(X, \mathcal{O})$ および X の部分集合 A について，A が $(X, \mathcal{O})$ の連結集合であることと，次の条件が成り立つこととは同等であることを示せ．$\mathcal{O}$ の元 U, V について

$$U \cap A \neq \emptyset, \quad V \cap A \neq \emptyset, \quad A \subset U \cup V$$

が成り立つ場合には，常に $U \cap V \cap A \neq \emptyset$ が成り立つ．

定理 25. 1*　写像 $f: X_1 \to X_2$ を位相空間 $(X_1, \mathcal{O}_1)$ から位相空間 $(X_2, \mathcal{O}_2)$ への連続写像とし，A を $(X_1, \mathcal{O}_1)$ の連結集合とすれば，$f(A)$ は $(X_2, \mathcal{O}_2)$ の連結集合である．

［**証明**］ $A_2 = f(A)$ とおき，B を $(X_2, \mathcal{O}_2)$ の部分空間 A_2 において，開集合であり同時に閉集合であるような A_2 の部分集合とする．仮定により，$(X_2, \mathcal{O}_2)$ の開集合 G と閉集合 F で

$$B = G \cap A_2 = F \cap A_2$$

が成り立つようなものが存在する．このとき

$$f^{-1}(B) \cap A = f^{-1}(G) \cap A = f^{-1}(F) \cap A$$

が成り立ち，$f^{-1}(B) \cap A$ は $(X_1, \mathcal{O}_1)$ の部分空間 A において，開集合であり同時に閉集合である．A は連結集合だから，$f^{-1}(B) \cap A$ は A に一致するかまたは空集合である．$f^{-1}(B) \cap A = \emptyset$ である場合には $B = \emptyset$ となり，$f^{-1}(B) \cap A = A$ である場合には

$$A_2 = f(A) \subset f(f^{-1}(B)) \subset B \ \ (\subset A_2)$$

が成り立つ．よって $(X_2, \mathcal{O}_2)$ の部分空間 A_2 において開集合であり同時に閉集合であるような A_2 の部分集合は，A_2 に一致するかまたは空集合であることがわかった．ゆえに，$f(A)$ は $(X_2, \mathcal{O}_2)$ の連結集合である．□

注　この定理によって，位相空間の連結性も位相的性質であることがわかる．

定理 25. 2*　位相空間 $(X, \mathcal{O})$ および X の部分集合 A, B について

$$A \subset B \subset \overline{A}$$

が成り立ち，A が連結集合であれば，B も連結集合である．とくに，連結集合の閉包は連結集合である．

［**証明**］ B_1 を位相空間 $(X, \mathcal{O})$ の部分空間 B において，開集合であり同時に閉集合であるような B の部分集合とする．仮定により，$(X, \mathcal{O})$ の開集合 G と閉集合 F で

$$B_1 = G \cap B = F \cap B$$

が成り立つようなものが存在する．$A \subset B$ だから

$$B_1 \cap A = G \cap A = F \cap A$$

が成り立ち，$B_1 \cap A$ は $(X, \mathcal{O})$ の連結な部分空間 A において，開集合であり同時に閉

集合である．よって，$B_1 \cap A = \emptyset$ または $B_1 \cap A = A$ となる．$B_1 \cap A = \emptyset$ である場合には $G \cap A = \emptyset$ となり，位相空間 $(X, \mathcal{O})$ において，集合 A は開集合 G と交わらない．よって，A の閉包 $\overline{A}$ も G と交わらず，$B_1 = \emptyset$ となることがわかる．$B_1 \cap A = A$ である場合には $A \subset F$ となり，位相空間 $(X, \mathcal{O})$ において，A は閉集合 F に包まれる．よって A の閉包 $\overline{A}$ も F に包まれるので，$B_1 = B$ となることがわかる．結局，$(X, \mathcal{O})$ の部分空間 B において，開集合であり同時に閉集合でもあるものは，B に一致するかまたは空集合であることがわかった．ゆえに，B は $(X, \mathcal{O})$ の連結集合である．□

定理 25.3*　$(X, \mathcal{O})$ を位相空間とし，$(M_\lambda \mid \lambda \in \Lambda)$ を集合 X の部分集合系とする．すべての $\lambda \in \Lambda$ について，M_λ は連結集合であって，X の 1 点 x を共有するならば，和集合 $M = \bigcup_{\lambda \in \Lambda} M_\lambda$ も連結集合である．

［**証明**］ N を位相空間 $(X, \mathcal{O})$ の部分空間 M において，開集合であり同時に閉集合であるような M の部分集合とする．仮定により，$(X, \mathcal{O})$ の開集合 G と閉集合 F で

$$N = G \cap M = F \cap M$$

が成り立つようなものが存在する．この場合，各 $\lambda \in \Lambda$ について

$$N \cap M_\lambda = G \cap M_\lambda = F \cap M_\lambda$$

が成り立ち，$N \cap M_\lambda$ は $(X, \mathcal{O})$ の連結な部分空間 M_λ において，開集合であり同時に閉集合である．よって，各 $\lambda \in \Lambda$ について

$$N \cap M_\lambda = \emptyset \qquad \text{または} \qquad N \cap M_\lambda = M_\lambda$$

となる．$N \cap M_\lambda = M_\lambda$ となる $\lambda \in \Lambda$ が（少なくとも一つ）存在すれば，$x \in N$ となり，$N = M$ が成り立つ．すべての $\lambda \in \Lambda$ について，$N \cap M_\lambda = \emptyset$ であれば，$N = \emptyset$ となる．結局，$(X, \mathcal{O})$ の部分空間 M において，開集合であり同時に閉集合であるものは，M に一致するかまたは空集合であることがわかった．ゆえに，M は $(X, \mathcal{O})$ の連結集合である．□

問 25.2　$(X, \mathcal{O})$ を位相空間とし，$(M(\lambda) \mid \lambda \in \Lambda)$ を集合 X の部分集合系とする．すべての $\lambda \in \Lambda$ について $M(\lambda)$ は連結集合であり，さらに，Λ の任意の 2 元 α, β に対して，Λ の有限個の元 $\lambda_1, \cdots, \lambda_n$ を選んで

$$M(\lambda_i) \cap M(\lambda_{i+1}) \neq \emptyset \qquad (i = 1, 2, \cdots, n-1),$$

$$M(\alpha) \cap M(\lambda_1) \neq \emptyset, \quad M(\lambda_n) \cap M(\beta) \neq \emptyset$$

が成り立つようにできるならば，和集合 $M = \bigcup_{\lambda \in \Lambda} M(\lambda)$ は連結集合であることを示せ.
（下の図を参考にせよ.）

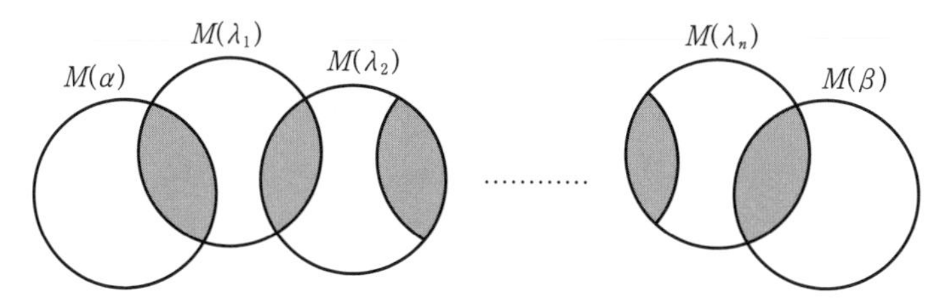

連結成分

$(X, \mathcal{O})$ を位相空間とする．X の点 x について，一点集合 $\{x\}$ は明らかに連結集合である．点 x を含む $(X, \mathcal{O})$ の連結集合すべての和集合を $C(x)$ で表す．すなわち，点 x を含む $(X, \mathcal{O})$ の連結集合の全体を $(M_\lambda \mid \lambda \in \Lambda)$ とするとき

$$C(x) = \bigcup_{\lambda \in \Lambda} M_\lambda$$

とおくのである．定理 25.3 によって，$C(x)$ も連結集合である．従って，$C(x)$ は点 x を含む最大の連結集合となる．この集合 $C(x)$ を，位相空間 $(X, \mathcal{O})$ における，点 x を含む**連結成分**という．定理 25.2 によれば，$C(x)$ の閉包も連結集合であるが，$C(x)$ が点 x を含む最大の連結集合であるから，$C(x)$ の閉包は $C(x)$ に一致する．すなわち，連結成分 $C(x)$ は常に閉集合である．X の 2 点 x, y について，連結成分 $C(x)$ と $C(y)$ が交われば $C(x) = C(y)$ となる．なぜならば，$C(x)$ と $C(y)$ が交われば，定理 25.3 によって，和集合 $C(x) \cup C(y)$ も連結集合になり，連結成分の最大性によって

$$C(x) = C(x) \cup C(y) = C(y)$$

となるからである．この事実から，位相空間 $(X, \mathcal{O})$ において，X の 2 点 x, y について，2 点 x, y を同時に含む連結集合が存在するとき，$x \sim y$ と書くことにすれば，この二項関係 $\sim$ は集合 X における一つの同値関係であることがわかる．この場合，点 x を含む連結成分は点 x の同値類に一致する．

例 25. 1 離散空間において，任意の点 x に対して，点 x を含む連結成分は一点集合 $\{x\}$ である．このように，各点の連結成分がすべて一点集合であるような位相空間を**完全不連結**であるという．有理数全体の集合 $\boldsymbol{Q}$ は，通常の位相に関する $\boldsymbol{R}$ の部分空間として，完全不連結であることを示そう．相異なる任意の二つの有理数 x, y を同時に含む $\boldsymbol{Q}$ の部分集合はすべて連結集合でないことを示せば十分である．$x < y$ と仮定する．無理数 a で

$$x < a < y$$

となるものが存在する．x, y を同時に含む $\boldsymbol{Q}$ の部分集合 M に対して

$$M_a = \{z \in M \mid z < a\}$$

とおく．M_a は $\boldsymbol{Q}$ の部分空間 M において，開集合であり同時に閉集合であり，さらに $x \in M_a$ かつ $y \notin M_a$ である．よって，M は $\boldsymbol{Q}$ の連結集合でない．

例 25. 2 通常の位相に関して，実数全体の集合 $\boldsymbol{R}$ は連結であることを示そう．M を開集合であり同時に閉集合であるような $\boldsymbol{R}$ の空でない部分集合とする．M の 1 点 a を（任意に）固定し

$$R_a = \{x \in \boldsymbol{R} \mid x > a,\ x \notin M\},$$
$$L_a = \{x \in \boldsymbol{R} \mid x < a,\ x \notin M\}$$

とおく．$R_a = L_a = \emptyset$ となることを示したい．$R_a \neq \emptyset$ と仮定すれば，R_a は一つの下界 a をもつので下限が存在する．それを $r = \inf R_a$ とおく．明らかに $a \leqq r$ であるが，M が開集合であり $a \in M$ であるから，$a < r$ であることがわかり，$[a, r) \subset M$ となる．しかるに，M は閉集合であるから，$r \in M$ となる．再び，M が開集合であることを使うと，正数 ε で $(r - \varepsilon, r + \varepsilon) \subset M$ となるものが存在する．従って，$[a, r + \varepsilon) \subset M$ となり，

$$(r =)\ \inf R_a \geqq r + \varepsilon$$

となる．この矛盾は $R_a \neq \emptyset$ と仮定したことによって生じたものである．よって，$R_a = \emptyset$ であることがわかった．まったく同様に，下界・下限を上界・上限におき換えて考察することによって，$L_a = \emptyset$ であることがわかる．結局，開集合であり同時に閉集合であるような $\boldsymbol{R}$ の空でない部分集合は $\boldsymbol{R}$ に一致することになり，通常の位相に関して $\boldsymbol{R}$ は連結であることがわかった．

この結果と定理 25.1，定理 25.2 を組み合わせると，$\boldsymbol{R}$ の通常の位相に関して，開区間，閉区間，半開区間はいずれも連結集合であることがわかる．

定理 25.4* （**中間値の定理**）　$f: X \to \boldsymbol{R}$ を連結な位相空間 $(X, \mathcal{O})$ で定義された実連続関数とする．X の 2 点 x_1, x_2 における f の値を

$$f(x_1) = \alpha, \qquad f(x_2) = \beta, \qquad \alpha < \beta$$

とすれば，$\alpha < \gamma < \beta$ であるような任意の実数 γ に対して，$f(x) = \gamma$ となる X の点 x が存在する．

［**証明**］　$\alpha < \gamma < \beta$ であるような実数 γ で，$f(x) = \gamma$ となるような X の点 x が存在しないものがあると仮定しよう．この場合

$$M = f^{-1}((-\infty, \gamma))$$

とおけば，$\gamma \notin f(X)$ であるから，M は位相空間 $(X, \mathcal{O})$ において，開集合であり同時に閉集合であることがわかる．さらに，$x_1 \in M$ かつ $x_2 \notin M$ であるから，$M \neq \emptyset$ かつ $M \neq X$ となり，$(X, \mathcal{O})$ が連結な位相空間であることに矛盾する．よって，$\alpha < \gamma < \beta$ であるような任意の実数 γ について，$f(x) = \gamma$ となる X の点 x が存在する．
□

注　閉区間上で定義された実連続関数についての中間値の定理は解析学の初歩でよく知られた定理である．この定理の証明において，閉区間の連結性が本質的な役割を果しているのである．

問 25.3　$\boldsymbol{R}$ の通常の位相に関して，部分空間 $[a, b], [a, b), (a, b)$ は互いに同相でないことを示せ．

定理 25.5*　位相空間系 $((X_\lambda, \mathcal{O}_\lambda) \mid \lambda \in \Lambda)$ の積空間を $(Y, \mathcal{O})$ とする．すべての因子空間 $(X_\lambda, \mathcal{O}_\lambda)$ が連結であれば，積空間 $(Y, \mathcal{O})$ も連結である．

［**証明**］（第 1 段）　まず，Λ が有限集合の場合について証明しよう．$\Lambda = \{1, 2, \cdots, n\}$ とする．$Y = X_1 \times \cdots \times X_n$ の任意の 2 点

$$x = (x_1, \cdots, x_n), \qquad y = (y_1, \cdots, y_n)$$

について，点 x を含む連結成分と点 y を含む連結成分が一致することを示そう．
$n + 1$ 個の点 $x^{(0)}, x^{(1)}, \cdots, x^{(n)}$ を

$$x^{(i)} = (y_1, \cdots, y_i, x_{i+1}, \cdots, x_n)$$

によって定義しよう．とくに，$x^{(0)} = x$，$x^{(n)} = y$ である．各 i について，2 点 $x^{(i-1)}$，$x^{(i)}$ を同時に含む連結集合が存在することを示そう．写像 $f_i : X_i \to Y$ を

$$f_i(z) = (y_1, \cdots, y_{i-1}, z, x_{i+1}, \cdots, x_n), \qquad z \in X_i$$

によって与えよう．f_i は連結な位相空間 $(X_i, \mathcal{O}_i)$ から積空間 $(Y, \mathcal{O})$ への連続写像である．ゆえに，像 $f_i(X_i)$ は位相空間 $(Y, \mathcal{O})$ の連結集合である．さらに，

$$x^{(i-1)} = f_i(x_i), \qquad x^{(i)} = f_i(y_i)$$

であるから，$f_i(X_i)$ は 2 点 $x^{(i-1)}, x^{(i)}$ を同時に含む連結集合である．よって

$$C(x^{(0)}) = C(x^{(1)}) = \cdots = C(x^{(n)})$$

となるので，最初に与えた任意の 2 点 x, y に対して，$C(x) = C(y)$ が成り立ち，$(Y, \mathcal{O})$ は連結である．

(第 2 段)　次に，Λ が無限集合の場合について証明しよう．積空間 $(Y, \mathcal{O})$ の点 y を任意に一つ固定する．点 y を含む連結成分が Y に一致することを示そう．

(1)　Y の点 x で $x(\alpha) \neq y(\alpha)$ となる $\alpha \in \Lambda$ が高々有限個のみであるようなものの全体を $M(y)$ とする．$M(y)$ が位相空間 $(Y, \mathcal{O})$ の連結集合であることを示そう．Λ に属する有限個の元 $\alpha_1, \cdots, \alpha_n$ に対して，Y の点 x で，$\alpha_1, \cdots, \alpha_n$ と異なる Λ の任意の元 α に対して $x(\alpha) = y(\alpha)$ となるようなものの全体を

$$M(y\,;\,\alpha_1, \cdots, \alpha_n)$$

で表そう．この集合は，有限個の連結な位相空間 $(X_{\alpha_1}, \mathcal{O}_{\alpha_1}), \cdots, (X_{\alpha_n}, \mathcal{O}_{\alpha_n})$ の積空間から位相空間 $(Y, \mathcal{O})$ への自然に定義される連続写像の像になる．第 1 段の結果によって，$M(y\,;\,\alpha_1, \cdots, \alpha_n)$ は位相空間 $(Y, \mathcal{O})$ の連結集合になる．$M(y)$ は Λ に属する有限個の元 $\alpha_1, \cdots, \alpha_n$ を任意に選んで定義される集合 $M(y\,;\,\alpha_1, \cdots, \alpha_n)$ すべての和集合であり，各 $M(y\,;\,\alpha_1, \cdots, \alpha_n)$ は点 y を共有する連結集合であるから，定理 25.3 によって，$M(y)$ も位相空間 $(Y, \mathcal{O})$ の連結集合となる．

(2)　次に，$M(y)$ の閉包が Y に一致することを示そう．x_0 を Y の任意の点とする．$p_\alpha : Y \to X_\alpha$ ($\alpha \in \Lambda$) を射影とする．積位相の定義によって，Λ に属する有限個の元 $\alpha_1, \cdots, \alpha_n$ と因子空間 $(X_{\alpha_i}, \mathcal{O}_{\alpha_i})$ ($i = 1, 2, \cdots, n$) における点 $x_0(\alpha_i)$ の開近傍 U_{α_i} によって

$$p_{\alpha_1}{}^{-1}(U_{\alpha_1}) \cap \cdots \cap p_{\alpha_n}{}^{-1}(U_{\alpha_n})$$

と表されるような Y の部分集合の全体が，積空間 $(Y, \mathcal{O})$ において，点 x_0 の基本近傍

系となるのであった．従って，点 x_0 が $M(y)$ の閉包に属することを示すには，Λ に属する有限個の元 $\alpha_1, \cdots, \alpha_n$ と因子空間 $(X_{\alpha_i}, \mathcal{O}_{\alpha_i})$ $(i=1,2,\cdots,n)$ における点 $x_0(\alpha_i)$ の開近傍 U_{α_i} をどのように選んでも

$$p_{\alpha_1}{}^{-1}(U_{\alpha_1}) \cap \cdots \cap p_{\alpha_n}{}^{-1}(U_{\alpha_n})$$

が $M(y)$ と交わることを示せば十分である．Y の点 x_1 を，$\alpha_1, \cdots, \alpha_n$ と異なる Λ の元 α に対しては $x_1(\alpha) = y(\alpha)$ であり，さらに

$$x_1(\alpha_i) = x_0(\alpha_i) \qquad (i=1,2,\cdots,n)$$

を満足するものとする．このようにして定まる Y の点 x_1 について

$$x_1 \in M(y\,;\,\alpha_1, \cdots, \alpha_n) \cap p_{\alpha_1}{}^{-1}(U_{\alpha_1}) \cap \cdots \cap p_{\alpha_n}{}^{-1}(U_{\alpha_n})$$

が成り立つ．よって，Y の任意の点 x_0 が $M(y)$ の閉包に属することがわかった．

結局，Y は連結集合 $M(y)$ の閉包となり，定理 25.2 によって，$(Y, \mathcal{O})$ は連結になる．□

問 25.4　$\boldsymbol{R}^2$ において，高々可算集合の補集合は，通常の位相に関して，$\boldsymbol{R}^2$ の連結集合であることを示せ．

問 25.5　例 23.3 で与えたカントール集合は，通常の位相に関する $\boldsymbol{R}$ の部分空間として，完全不連結であることを示せ．

問 25.6　例 17.3 および問 17.1 で考察した上限位相をもった位相空間 $\boldsymbol{R}$ について連結集合はどのようなものになるか．

局所連結，弧状連結

位相空間 $(X, \mathcal{O})$ は，X の各点の連結な近傍の全体がその点の基本近傍系になる場合，すなわち各点 $x \in X$ の任意の近傍が点 x の連結な近傍を包む場合，**局所連結**であるという．

定理 25.6*　位相空間 $(X, \mathcal{O})$ について，次の三つの条件は互いに同等である．

(1)　$(X, \mathcal{O})$ は局所連結である．

(2)　$(X, \mathcal{O})$ の任意の開部分空間の各連結成分は開集合である．

(3) $(X, \mathcal{O})$ の連結な開集合の全体が位相 $\mathcal{O}$ の開基になる．

［**証明**］ U を X の部分集合とする．$(X, \mathcal{O})$ の部分空間 U における点 $x \in U$ の連結成分を $C_U(x)$ で表そう．まず，(1) から (2) が導かれることを示そう．U を $(X, \mathcal{O})$ の任意の開集合とする．$x \in U$，$y \in C_U(x)$ を任意に与えておく．開集合 U は点 y の近傍であり，$(X, \mathcal{O})$ が局所連結であるから，点 y の連結な近傍 V で $V \subset U$ となるものが存在する．$C_U(x)$ は部分空間 U において点 y を含む最大の連結集合であるから $V \subset C_U(x)$ となる．よって，$C_U(x)$ は任意の点 $y \in C_U(x)$ の近傍となるので，$C_U(x)$ は開集合である．

次に，(2) から (3) が導かれることを示そう．$(X, \mathcal{O})$ の任意の開集合 U について

$$U = \bigcup_{x \in U} C_U(x)$$

が成り立ち，(2) を仮定したので，各 $C_U(x)$ は $(X, \mathcal{O})$ の連結な開集合である．従って，(2) を仮定すれば，$(X, \mathcal{O})$ の空でない任意の開集合は連結な開集合の和集合として表されることになり，連結な開集合の全体が位相 $\mathcal{O}$ の開基になる．

最後に，(3) から (1) が導かれることを示そう．点 $x \in X$ の任意の近傍 N に対して，N の内部 N^0 は $(X, \mathcal{O})$ の開集合であって，$x \in N^0$ である．(3) を仮定したので，$(X, \mathcal{O})$ の連結な開集合 M で

$$x \in M, \quad M \subset N^0$$

となるものが存在し，点 x の任意の近傍 N が点 x の連結な近傍 M を包むことがわかった．よって，$(X, \mathcal{O})$ は局所連結になる．□

$(X, \mathcal{O})$ を位相空間とする．通常の位相をもった閉区間 $[0, 1]$ から位相空間 $(X, \mathcal{O})$ への連続写像 $f : [0, 1] \to X$ を，位相空間 $(X, \mathcal{O})$ における**弧**といい，$f(0)$ を**始点**，$f(1)$ を**終点**という．この場合，2 点 $f(0)$ と $f(1)$ とは $(X, \mathcal{O})$ において弧 f によって結ぶことができるという．

位相空間 $(X, \mathcal{O})$ は，X の任意の 2 点が弧によって結ぶことができるとき，**弧状連結**であるという．位相空間 $(X, \mathcal{O})$ において，X の部分集合 A が部分空間として弧状連結であるとき，A は位相空間 $(X, \mathcal{O})$ において**弧状連結**な集合であるという．

位相空間 $(X, \mathcal{O})$ における弧について，次の三つの性質は基本的なものである．

(1)　任意の点 $a \in X$ について，a と a は弧で結ぶことができる．

(2)　X の任意の 2 点 a, b について，a と b が弧 $f : [0,1] \to X$，$f(0) = a$，$f(1) = b$ によって結ぶことができるならば，$g(t) = f(1-t)$ によって定まる弧 $g : [0,1] \to X$ によって b と a を結ぶことができる．

(3)　X の 3 点 a, b, c について，a と b が弧 $f : [0,1] \to X$ によって結ぶことができて，b と c が弧 $g : [0,1] \to X$ によって結ぶことができるならば，

$$h(t) = \begin{cases} f(2t), & \left(0 \leqq t \leqq \dfrac{1}{2}\right) \\ g(2t-1), & \left(\dfrac{1}{2} \leqq t \leqq 1\right) \end{cases}$$

によって定義された写像 $h : [0,1] \to X$ は連続になり（問 16.5 参照），$h(0) = a$，$h(1) = c$ であるから，a と c が弧によって結ぶことができる．

この三つの性質は，弧によって結ぶことができるという関係が集合 X の上の同値関係であることを示している．

問 25.7　位相空間 $(X, \mathcal{O})$ について，弧状連結であることと，X の 1 点 a と X の任意の点が弧によって結ぶことができることとは同等な条件であることを示せ．

例 25.3　$\boldsymbol{R}^n$ の 2 点 $a = (a_1, \cdots, a_n)$，$b = (b_1, \cdots, b_n)$ に対して，連続写像 $f : [0,1] \to \boldsymbol{R}^n$ を

$$f(t) = ((1-t)a_1 + tb_1, \cdots, (1-t)a_n + tb_n)$$

によって定めれば，$f(0) = a$，$f(1) = b$ となるから，通常の位相をもった $\boldsymbol{R}^n$ は弧状連結である．

定理 25.7*　弧状連結空間は連結である．

［**証明**］　$(X, \mathcal{O})$ を弧状連結な位相空間とする．X の任意の 2 点 a, b を同時に含む連結集合が存在することを示せば十分である．仮定により，2 点 a, b を結ぶ弧 $f : [0,1] \to X$ が存在するが，連結集合 $[0,1]$ の連続写像 f による像 $f([0,1])$ は 2 点 a, b を含む連結集合である．よって，$(X, \mathcal{O})$ は連結である．　□

問 25.8　$\boldsymbol{R}^n$ の開集合 G について，

(i)　部分空間 G において点 $a \in G$ と弧によって結ぶことができる G の点の全体を $G(a)$ とすれば，$G(a)$ は $\boldsymbol{R}^n$ の開集合であることを示せ．

(ii)　開集合 G が連結であれば，G は弧状連結であることを示せ．

例 25.4　通常の位相をもった $\boldsymbol{R}^2$ の部分空間

$$X = \left\{\left(x, \sin\frac{1}{x}\right) \middle| \, x > 0\right\} \cup \{(0, y) \mid -1 \leqq y \leqq 1\}$$

について，X は連結であるが，局所連結でなく，弧状連結でもないことを示そう．X の部分集合

$$A = \left\{\left(x, \sin\frac{1}{x}\right) \middle| \, x > 0\right\}$$

は区間 $(0, +\infty)$ と同相であるから連結集合である．よって，$\boldsymbol{R}^2$ において $X \subset \overline{A}$ となることを示せば，X は連結であることがわかる．$-1 \leqq y \leqq 1$ であるような任意の実数 y に対して，$y = \sin\theta$ となる正の実数 θ を一つ与えて

$$x_n = \frac{1}{\theta + 2n\pi} \qquad (n = 1, 2, \cdots)$$

とおく．A に属する点列

$$\left(\left(x_n, \sin\frac{1}{x_n}\right) \middle| \, n \in \boldsymbol{N}\right)$$

は明らかに X の点 $(0, y)$ に収束する．よって，$X \subset \overline{A}$ となることがわかった

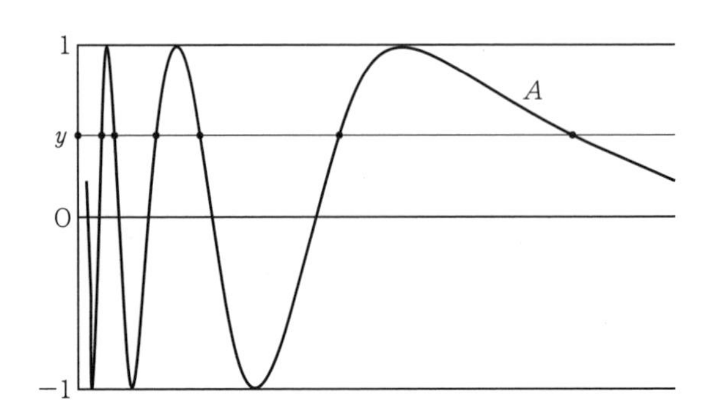

(実は，$X = \overline{A}$ となる).

次に，X が局所連結でないことを示そう．$\boldsymbol{R}^2$ において，原点を中心とし半径 $\dfrac{1}{2}$ の開球体を B とする．X の開部分空間 $X \cap B$ において原点を含む連結成分は

$$\left\{(0, y) \,\middle|\, -\frac{1}{2} < y < \frac{1}{2}\right\}$$

である．この集合は X の開集合でないから，定理 25.6 によって，X は局所連結でないことがわかる．

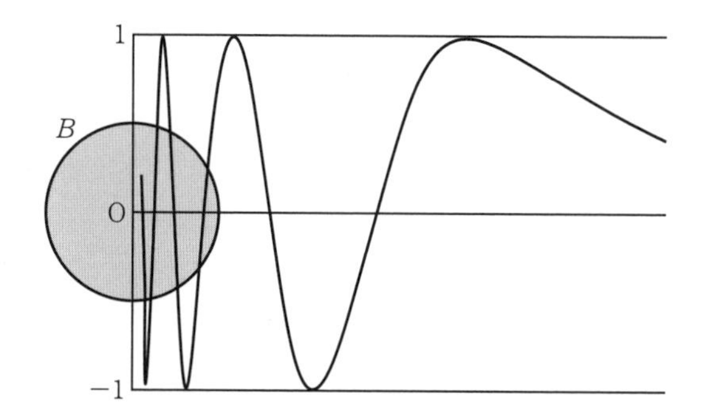

最後に，X は弧状連結でないことを示そう．X の点 (x, y) に x を対応させる写像を $p : X \to \boldsymbol{R}$ とする．p は連続写像である．X の 2 点 $(0, 0)$ と $\left(\dfrac{1}{\pi}, 0\right)$ を結ぶ弧

$$f : [0, 1] \to X, \qquad f(0) = (0, 0), \qquad f(1) = \left(\frac{1}{\pi}, 0\right)$$

が存在すると仮定しよう．集合

$$\{t \mid 0 \leqq t \leqq 1,\ p(f(t)) = 0\}$$

は閉区間 $[0, 1]$ の閉集合であり，従って，コンパクト集合である．よって，この集合は最大値をもつ．その値を t_0 としよう．$p(f(1)) \neq 0$ であるから，

$$0 \leqq t_0 < 1$$

となる．f が連続だから，$t_0 < t < t_0 + \delta$ ならば

$$d^{(2)}(f(t), f(t_0)) < \frac{1}{2}$$

となるような正数 $\delta < 1 - t_0$ が存在する．ここに，$d^{(2)}$ は $\boldsymbol{R}^2$ におけるユークリッドの距離である．t_0 の定義により，$p(f(t_0 + \delta)) > 0$ となるので，十分大きい自然数 n に対して

$$p(f(t_0)) = 0 < \frac{1}{\left(2n + \frac{3}{2}\right)\pi} < \frac{1}{\left(2n + \frac{1}{2}\right)\pi} < p(f(t_0 + \delta))$$

が成り立つ．中間値の定理によって，開区間 $(t_0, t_0 + \delta)$ に属する実数 α, β で

$$p(f(\alpha)) = \frac{1}{\left(2n + \frac{3}{2}\right)\pi}, \quad p(f(\beta)) = \frac{1}{\left(2n + \frac{1}{2}\right)\pi}$$

となるものの存在がわかる．このとき，

$$\begin{aligned} 2 < d^{(2)}(f(\alpha), f(\beta)) &\leqq d^{(2)}(f(\alpha), f(t_0)) + d^{(2)}(f(t_0), f(\beta)) \\ &< \frac{1}{2} + \frac{1}{2} = 1 \end{aligned}$$

となり矛盾を生じた．よって，X は弧状連結でないことがわかった．

8

完備距離空間

本章では，再び距離空間について考察する．すべての基本列が収束するという完備性の概念は応用上非常に重要なものである．§26 では，種々の完備距離空間の例について考察した後，完備距離空間の基本的性質として，縮小写像の原理とベールの定理を証明する．

次に§27 では，完備性とコンパクト性の関係について考察する．最後に§28 では，距離空間の完備化について考察する．完備化については，本書の他の章に引用されることはなく，まったく独立した節であるから，授業時間数の関係で解説を省略することも可能である．

§26.　距離空間の完備性

(X, d) を距離空間とする．X の点列 $(x_n \mid n \in \boldsymbol{N})$ は，任意の正数 ε に対して，ある自然数 N を選んで，$n \geqq N$ ならば $d(x_n, x_N) < \varepsilon$ となるようにできるとき，(X, d) の**基本列**または**コーシー列**であるという．

距離空間 (X, d) の収束する点列 $(x_n \mid n \in \boldsymbol{N})$ は常に基本列である．実際，点 a をこの点列の極限点とすれば，任意の正数 ε に対して，ある自然数 N を選んで，$n \geqq N$ ならば $d(x_n, a) < \dfrac{\varepsilon}{2}$ となるようにできる．従って，$n \geqq N$ ならば

$$d(x_n, x_N) \leqq d(x_n, a) + d(a, x_N) < \frac{\varepsilon}{2} + \frac{\varepsilon}{2} = \varepsilon$$

となる．

問 26.1　距離空間 (X, d) の点列 $(x_n \mid n \in \boldsymbol{N})$ について，任意の正数 ε に対して，ある自然数 N を選んで，$m \geqq N$ かつ $n \geqq N$ ならば $d(x_m, x_n) < \varepsilon$ となるようにできることと，点列 $(x_n \mid n \in \boldsymbol{N})$ が基本列であることとは，同等であることを確かめよ．

距離空間 (X, d) は，そのすべての基本列が常に X の点に収束するとき，**完備**であるといい，(X, d) は**完備距離空間**であるという．

例 26.1　n 次元ユークリッド空間 $(\boldsymbol{R}^n, d^{(n)})$ は完備であることを示そう．点列 $(x^{(k)} \mid k \in \boldsymbol{N})$ を $(\boldsymbol{R}^n, d^{(n)})$ の基本列とする．ここに，$x^{(k)} = (x_1{}^{(k)}, \cdots, x_n{}^{(k)}) \in \boldsymbol{R}^n$ である．各番号 $i = 1, 2, \cdots, n$ に対して

$$|x_i{}^{(p)} - x_i{}^{(q)}| \leqq \sqrt{\sum_{i=1}^{n} (x_i{}^{(p)} - x_i{}^{(q)})^2} = d^{(n)}(x^{(p)}, x^{(q)}) \qquad (p, q \in \boldsymbol{N})$$

が成り立つから，実数列 $(x_i{}^{(k)} \mid k \in \boldsymbol{N})$ は $(\boldsymbol{R}, d^{(1)})$ の基本列である．実数の基本的な性質として，$(\boldsymbol{R}, d^{(1)})$ は完備であること（付録参照）がわかっている．そこで

$$a_i = \lim_{k \to \infty} x_i{}^{(k)} \qquad (i = 1, 2, \cdots, n)$$

とおき，$a = (a_1, \cdots, a_n)$ とおけば，基本列 $(x^{(k)} \mid k \in \boldsymbol{N})$ は点 a に収束することがわかる．

問 26.2　例 26.1 において，点 a が基本列 $(x^{(k)} \mid k \in \boldsymbol{N})$ の極限点であることを確かめよ．

問 26.3　ヒルベルト空間 (l^2, d_∞) も完備距離空間であることを示せ．

例 26.2　閉区間 $[0,1]$ 上の実連続関数全体の集合を $C[0,1]$ で表す．ハイネ－ボレルの被覆定理によって，閉区間 $[0,1]$ は通常の位相に関してコンパクトであり，さらにコンパクト空間上の実連続関数は最大値・最小値をもつことがわかっているので，$C[0,1]$ の元はすべて有界な関数である．従って，$C[0,1]$ の 2 元 f, g に対して

$$d_s(f,g) = \sup\{|f(x) - g(x)|,\ 0 \leqq x \leqq 1\}$$

によって，実数 $d_s(f,g)$ を定義することができる．d_s は集合 $C[0,1]$ 上の距離関数であるが，距離空間 $(C[0,1], d_s)$ は完備であることを示そう．

$(f_n \mid n \in \boldsymbol{N})$ を基本列とする．各 $x \in [0,1]$ に対して

$$(*) \qquad |f_m(x) - f_n(x)| \leqq d_s(f_m, f_n) \qquad (m, n \in \boldsymbol{N})$$

が成り立つから，実数列 $(f_n(x) \mid n \in \boldsymbol{N})$ は $(\boldsymbol{R}, d^{(1)})$ の基本列である．そこで

$$f(x) = \lim_{n\to\infty} f_n(x), \qquad x \in [0,1]$$

とおけば，閉区間 $[0,1]$ 上の実数値関数 f が定まる．まず，f が連続関数であることを示そう．$(f_n \mid n \in \boldsymbol{N})$ が基本列であるから，任意の正数 ε に対して，ある自然数 N を選んで，$n \geqq N$ ならば $d_s(f_n, f_N) < \dfrac{\varepsilon}{3}$ となるようにできる．不等式（$*$）によって

$$|f(x) - f_N(x)| \leqq \frac{\varepsilon}{3}, \qquad x \in [0,1]$$

が成り立つ．f_N は連続関数であるから，任意の $x_0 \in [0,1]$ に対して，ある正数 δ を選んで，$x \in [0,1]$ かつ $|x - x_0| < \delta$ ならば

$$|f_N(x) - f_N(x_0)| < \frac{\varepsilon}{3}$$

が成り立つようにできる．このとき，$x \in [0,1]$ かつ $|x - x_0| < \delta$ ならば

$$\begin{aligned} &|f(x) - f(x_0)| \\ &\leqq |f(x) - f_N(x)| + |f_N(x) - f_N(x_0)| + |f_N(x_0) - f(x_0)| \end{aligned}$$

$$< \frac{\varepsilon}{3} + \frac{\varepsilon}{3} + \frac{\varepsilon}{3} = \varepsilon$$

が成り立つので，関数 f は閉区間 $[0,1]$ の任意の点 x_0 で連続であることがわかった．従って，f は集合 $C[0,1]$ に属す．さらに，$n \geqq N$ ならば

$$|f(x) - f_n(x)| \leqq |f(x) - f_N(x)| + |f_N(x) - f_n(x)|$$

$$< \frac{\varepsilon}{3} + \frac{\varepsilon}{3} < \varepsilon, \qquad x \in [0,1]$$

となり，$d_s(f, f_n) < \varepsilon$ が成り立つので，基本列 $(f_n \mid n \in \boldsymbol{N})$ は f に収束する．よって，距離空間 $(C[0,1], d_s)$ は完備であることがわかった．

問 26.4　$C[0,1]$ の 2 元 f, g に対して

$$d_i(f,g) = \int_0^1 |f(x) - g(x)|\,dx$$

と定義すれば，d_i も集合 $C[0,1]$ 上の距離関数である．$C[0,1]$ の元 f_n, g_n $(n \in \boldsymbol{N})$ を下図のグラフによって定義する．

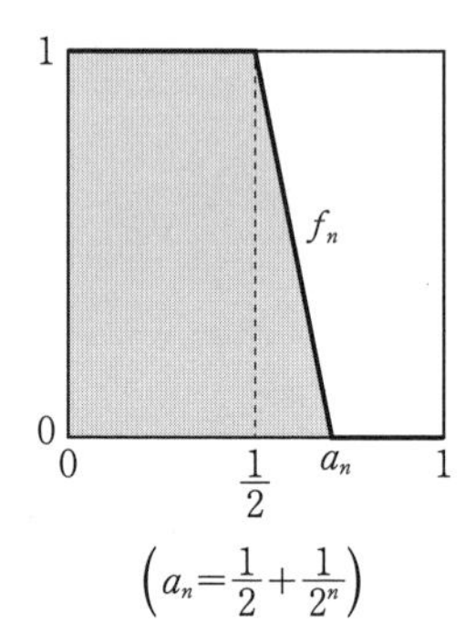

$\left(a_n = \frac{1}{2} + \frac{1}{2^n}\right)$

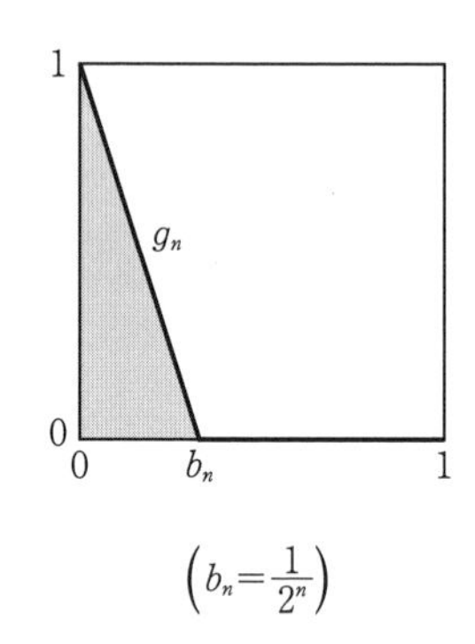

$\left(b_n = \frac{1}{2^n}\right)$

距離空間 $(C[0,1], d_i)$ において，

(1)　点列 $(f_n \mid n \in \boldsymbol{N})$，$(g_n \mid n \in \boldsymbol{N})$ はともに基本列であることを示せ．

(2)　この二つの点列は $C[0,1]$ の点に収束するか．

問 26.5　(X,d) を距離空間とし，$(x_n \mid n \in \boldsymbol{N})$ を X の点列とする．写像 $f: \boldsymbol{N} \to \boldsymbol{N}$ が与えられたとき，$y_n = x_{f(n)}$ $(n \in \boldsymbol{N})$ とおけば，X の点列 $(y_n \mid n \in \boldsymbol{N})$ が定まる．とくに f が順序を保つ単射（$m < n$ ならば常に $f(m) < f(n)$）であるとき，点列 $(y_n \mid n \in \boldsymbol{N})$ をもとの点列 $(x_n \mid n \in \boldsymbol{N})$ の**部分列**という．点列 $(x_n \mid n \in \boldsymbol{N})$ が

(X,d) の基本列であり，ある部分列が X の点 x に収束すれば，もとの点列 $(x_n \mid n \in \boldsymbol{N})$ も点 x に収束することを示せ．

(X,d) を距離空間とし，f を X からそれ自身への写像とする．正数 $c<1$ が存在して，X のどんな2元 x,y に対しても

$$d(f(x),f(y)) \leqq c\cdot d(x,y)$$

が常に成り立つとき，写像 f を距離空間 (X,d) の**縮小写像**という．縮小写像は明らかに連続写像である．

定理 26.1* **（縮小写像の原理）** f を完備距離空間 (X,d) の縮小写像とすれば，X の点 x で $f(x)=x$ となるもの（f の**不動点**という）がただ一つ存在する．

［**証明**］ f が縮小写像だから，正数 $c<1$ で

$$d(f(x),f(y)) \leqq c\cdot d(x,y) \qquad (x,y \in X)$$

となるものが存在する．X の点 x_1 を任意に選び，

$$x_2=f(x_1), \quad x_3=f(x_2), \quad \cdots, \quad x_{n+1}=f(x_n), \quad \cdots$$

とおく．自然数 n,r に対して

$$\begin{aligned} d(x_n,x_{n+r}) &\leqq d(x_n,x_{n+1})+d(x_{n+1},x_{n+2})+\cdots+d(x_{n+r-1},x_{n+r}) \\ &\leqq d(x_1,x_2)\cdot(c^{n-1}+c^n+\cdots+c^{n+r-2}) \\ &\leqq d(x_1,x_2)\cdot\frac{c^{n-1}}{1-c} \end{aligned}$$

が成り立つので，点列 $(x_n \mid n \in \boldsymbol{N})$ は基本列である．(X,d) は完備であるから，基本列 $(x_n \mid n \in \boldsymbol{N})$ の極限点 x_∞ が存在する．さらに，f が連続だから

$$f(x_\infty)=f\left(\lim_{n\to\infty}x_n\right)=\lim_{n\to\infty}f(x_n)=\lim_{n\to\infty}x_{n+1}=x_\infty$$

が成り立つので，点 x_∞ は f の不動点である．次に，f の不動点はただ一つであることを示そう．X の点 y が f の不動点であるとすれば

$$d(x_\infty,y)=d(f(x_\infty),f(y)) \leqq c\cdot d(x_\infty,y)$$

が成り立ち，$(1-c)\cdot d(x_\infty,y) \leqq 0$ となる．よって，$d(x_\infty,y)=0$，すなわち $y=x_\infty$ となる． □

注 縮小写像の原理は，常微分方程式の解の一意存在定理や陰関数の定理の証明などに幅広く適用されている．

定理 26.2*（ベール） 完備距離空間 (X,d) の可算個の稠密な開集合 G_n $(n \in \boldsymbol{N})$ の共通部分 $\bigcap_{n=1}^{\infty} G_n$ は稠密である．

［**証明**］ X の任意の点 x と任意の正数 ε に対して

$$N(x\,;\,\varepsilon) \cap \left(\bigcap_{n=1}^{\infty} G_n\right) \neq \varnothing$$

が成り立つことを示せばよい．G_1 が稠密な開集合であるから，$N(x\,;\,\varepsilon) \cap G_1$ は空でない開集合である．よって，X の点 x_1 と正数 $\delta\,(\leqq \varepsilon)$ を選んで

$$N(x_1\,;\,\delta) \subset N(x\,;\,\varepsilon) \cap G_1$$

が成り立つようにできる．そこで，$\varepsilon_1 = \dfrac{\delta}{2}$ とおけば

$$N(x_1\,;\,\varepsilon_1)^a \subset N(x\,;\,\varepsilon) \cap G_1, \qquad \varepsilon_1 \leqq \frac{\varepsilon}{2}$$

が成り立つ．ここに，M^a は集合 M の閉包を表す．次に，G_2 が稠密な開集合であるから，$N(x_1\,;\,\varepsilon_1) \cap G_2$ も空でない開集合である．よって，X の点 x_2 と正数 ε_2 を選んで

$$N(x_2\,;\,\varepsilon_2)^a \subset N(x_1\,;\,\varepsilon_1) \cap G_2, \qquad \varepsilon_2 \leqq \frac{\varepsilon_1}{2}$$

が成り立つようにできる．以下同様にこの操作をくり返して（厳密には選択公理を使って），X の点列 $(x_n \mid n \in \boldsymbol{N})$ と正数列 $(\varepsilon_n \mid n \in \boldsymbol{N})$ を

$$N(x_{n+1}\,;\,\varepsilon_{n+1})^a \subset N(x_n\,;\,\varepsilon_n) \cap G_{n+1}, \qquad \varepsilon_n \leqq \frac{\varepsilon}{2^n} \qquad (n \in \boldsymbol{N})$$

が成り立つように選ぶことができる．$n \geqq N$ ならば，$x_n \in N(x_N\,;\,\varepsilon_N)$ であるから

$$d(x_n, x_N) < \varepsilon_N \leqq \frac{\varepsilon}{2^N}$$

が成り立ち，点列 $(x_n \mid n \in \boldsymbol{N})$ は完備距離空間 (X,d) の基本列である．この点列の極限点を x_∞ とする．このとき

$$x_\infty \in N(x_N\,;\,\varepsilon_N)^a \subset N(x\,;\,\varepsilon) \cap \left(\bigcap_{n=1}^{N} G_n\right) \qquad (N \in \boldsymbol{N})$$

が成り立つので

$$x_\infty \in N(x\,;\,\varepsilon) \cap \left(\bigcap_{n=1}^{\infty} G_n\right)$$

となる．よって，$\bigcap_{n=1}^{\infty} G_n$ は (X,d) において稠密であることがわかった． □

§27.　距離空間のコンパクト性

距離空間 (X, d) について，任意の正数 ε に対して，X の有限個の点 $x_1, \cdots, x_n$ を選んで

$$X = N(x_1\,;\,\varepsilon) \cup N(x_2\,;\,\varepsilon) \cup \cdots \cup N(x_n\,;\,\varepsilon)$$

となるようにできるとき，(X, d) は**全有界**であるという．

定理 27. 1　全有界な距離空間 (X, d) は第 2 可算公理を満足し，さらに X の任意の点列は基本列を部分列にもつ．

［**証明**］ (X, d) が全有界だから，任意の自然数 n に対して，X の有限部分集合 A_n を選んで

$$X = \cup\left(N\left(a\,;\,\frac{1}{n}\right) \middle| \, a \in A_n\right)$$

が成り立つようにできる．和集合 $A = \bigcup_{n=1}^{\infty} A_n$ は高々可算集合である．そこで

$$\mathscr{B} = \left\{N\left(a\,;\,\frac{1}{k}\right) \middle| \, a \in A,\ k \in \boldsymbol{N}\right\}$$

とおけば，$\mathscr{B}$ は高々可算集合であり，X の任意の点 x および任意の自然数 k に対して A_{2k} の元 a を選んで

$$x \in N\left(a\,;\,\frac{1}{2k}\right), \qquad N\left(a\,;\,\frac{1}{2k}\right) \subset N\left(x\,;\,\frac{1}{k}\right)$$

が成り立つようにできる．よって，$\mathscr{B}$ は d によって定まる X の距離位相の可算開基である．ゆえに，(X, d) は第 2 可算公理を満足する．次に，$s^{(0)} = (x_n \,|\, n \in \boldsymbol{N})$ を X の点列とする．数学的帰納法によって，各自然数 k に対して，X の点列 $s^{(k-1)}$ の部分列 $s^{(k)} = (x_n{}^{(k)} \,|\, n \in \boldsymbol{N})$ を

$$(*) \qquad d(x_m{}^{(k)}, x_n{}^{(k)}) < \frac{1}{k} \qquad (m, n \in \boldsymbol{N})$$

が成り立つように選ぼう．最初に選んだ X の有限部分集合の列 $(A_n \,|\, n \in \boldsymbol{N})$ を利用する．まず

$$X = \cup\left(N\left(a\,;\,\frac{1}{2}\right) \middle| \, a \in A_2\right)$$

であるから，有限集合 A_2 に属する点 a_1 を選んで

$$N_1=\left\{n\in \boldsymbol{N}\,\middle|\, x_n\in N\!\left(a_1\,;\,\frac{1}{2}\right)\right\}$$

が無限集合となるようにできる．ここで，$s^{(0)}$ の部分列 $s^{(1)}=({x_n}^{(1)}\,|\,n\in \boldsymbol{N})$ を集合として

$$\{{x_n}^{(1)}\,|\,n\in \boldsymbol{N}\}=\{x_n\,|\,n\in N_1\}$$

となるように定める．以下同様に，点列 $s^{(k-1)}$ まで与えられたとき，有限集合 A_{2k} に属する点 a_k を選んで

$$N_k=\left\{n\in \boldsymbol{N}\,\middle|\, {x_n}^{(k-1)}\in N\!\left(a_k\,;\,\frac{1}{2k}\right)\right\}$$

が無限集合となるようにできる．ここで，$s^{(k-1)}$ の部分列 $s^{(k)}=({x_n}^{(k)}\,|\,n\in \boldsymbol{N})$ を集合として

$$\{{x_n}^{(k)}\,|\,n\in \boldsymbol{N}\}=\{{x_n}^{(k-1)}\,|\,n\in N_k\}$$

となるように定める．このようにして定まる部分列 $s^{(k)}$ について，条件（$*$）が成り立つことは自明であろう．ここで，$s^{(\infty)}=({x_k}^{(k)}\,|\,k\in \boldsymbol{N})$ とおけば，$s^{(\infty)}$ は最初に与えられた点列 $s^{(0)}$ の部分列である．さらに，$n\geqq k$ ならば 2 点 ${x_n}^{(n)}, {x_k}^{(k)}$ はともに部分列 $s^{(k)}$ に属し，従って

$$d({x_n}^{(n)}, {x_k}^{(k)})<\frac{1}{k}$$

となるので，点列 $s^{(\infty)}$ は (X,d) の基本列である．　□

定理 27.2　距離空間 (X,d) について，次の三つの条件は互いに同等である．

(1)　(X,d) はコンパクトである．

(2)　(X,d) の任意の点列は収束する部分列をもつ．

(3)　(X,d) は全有界かつ完備である．

［**証明**］　まず，(1) から (2) が導かれることを示そう．$s=(x_n\,|\,n\in \boldsymbol{N})$ を X の点列とする．X の点 x が点列 s の中に無限回現れるとき，すなわち，$\{n\in \boldsymbol{N}\,|\,x_n=x\}$ が無限集合であるとき，s の部分列 $s'=(y_n\,|\,n\in \boldsymbol{N})$ を選んで，$y_n=x$ $(n\in \boldsymbol{N})$ とできる．この部分列 s' は点 x に収束する．このような点 x が存在しないとき，s の部分列 $t=(z_n\,|\,n\in \boldsymbol{N})$ を選んで，$m\neq n$ ならば常に $z_m\neq z_n$ であるようにできる．

X の無限部分集合 $A=\{z_n \mid n\in \boldsymbol{N}\}$ が集積点をもつことを示そう．もし A が集積点をもたなければ，X の各点は集合 A と高々１点で交わる開近傍をもつことになる．従って，X の開集合で集合 A と高々１点で交わるものの全体を $\mathfrak{U}$ とすれば，$\mathfrak{U}$ はコンパクトな距離空間 (X,d) の開被覆である．ゆえに $\mathfrak{U}$ に属する有限個の開集合 O_1, $\cdots, O_n$ によって X が被覆される．このとき

$$A=A\cap(O_1\cup\cdots\cup O_n)=(A\cap O_1)\cup\cdots\cup(A\cap O_n)$$

だから，A は高々 n 個の元から成る有限集合となり矛盾を生じる．よって，集合 A は集積点をもつことがわかった．X の点 z を集合 A の一つの集積点とする．任意の自然数 k に対して

$$N_k=\left\{n\in \boldsymbol{N} \,\middle|\, 0\neq d(z,z_n)<\frac{1}{k}\right\}$$

は無限集合である．従って，点列 $t=(z_n \mid n\in \boldsymbol{N})$ の部分列 $t^{(k)}=(z_n{}^{(k)} \mid n\in \boldsymbol{N})$ を集合として

$$\{z_n{}^{(k)} \mid n\in \boldsymbol{N}\}=\{z_n \mid n\in N_k\}$$

となるように一意に定めることができる．$N_k\supset N_{k+1}$ であるから，$t^{(k+1)}$ は $t^{(k)}$ の部分列になっている．このとき，点列 $(z_k{}^{(k)} \mid k\in \boldsymbol{N})$ は点列 t の部分列であり，従って最初に与えられた点列 s の部分列であって，点 z に収束する．よって，(X,d) がコンパクトであれば，任意の点列は収束する部分列をもつことがわかった．

次に (2) から (3) が導かれることを示そう．条件 (2) を仮定すれば，(X,d) の任意の基本列が収束する部分列をもち，従ってもとの基本列も収束するので，(X,d) は完備である．いま，(X,d) は全有界でないと仮定しよう．すなわち，ある正数 ε が存在して，X の有限個の点 $x_1,x_2,\cdots,x_n$ をどのように選んでも

$$X\neq N(x_1\,;\varepsilon)\cup N(x_2\,;\varepsilon)\cup\cdots\cup N(x_n\,;\varepsilon)$$

であるものとする．数学的帰納法によって（厳密には選択公理を使って），X の点列 $(x_n \mid n\in \boldsymbol{N})$ を $m\neq n$ ならば常に $d(x_m,x_n)\geqq\varepsilon$ であるように選ぶことができる．この点列は (X,d) において集積点をもたないので，収束する部分列をもたないことになる．よって，条件 (2) を仮定すれば (X,d) は全有界になる．

最後に，(3) から (1) が導かれることを示そう．$\mathfrak{A}=\{O_\alpha \mid \alpha\in\Lambda\}$ を X の開被覆とする．(X,d) は全有界な距離空間だから，定理 27.1 によって高々可算開基 $\mathcal{B}$ をもつ．$\mathcal{B}$ に属する開集合 O で，ある $\alpha\in\Lambda$ に対して $O\subset O_\alpha$ となるようなものの全体を $\mathfrak{A}_0$

とおく．$\mathfrak{A}_0$ は X の高々可算開被覆である．そこで，$\mathfrak{A}_0 = \{O_n \mid n \in \boldsymbol{N}\}$ とおくことができる．いま，

$$X = O_1 \cup \cdots \cup O_n$$

となるような自然数 n が存在しないものと仮定しよう．このとき，X の点列 $(x_n \mid n \in \boldsymbol{N})$ で

$$(*) \qquad x_n \notin O_1 \cup \cdots \cup O_n \qquad (n \in \boldsymbol{N})$$

となるものが存在する．再び定理 27.1 によって，この点列は基本列 $(y_n \mid n \in \boldsymbol{N})$ を部分列にもち，(X, d) は完備であるから

$$y = \lim_{n\to\infty} y_n$$

が存在する．$\mathfrak{A}_0$ は X の開被覆であったから，$y \in O_k$ となる $\mathfrak{A}_0$ に属する開集合 O_k が存在する．基本列 $(y_n \mid n \in \boldsymbol{N})$ が点 y に収束しているので，ある自然数 N を選んで，$n \geqq N$ ならば $y_n \in O_k$ が成り立つようにできる．一方，$n = \max\{k, N\}$ とすれば，$y_n = x_m$ となる自然数 $m \geqq n$ が存在し，条件（$*$）によって

$$y_n \notin O_1 \cup \cdots \cup O_m$$

が成り立つので，とくに $y_n \notin O_k$ となる．これは，k および N の選び方に矛盾する．よって

$$X = O_1 \cup \cdots \cup O_n$$

となる自然数 n が存在することがわかった．$\mathfrak{A}_0$ の定義により，最初に与えられた開被覆 $\mathfrak{A}$ に属する開集合 $O_{\alpha_1}, \cdots, O_{\alpha_n}$ を選んで，$O_i \subset O_{\alpha_i}$ $(i = 1, 2, \cdots, n)$ となるようにできる．従って

$$X = O_{\alpha_1} \cup \cdots \cup O_{\alpha_n}$$

が成り立ち，X の開被覆 $\mathfrak{A}$ は有限部分被覆をもつことがわかった．□

問 27.1　距離空間 (X, d) において，X の部分集合 A が集積点をもたなければ，X の各点は集合 A と高々 1 点で交わる開近傍をもつことを確かめよ．

問 27.2　定理 27.2 を利用して，ヒルベルト空間 (l^2, d_∞) の単位球面はコンパクトでないことを示せ．

問 27.3　(X, d) をコンパクトな距離空間とする．写像 $f : X \to X$ が与えられ，X の相異なる 2 点 x, y に対して常に

$$d(f(x), f(y)) < d(x, y)$$

が成り立っているものとする.

さらに, X 上の実数値関数 ρ を, $\rho(x) = d(x, f(x))$ によって定義する.

(1)　X の 2 点 x, y に対して, 常に

$$|\rho(x) - \rho(y)| \leqq 2 \cdot d(x, y)$$

が成り立つことを示せ.

(2)　実数値関数 ρ の最小値が 0 になることを示し, 写像 f がただ一つの不動点をもつことを確かめよ.

(3)　X の任意の点 x に対して

$$x_1 = f(x), \quad x_2 = f(x_1), \quad \cdots, \quad x_{n+1} = f(x_n), \quad \cdots$$

とおく. このようにしてできる点列 $(x_n \mid n \in \boldsymbol{N})$ は, 常に f のただ一つの不動点に収束することを示せ.

§28*. 距離空間の完備化

距離空間 $(X, d), (X', d')$ の間の写像 $f : X \to X'$ が, X の任意の 2 点 x, y に対して $d(x, y) = d'(f(x), f(y))$ を満たすとき, f は距離空間 (X, d) から距離空間 (X', d') への**等長写像**であるという. 等長写像 f は常に単射である. なぜなら, X の相異なる 2 点 x, y に対して $d(x, y) > 0$ であるから, $d'(f(x), f(y)) > 0$ となり, $f(x) \neq f(y)$ となるからである.

距離空間 (X, d) に対して, 距離空間 $(\widetilde{X}, \widetilde{d})$ および写像 $i : X \to \widetilde{X}$ が与えられ,

[$\mathbf{C}_1$]　$(\widetilde{X}, \widetilde{d})$ は完備である.

[$\mathbf{C}_2$]　写像 i は (X, d) から $(\widetilde{X}, \widetilde{d})$ への等長写像である.

[$\mathbf{C}_3$]　像 $i(X)$ は $(\widetilde{X}, \widetilde{d})$ において稠密である.

という三つの条件を満足するとき, 完備距離空間 $(\widetilde{X}, \widetilde{d})$ と等長写像 i の対 $((\widetilde{X}, \widetilde{d}), i)$ を距離空間 (X, d) の**完備化**または**完備拡大**という.

定理 28. 1* 任意の距離空間 (X,d) は完備化をもつ．さらに，$((\widetilde{X},\widetilde{d}),i)$ および $((\widehat{X},\widehat{d}),i')$ がともに (X,d) の完備化であれば，距離空間 $(\widetilde{X},\widetilde{d})$ から距離空間 $(\widehat{X},\widehat{d})$ への全射等長写像 f で，$i'=f\circ i$ となるものが存在する．

［**証明**］（第 1 段）まず，与えられた距離空間 (X,d) から，距離空間 $(\widetilde{X},\widetilde{d})$ および写像 $i:X\to\widetilde{X}$ を具体的に構成しよう．以後，X の点列 $(x_n\mid n\in\boldsymbol{N})$ を単に (x_n) で表すことにしよう．距離空間 (X,d) の基本列全体の集合を F とする．

(1)　F に属する任意の 2 元 $(x_n),(y_n)$ に対して，実数列 $(d(x_n,y_n)\mid n\in\boldsymbol{N})$ は収束することを示そう．任意の自然数 m,n に対して

$$d(x_m,y_m)\leqq d(x_m,x_n)+d(x_n,y_n)+d(y_n,y_m)$$

であるから

$$d(x_m,y_m)-d(x_n,y_n)\leqq d(x_m,x_n)+d(y_m,y_n)$$

が成り立ち，同様に

$$d(x_n,y_n)-d(x_m,y_m)\leqq d(x_m,x_n)+d(y_m,y_n)$$

も成り立つ．よって，

(i)
$$|d(x_m,y_m)-d(x_n,y_n)|\leqq d(x_m,x_n)+d(y_m,y_n)$$

が成り立つ．いま $(x_n),(y_n)$ はともに基本列であるから，任意の正数 ε に対して，ある自然数 N を選んでやると，$n\geqq N$ ならば $d(x_n,x_N)<\dfrac{\varepsilon}{2}$，$d(y_n,y_N)<\dfrac{\varepsilon}{2}$ が成り立つようにできる．よって，不等式 (i) から，$n\geqq N$ ならば

$$|d(x_n,y_n)-d(x_N,y_N)|<\varepsilon$$

が成り立つ．従って，実数列 $(d(x_n,y_n)\mid n\in\boldsymbol{N})$ は完備距離空間 $(\boldsymbol{R},d^{(1)})$ の基本列であり，収束することがわかった．ゆえに

$$d^*((x_n),(y_n))=\lim_{n\to\infty}d(x_n,y_n)$$

によって，実数 $d^*((x_n),(y_n))$ が定義できる．

(2)　このようにして定義された関数 $d^*:F\times F\to\boldsymbol{R}$ を使って，集合 F 上の二項関係 $\sim$ を次のように定義する．F の 2 元 $(x_n),(x_n')$ に対し，$d^*((x_n),(x_n'))=0$ となるときそのときに限り $(x_n)\sim(x_n')$ であるとする．この二項関係が F 上の同値関係であり，さらに $(x_n)\sim(x_n')$ かつ $(y_n)\sim(y_n')$ であれば

(ii)
$$d^*((x_n),(y_n))=d^*((x_n'),(y_n'))$$

が成り立つことがわかる．

(3)　集合 F の同値関係 $\sim$ による商集合 $F/\sim$ を $\widetilde{X}$ とし，F の元 (x_n) の同値類が表す $\widetilde{X}$ の元を $[(x_n)]$ とする．さらに，関数 $\widetilde{d}:\widetilde{X}\times\widetilde{X}\to\boldsymbol{R}$ を $\widetilde{X}$ の 2 元 $[(x_n)],[(y_n)]$ に対し

$$\widetilde{d}([(x_n)],[(y_n)])=d^*((x_n),(y_n))$$

によって定義する．実際，この式の右辺の値が同値類の代表元の選び方によらないことが (ii) によって示されている．このようにして定義された関数 $\widetilde{d}$ は集合 $\widetilde{X}$ 上の距離関数であることがわかる．

(4)　写像 $i:X\to\widetilde{X}$ を次のように定義しよう．X の点 x に対し $x_n=x$ $(n\in\boldsymbol{N})$ とおけば，点列 (x_n) は明らかに (X,d) の基本列，すなわち F の元である．この基本列を $\tilde{x}$ で表し，X の点 x に対し $\tilde{x}$ の同値類 $[\tilde{x}]$ を対応させる写像を $i:X\to\widetilde{X}$ とする．

（第 2 段）　以上で，距離空間 $(\widetilde{X},\widetilde{d})$ および写像 $i:X\to\widetilde{X}$ が定義された．次に，対 $((\widetilde{X},\widetilde{d}),i)$ が完備化の条件［$\mathbf{C}_1$］,［$\mathbf{C}_2$］,［$\mathbf{C}_3$］を満足することを示そう．

(5)　まず［$\mathbf{C}_2$］が成り立つことを示そう．X の 2 元 x,y に対して

$$\widetilde{d}(i(x),i(y))=\widetilde{d}([\tilde{x}],[\tilde{y}])=d^*(\tilde{x},\tilde{y})=\lim_{n\to\infty}d(x,y)=d(x,y)$$

が成り立つので，写像 i は (X,d) から $(\widetilde{X},\widetilde{d})$ への等長写像である．

(6)　次に，［$\mathbf{C}_3$］が成り立つことを示そう．そのため，F の元 (x_n) に対して

$$\text{(iii)}\qquad \lim_{m\to\infty}\widetilde{d}([(x_n)],i(x_m))=0$$

が成り立つことを証明しよう．(x_n) は (X,d) の基本列であるから，任意の正数 ε に対して，ある自然数 N を選んでやると，$m\geqq N$ かつ $n\geqq N$ ならば $d(x_m,x_n)<\dfrac{\varepsilon}{2}$ が成り立つようにできる．このとき，$m\geqq N$ ならば

$$\widetilde{d}([(x_n)],i(x_m))=d^*((x_n),\tilde{x}_m)=\lim_{n\to\infty}d(x_n,x_m)\leqq\frac{\varepsilon}{2}<\varepsilon$$

が成り立つ．従って，(iii) が成り立つ．よって，$\widetilde{X}$ の任意の元 $[(x_n)]$ は $i(X)$ に属する点列 $(i(x_m)\mid m\in\boldsymbol{N})$ の極限点となり，［$\mathbf{C}_3$］が成り立つことになる．

(7)　最後に，［$\mathbf{C}_1$］が成り立つこと，すなわち $(\widetilde{X},\widetilde{d})$ が完備距離空間であることを示そう．$(\xi_n\mid n\in\boldsymbol{N})$ を距離空間 $(\widetilde{X},\widetilde{d})$ の任意の基本列とする．すでに示されているように，像 $i(X)$ は $(\widetilde{X},\widetilde{d})$ において稠密であるから，X の点列 (x_n) で

$$\text{(iv)}\qquad \widetilde{d}(\xi_n,i(x_n))<\frac{1}{n}\qquad (n\in\boldsymbol{N})$$

を満足するものを（選択公理を使って）選ぶことができる．この点列 (x_n) は (X,d) の基本列であり，さらに

$$\widetilde{d}(\xi_n,[(x_m)]) \leqq \widetilde{d}(\xi_n,i(x_n)) + \widetilde{d}(i(x_n),[(x_m)])$$

が成り立つので，(iii)，(iv) を用いれば

$$\lim_{n\to\infty}\widetilde{d}(\xi_n,[(x_m)]) = 0$$

となり，$(\widetilde{X},\widetilde{d})$ の基本列 $(\xi_n \mid n\in\boldsymbol{N})$ が $\widetilde{X}$ の点 $[(x_n)]$ に収束する．よって $(\widetilde{X},\widetilde{d})$ は完備距離空間である．

以上で，対 $((\widetilde{X},\widetilde{d}),i)$ が与えられた距離空間 (X,d) の完備化であることがわかった．

（第3段） 次に，二つの対 $((\widetilde{X},\widetilde{d}),i)$ および $((\widehat{X},\widehat{d}),i')$ がともに (X,d) の完備化であるとする．写像 $f:\widetilde{X}\to\widehat{X}$ を次のように定義しよう．ξ を $\widetilde{X}$ の任意の点とする．条件［$\mathbf{C}_3$］によって，X の点列 (x_n) で

(v) $$\xi = \lim_{n\to\infty} i(x_n)$$

となるものが存在する．条件［$\mathbf{C}_2$］によって，点列 (x_n) は (X,d) の基本列であり，点列 $(i'(x_n) \mid n\in\boldsymbol{N})$ は $(\widehat{X},\widehat{d})$ の基本列である．$(\widehat{X},\widehat{d})$ の完備性によって，極限点

(vi) $$\xi^* = \lim_{n\to\infty} i'(x_n)$$

が存在する．そこで，$\widetilde{X}$ の点 ξ に $\widehat{X}$ の点 ξ^* を対応させる写像を f とするのである．この場合，(v) を満足する X の点列 (x_n) は一意的には決まらないが，(v) を満足する X の点列 (x_n) をどのように選んでも，(vi) によって定義される $\widehat{X}$ の点 ξ^* は一意的に決まることがわかる．

(8) 写像 f が $(\widetilde{X},\widetilde{d})$ から $(\widehat{X},\widehat{d})$ への等長写像であることを示そう．ξ,η を $\widetilde{X}$ の任意の2点とし，X の点列 $(x_n),(y_n)$ を

$$\xi = \lim_{n\to\infty}(x_n), \qquad \eta = \lim_{n\to\infty} i(y_n)$$

となるものとすれば，条件［$\mathbf{C}_2$］によって

$$\begin{aligned}\widetilde{d}(\xi,\eta) &= \lim_{n\to\infty}\widetilde{d}(i(x_n),i(y_n)) = \lim_{n\to\infty} d(x_n,y_n)\\ &= \lim_{n\to\infty}\widehat{d}(i'(x_n),i'(y_n)) = \widehat{d}(f(\xi),f(\eta))\end{aligned}$$

が成り立つ．よって，f は $(\widetilde{X},\widetilde{d})$ から $(\widehat{X},\widehat{d})$ への等長写像である．

(9) 次に，写像 f が $i' = f\circ i$ を満足することを示そう．これは，X の点 x に対して，X の点列 (x_n) で

$$i(x) = \lim_{n\to\infty} i(x_n)$$

を満足するものとして，$x_n = x$（$n \in \boldsymbol{N}$）である点列を選んでやれば

$$f(i(x)) = \lim_{n\to\infty} i'(x_n) = i'(x)$$

が成り立つことからわかる．

（10） 最後に，写像 f が全射であることを示そう．α を $\widehat{X}$ の任意の点とする．$i'(X)$ は $(\widehat{X}, \widehat{d})$ において稠密であるから，X の点列 (x_n) で

$$\alpha = \lim_{n\to\infty} i'(x_n)$$

となるものが存在する．これまでの議論と同様に，極限点 $\xi = \lim_{n\to\infty} i(x_n)$ の存在および $f(\xi) = \alpha$ となることがわかる．よって，f は全射である．

以上で定理 28.1 の証明が完了した． □

定理 28.1 の後半は，距離空間の完備化が本質的にはただ一つであることを主張している．定理 28.1 の証明において，詳しい証明を省略したところがある．それを練習問題として挙げておこう．

問 28.1 第 1 段（2）において，F の 2 元 $(x_n), (x_n')$ に対して $d^*((x_n), (x_n')) = 0$ となるときそのときに限り $(x_n) \sim (x_n')$ であると定義して，集合 F 上の二項関係 $\sim$ を定義したが，この二項関係 $\sim$ が F 上の同値関係であることを確かめ，さらに $(x_n) \sim (x_n')$ かつ $(y_n) \sim (y_n')$ であれば，$d^*((x_n), (y_n)) = d^*((x_n'), (y_n'))$ が成り立つことを証明せよ．

問 28.2 第 1 段（3）において定義された関数 $\tilde{d} : \widetilde{X} \times \widetilde{X} \to \boldsymbol{R}$ が集合 $\widetilde{X}$ 上の距離関数であることを確かめよ．

問 28.3 第 2 段（7）において，$(\widetilde{X}, \tilde{d})$ の基本列 $(\xi_n \mid n \in \boldsymbol{N})$ に対して，X の点列 (x_n) が不等式（iv）を満足すれば，この点列 (x_n) は (X, d) の基本列であることを確かめよ．

問 28.4 第 3 段において，$\widetilde{X}$ の点 ξ に対して，（v）を満足する X の点列 (x_n) をどのように選んでも，（vi）によって定義される $\widehat{X}$ の点 ξ^* は一意的に決まることを確かめよ．すなわち，X の点列 $(x_n), (x_n')$ について

$$\xi = \lim_{n\to\infty} i(x_n) = \lim_{n\to\infty} i(x_n{}')$$

が成り立つならば,

$$\lim_{n\to\infty} i'(x_n) = \lim_{n\to\infty} i'(x_n{}')$$

が成り立つことを示せ.

9

写像空間

§29 では，実連続関数の作る多元環の上に一様収束位相とよばれる位相を導入し，解析学における基礎的な定理であるアスコリ－アルツェラの定理とストーン－ワイエルシュトラスの定理を証明する．さらに，ティーツェの拡張定理を証明する．この拡張定理の証明に際して，§21 で与えたウリゾーンの補題が重要な役割を果す．

§30 では，二つの位相空間の間の連続写像全体の集合にコンパクト開位相とよばれる位相を導入し，その基本的性質について考察する．

本章の内容について，授業中に解説するには時間数が足りないだろうと思う．余力のある読者はぜひ一読してほしい．

§ 29*. 実連続関数

$(X, \mathcal{O})$ を位相空間とし，$f : X \to \boldsymbol{R}$ を（実数値）関数とする．f が位相空間 $(X, \mathcal{O})$ から通常の位相をもった位相空間 $\boldsymbol{R}$ への連続写像であるとき，f を位相空間 $(X, \mathcal{O})$ 上の**実連続関数**という．

以下，記号の煩雑さを避けるため，位相空間 $(X, \mathcal{O})$ を単に X で表すことにしよう．位相空間 X 上の実連続関数全体の集合を $C(X)$ で表す．$C(X)$ 上に一様収束位相と呼ばれる位相を導入し，位相空間 $C(X)$ についての基本的性質を考察しよう．

$C(X)$ の 2 元 f, g に対して

$$\delta(f, g) = \sup\{|f(x) - g(x)|,\ x \in X\}$$

とおく．ここに，実数の集合 $\{|f(x) - g(x)|,\ x \in X\}$ が上に有界でない場合には $\delta(f, g) = +\infty$ とおくことにする．さらに，任意の実数 a と $+\infty$ に対して $a < +\infty$ と約束しよう．$C(X)$ の元 f および正数 ε に対して

$$N(f\,;\varepsilon) = \{g \in C(X) \mid \delta(f, g) < \varepsilon\}$$

とおき，$N(f\,;\varepsilon)$ を f の ε-近傍という．距離空間の場合と同様に，$C(X)$ の元 f が $C(X)$ の部分集合 M の内点であるとは，$N(f\,;\varepsilon) \subset M$ となる正数 ε が存在することと定義し，M のすべての元が M の内点であるとき，M は $C(X)$ の開集合であると定義する．このようにして定義された $C(X)$ の開集合系は位相の条件 $[\mathbf{O}_1], [\mathbf{O}_2], [\mathbf{O}_3]$ を満足している．この位相を $C(X)$ 上の**一様収束位相**という．

$C(X)$ に属する関数列 $(f_n \mid n \in \boldsymbol{N})$ は，任意の正数 ε に対して，ある番号 N が存在し，すべての $n \geqq N$ に対して $f_n \in N(f_N\,;\varepsilon)$ となるようにできるとき，**一様基本列**であるという．$C(X)$ に属する関数列 $(f_n \mid n \in \boldsymbol{N})$ が $C(X)$ の元 f に**一様収束**するとは，任意の正数 ε に対して，ある番号 N が存在し，すべての $n \geqq N$ に対して $f_n \in N(f\,;\varepsilon)$ となるようにできることである．これは，$C(X)$ の一様収束位相に関して，点列 $(f_n \mid n \in \boldsymbol{N})$ が f に収束することと同等である．明らかに，一様収束する関数列は一様基本列である．

定理 29. 1*　一様収束位相に関して $C(X)$ は完備である．すなわち，$C(X)$ の一様基本列は常に $C(X)$ の元に一様収束する．

［**証明**］ 関数列 $(f_n \mid n \in \boldsymbol{N})$ を $C(X)$ の一様基本列とする．各点 $x \in X$ に対して，実数列 $(f_n(x) \mid n \in \boldsymbol{N})$ が基本列であるから，その極限値が存在する．そこで

$$f(x) = \lim_{n\to\infty} f_n(x), \qquad x \in X$$

と定義することによって，X 上の実数値関数 f を定めよう．f が連続関数であり，関数列 $(f_n \mid n \in \boldsymbol{N})$ が f に一様収束することを示そう．

正数 ε を任意に与える．関数列 $(f_n \mid n \in \boldsymbol{N})$ が一様基本列であるから，ある番号 N を選んで，すべての $n \geqq N$ に対して $\delta(f_n, f_N) < \dfrac{\varepsilon}{3}$ となるようにできる．従って，不等式

$$|f(x) - f_N(x)| \leqq \frac{\varepsilon}{3}, \qquad x \in X$$

が成り立つ．f_N は実連続関数であるから，X の任意の点 x_0 に対して，点 x_0 の開近傍 U を選んで，すべての $x \in U$ に対して

$$|f_N(x) - f_N(x_0)| < \frac{\varepsilon}{3}$$

が成り立つようにできる．このとき，任意の $x \in U$ に対して

$$\begin{aligned} |f(x) - f(x_0)| &\leqq |f(x) - f_N(x)| + |f_N(x) - f_N(x_0)| + |f_N(x_0) - f(x_0)| \\ &< \frac{\varepsilon}{3} + \frac{\varepsilon}{3} + \frac{\varepsilon}{3} = \varepsilon \end{aligned}$$

が成り立つ．従って，関数 f が X の任意の点で連続であること，すなわち $f \in C(X)$ であることがわかった．さらに，すべての $n \geqq N$ および $x \in X$ に対して

$$\begin{aligned} |f_n(x) - f(x)| &\leqq |f_n(x) - f_N(x)| + |f_N(x) - f(x)| \\ &< \frac{\varepsilon}{3} + \frac{\varepsilon}{3} = \frac{2\varepsilon}{3} \end{aligned}$$

が成り立つので，$\delta(f_n, f) \leqq \dfrac{2\varepsilon}{3} < \varepsilon$ となる．従って，関数列 $(f_n \mid n \in \boldsymbol{N})$ が f に一様収束することもわかった．□

X がコンパクト空間である場合には，X 上の実連続関数は常に最大値をもつので，先に定義した $\delta(f, g)$ は集合 $C(X)$ 上の距離関数になることがわかる．

定理 29. 2* （ディニ）　X をコンパクト空間とする．X 上の実連続関数列 $(f_n \mid n \in \boldsymbol{N})$ と X 上の実連続関数 f について，次の 2 条件が成り立てば，関数列 $(f_n \mid n \in \boldsymbol{N})$ は f に一様収束する．

(1)　すべての $x \in X$，$n \in \boldsymbol{N}$ に対して $f_n(x) \leqq f_{n+1}(x)$ である．

(2)　すべての $x \in X$ に対して

$$f(x) = \lim_{n \to \infty} f_n(x)$$

が成り立つ．

［**証明**］　正数 ε および自然数 n に対して

$$F(\varepsilon, n) = \{x \in X \mid f_n(x) \leqq f(x) - \varepsilon\}$$

と定義する．f および f_n が X 上の実連続関数であるから，$F(\varepsilon, n)$ は X の閉集合である．また，条件 (1) によって

$$F(\varepsilon, n+1) \subset F(\varepsilon, n)$$

が常に成り立つ．任意の正数 ε に対して，ある番号 N が存在して $F(\varepsilon, N) = \emptyset$ となることを示そう．ある正数 ε に対して，$F(\varepsilon, n) = \emptyset$ となる自然数 n が存在しないものと仮定しよう．この場合，閉集合族 $\{F(\varepsilon, n) \mid n \in \boldsymbol{N}\}$ は有限交叉性をもつことになり，X がコンパクト空間であるから

$$\bigcap_{n=1}^{\infty} F(\varepsilon, n) \neq \emptyset$$

となる．この共通部分に属する点の一つを x_0 とすれば，すべての自然数 n に対して

$$f_n(x_0) \leqq f(x_0) - \varepsilon$$

となり，条件 (2) に矛盾する．よって，任意の正数 ε に対して，ある番号 N が存在して $F(\varepsilon, N) = \emptyset$ となることがわかった．この場合，すべての $n \geqq N$，$x \in X$ に対して

$$f(x) - \varepsilon < f_n(x) \leqq f(x)$$

が成り立つので，関数列 $(f_n \mid n \in \boldsymbol{N})$ は関数 f に一様収束する．　□

例 29. 1　閉区間 $[0, 1]$ 上の実連続関数列 $(h_n \mid n \in \boldsymbol{N})$ を帰納的に

$$h_1(t) = 0, \qquad h_{n+1}(t) = h_n(t) + \frac{t - h_n(t)^2}{2} \qquad (n = 1, 2, 3, \cdots)$$

によって定義する．各 $h_n(t)$ は実数係数の t についての多項式であり，閉区間

$[0,1]$ に属する任意の実数 t に対して

$$h_n(t) \leqq \sqrt{t}\,, \qquad h_n(t) \leqq h_{n+1}(t), \qquad \lim_{n\to\infty} h_n(t) = \sqrt{t}$$

が成り立っている．従って，ディニの定理を使うと，閉区間 $[0,1]$ 上の実連続関数列 $(h_n \mid n \in \boldsymbol{N})$ は閉区間 $[0,1]$ 上で関数 $\sqrt{t}$ に一様収束することがわかる．

問 29.1　上の例 29.1 の証明を補え．

$C(X)$ の部分集合 S について，ある正数 K が存在して S の任意の 2 元 f, g に対して $\delta(f,g) \leqq K$ が成り立つとき，S は**一様有界**であるといい，任意の正数 ε および任意の点 $x \in X$ に対して，位相空間 X における点 x の近傍 U を選んで，任意の $f \in S$ および任意の $y \in U$ に対して $|f(x) - f(y)| < \varepsilon$ が成り立つようにできるとき，S は**同程度連続**であるという．

定理 29.3*　（アスコリ－アルツェラ）　X をコンパクト空間とする．$C(X)$ の部分集合 S について，$C(X)$ の一様収束位相に関して S が相対コンパクト，すなわち S の閉包 $\overline{S}$ がコンパクトであるための必要十分条件は S が一様有界かつ同程度連続であることである．

［**証明**］　X がコンパクト空間であるから，先に注意したように，$\delta(f,g)$ は $C(X)$ 上の距離関数であり，$C(X)$ 上の一様収束位相は δ が定める距離位相に一致する．この場合，定理 29.1 で示したように $C(X)$ は完備距離空間であり，その閉集合 $\overline{S}$ も完備である．従って，定理 27.2 によって，$\overline{S}$ が全有界であることと，S が一様有界かつ同程度連続であることとが同等な条件であることを示せばよい．

(1)　$\overline{S}$ が全有界であると仮定し，S が一様有界かつ同程度連続になることを示そう．$\overline{S}$ が全有界であるから，任意の正数 ε に対して，$C(X)$ に属する有限個の元 $f_1, \cdots, f_n$ を選んで

$$\overline{S} \subset N\!\left(f_1\,;\,\frac{\varepsilon}{3}\right) \cup \cdots\cdots \cup N\!\left(f_n\,;\,\frac{\varepsilon}{3}\right)$$

となるようにできる．X の点 x_0 を任意に与えて

$$U_i = \left\{x \in X \;\middle|\; |f_i(x) - f_i(x_0)| < \frac{\varepsilon}{3}\right\}, \qquad i = 1, 2, \cdots, n$$

$$U = U_1 \cap \cdots \cap U_n$$

と定義すれば，U は x_0 の開近傍であり，任意の $f \in S$ および任意の $x \in U$ に対して，ある番号 i を選んで $\delta(f, f_i) < \dfrac{\varepsilon}{3}$ とできるので

$$|f(x_0) - f(x)| \leqq |f(x_0) - f_i(x_0)| + |f_i(x_0) - f_i(x)| + |f_i(x) - f(x)|$$

$$< \frac{\varepsilon}{3} + \frac{\varepsilon}{3} + \frac{\varepsilon}{3} = \varepsilon$$

が成り立つ．よって，S は同程度連続である．再び $\overline{S}$ が全有界であることにより，$C(X)$ に属する有限個の元 $g_1, \cdots, g_r$ を選んで

$$S \subset N(g_1\,;\,1) \cup \cdots \cup N(g_r\,;\,1)$$

となるようにできる．そこで

$$K = 2 + \max_{i,j} \delta(g_i, g_j)$$

とおけば，S に属する任意の 2 元 f, g に対して $\delta(f, g) \leqq K$ が成り立ち，S は一様有界である．

(2)　逆に，S が一様有界かつ同程度連続であると仮定し，$\overline{S}$ が全有界になることを示そう．正数 ε を任意に与えておく．X の開集合 U と U に属する点 x の対 (U, x) で，任意の $f \in S$ および任意の $y \in U$ に対して $|f(x) - f(y)| < \dfrac{\varepsilon}{4}$ が成り立つようなものの全体を $\mathfrak{U}$ とする．S が同程度連続であることから，$\{U \mid (U, x) \in \mathfrak{U}\}$ はコンパクト空間 X の開被覆になる．よって，$\mathfrak{U}$ に属する有限個の対 $(U_1, x_1), \cdots, (U_m, x_m)$ を選んで

$$X = U_1 \cup \cdots \cup U_m$$

となるようにできる．整数の順序対 $(k_1, \cdots, k_m)$ に対して

$$S(k_1, \cdots, k_m) = \left\{ f \in S \;\middle|\; \frac{k_j \varepsilon}{4} \leqq f(x_j) \leqq \frac{(k_j + 1)\varepsilon}{4}\,;\; j = 1, 2, \cdots, m \right\}$$

とおく．S が一様有界だから，$S(k_1, \cdots, k_m) \neq \emptyset$ となる集合 $S(k_1, \cdots, k_m)$ は有限個だけである．そのような集合を $S_1, \cdots, S_n$ としよう．このとき

$$S = S_1 \cup \cdots \cup S_n$$

となる．各 S_i から元 f_i を任意に選んで固定しておく．ここで

$$\overline{S_i} \subset N(f_i\,;\,\varepsilon), \qquad i = 1, 2, \cdots, n$$

が成り立つことを示そう．任意の $f \in S_i$ および任意の $x \in X$ に対して，$x \in U_j$ となる番号 j を選ぶことができるので，

$$|f(x)-f_i(x)| \leqq |f(x)-f(x_j)|+|f(x_j)-f_i(x_j)|+|f_i(x_j)-f_i(x)|$$
$$< \frac{\varepsilon}{4}+\frac{\varepsilon}{4}+\frac{\varepsilon}{4}=\frac{3\varepsilon}{4}$$

が成り立ち，$\delta(f, f_i) \leqq \dfrac{3\varepsilon}{4} < \varepsilon$ となる．ゆえに

$$\overline{S}_i \subset N(f_i\,;\varepsilon), \qquad i=1,2,\cdots,n$$

が成り立ち，よって

$$\overline{S} = \bigcup_{i=1}^{n} \overline{S}_i \subset \bigcup_{i=1}^{n} N(f_i\,;\varepsilon)$$

が成り立つ．ゆえに $\overline{S}$ は全有界である．□

近似定理

次に，$C(X)$ の代数的構造と一様収束位相の関連について考察しよう．$C(X)$ の元 f, g および実数 c に対して，X 上の実数値関数 $f+g$，$f\cdot g$，$c\cdot f$ を次式によって定義しよう．

$$(f+g)(x) = f(x)+g(x), \qquad (f\cdot g)(x) = f(x)\cdot g(x),$$
$$(c\cdot f)(x) = c\cdot f(x), \qquad x \in X.$$

このようにして定義された関数 $f+g$，$f\cdot g$，$c\cdot f$ もまた $C(X)$ の元であることを示そう．そのため，この三つの関数がいずれも X の任意の点 x で連続であることを示そう．正数 ε に対して，三つの正数を

$$\delta_1 = \frac{\varepsilon}{2}, \qquad \delta_2 = \min\left\{1, \frac{\varepsilon}{1+|f(x)|+|g(x)|}\right\}, \qquad \delta_3 = \frac{\varepsilon}{1+|c|}$$

と定義する．ここで

$$U_1 = \{y \in X \mid |f(x)-f(y)| < \delta_1 \quad \text{かつ} \quad |g(x)-g(y)| < \delta_1\},$$
$$U_2 = \{y \in X \mid |f(x)-f(y)| < \delta_2 \quad \text{かつ} \quad |g(x)-g(y)| < \delta_2\},$$
$$U_3 = \{y \in X \mid |f(x)-f(y)| < \delta_3\}$$

と定義すれば，U_1, U_2, U_3 はいずれも点 x の開近傍である．さらに

$$|(f+g)(x)-(f+g)(y)| < \varepsilon \qquad (y \in U_1),$$
$$|(f\cdot g)(x)-(f\cdot g)(y)| < \varepsilon \qquad (y \in U_2),$$
$$|(c\cdot f)(x)-(c\cdot f)(y)| < \varepsilon \qquad (y \in U_3)$$

であることがわかる．従って，$f+g$，$f\cdot g$，$c\cdot f$ はいずれも $C(X)$ に属することがわかった．

$C(X)$ の部分集合 S について，S に属する任意の 2 元 f, g に対して $f+g$，$f\cdot g$ も S に属し，S に属する任意の元 f と任意の実数 c に対して $c\cdot f$ も S に属するとき，S を $C(X)$ の**部分多元環**という．例えば，通常の位相をもった $\boldsymbol{R}$ について，実数係数の多項式関数の全体は $C(\boldsymbol{R})$ の部分多元環である．

問 29.2 $C(X)$ の部分多元環 S に対して，閉包 $\overline{S}$ も $C(X)$ の部分多元環になることを示せ．

定理 29.4* （ストーン－ワイエルシュトラス） X をコンパクト空間とし，S を $C(X)$ の部分多元環とする．S が次の 2 条件を満足すれば，一様収束位相に関して S は $C(X)$ で稠密である．すなわち，S の閉包 $\overline{S}$ が $C(X)$ に一致する．

(1) S は X の任意の**2 点を分離する**．すなわち，X の相異なる任意の 2 点 x, y に対して $f(x) \neq f(y)$ となる S の元 f が存在する．

(2) S は X の各点で**消滅しない**．すなわち，X の任意の点 x に対して $g(x) \neq 0$ となる S の元 g が存在する．

［**証明**］（第 1 段） (1) $C(X)$ の元 f に対して，新しく $C(X)$ の元 $|f|$ を $|f|(x) = |f(x)|$ によって定義する．f が $C(X)$ の部分多元環 S に属するならば，$|f|$ は閉包 $\overline{S}$ に属することを示そう．$f=0$ のときは自明だから，$f \neq 0$ とする．X がコンパクト空間だから，正数

$$\|f\| = \sup\{|f(x)|,\ x \in X\}$$

が定まる．例 29.1 において構成した閉区間 $[0, 1]$ 上の実連続関数列 $(h_n \mid n \in \boldsymbol{N})$ を利用して，X 上の実連続関数列 $(f_n \mid n \in \boldsymbol{N})$ を

$$f_n(x) = h_n(\|f\|^{-2} f(x)^2)$$

によって定義する．各 h_n が実数係数の多項式関数であり，S が $C(X)$ の部分多元環であるから，各 f_n は S に属すことがわかる．関数列 $(h_n \mid n \in \boldsymbol{N})$ が関数 $\sqrt{t}$ $(0 \leqq t \leqq 1)$ に一様収束しているので，関数列 $(f_n \mid n \in \boldsymbol{N})$ は関数 $\|f\|^{-1}\cdot|f|$ に一様収束する．よって，$\|f\|^{-1}\cdot|f|$ は $\overline{S}$ の元であり，$\overline{S}$ も $C(X)$ の部分多元環であるから，$|f|$ も $\overline{S}$ に

属する.

(2) $C(X)$ の元 $f_1, \cdots, f_n$ に対して, $C(X)$ に属する関数

$$\max(f_1, \cdots, f_n), \qquad \min(f_1, \cdots, f_n)$$

を

$$\max(f_1, \cdots, f_n)(x) = \max\{f_1(x), \cdots, f_n(x)\},$$
$$\min(f_1, \cdots, f_n)(x) = \min\{f_1(x), \cdots, f_n(x)\}$$

によって定義する. f, g が $C(X)$ の部分多元環 S に属するならば, $\max(f, g)$ および $\min(f, g)$ がともに閉包 $\overline{S}$ に属することが, 次の等式によって示される.

$$\max(f, g) = \frac{1}{2}((f+g) + |f-g|),$$

$$\min(f, g) = \frac{1}{2}((f+g) - |f-g|).$$

さらに一般に, $f_1, \cdots, f_n$ が $C(X)$ の部分多元環 S に属するならば, $\max(f_1, \cdots, f_n)$ および $\min(f_1, \cdots, f_n)$ がともに閉包 $\overline{S}$ に属することが証明できる.

(第2段) 以後, $C(X)$ の部分多元環 S について, S は X の任意の2点を分離し, X の各点で消滅しないものと仮定し, $\overline{S} = C(X)$ となることを示そう.

(3) $C(X)$ の部分集合 S について, X の相異なる任意の2点 x, y と相異なる任意の二つの実数 a, b に対して $f(x) = a$ かつ $f(y) = b$ となる S の元 f が存在するとき, S は**二点固有性**をもつという. 二点固有性をもつ S が X の任意の2点を分離し, X の各点で消滅しないことは明らかであるが, S が $C(X)$ の部分多元環であれば逆が成り立つことを示そう. X の相異なる2点 x, y と相異なる二つの実数 a, b を与えておく. S が2点 x, y を分離し, 点 x で消滅しないことから, S の元 u, v で

$$u(x) \neq u(y), \qquad v(x) \neq 0$$

となるものが存在する. 実数 λ をうまく選んでやると, S の元 $h = u + \lambda \cdot v$ について

$$h(x) \neq h(y), \qquad h(x) \neq 0$$

が成り立つようにできる. このとき

$$\alpha = h(x)^2 - h(x)h(y) \neq 0$$

であり, S の元 f_1 を

$$f_1 = \alpha^{-1} \cdot (h^2 - h(y) \cdot h)$$

と定義すれば, $f_1(x) = 1$, $f_1(y) = 0$ となる. 同様にして S の元 f_2 で $f_2(x) = 0$, $f_2(y) = 1$ となるものが存在する. そこで, $f = a \cdot f_1 + b \cdot f_2$ とおけば, f も S に属し

$f(x) = a$, $f(y) = b$ となる．

(4)　$C(X)$ の任意の元 f，任意の正数 ε および X の任意の点 x_0 を与えたとき，$\overline{S}$ の元 h で $h(x_0) = f(x_0)$ かつ X の各点 x に対して $h(x) > f(x) - \varepsilon$ となるものが存在することを示そう．

$$S(x_0) = \{g \in S \mid f(x_0) = g(x_0)\}$$

と定義し，$S(x_0)$ の元 g に対して

$$M_\varepsilon(g) = \{x \in X \mid g(x) > f(x) - \varepsilon\}$$

と定義すれば，f, g の連続性と S が二点固有性をもつことによって，$\{M_\varepsilon(g) \mid g \in S(x_0)\}$ はコンパクト空間 X の開被覆になる．従って，$S(x_0)$ に属する有限個の元 $g_1, \cdots, g_m$ を選んで

$$X = M_\varepsilon(g_1) \cup \cdots \cup M_\varepsilon(g_m)$$

が成り立つようにできる．そこで

$$h = \max(g_1, \cdots, g_m)$$

と定義すれば，$h \in \overline{S}$ であり，$h(x_0) = f(x_0)$ かつ X の各点に対して $h(x) > f(x) - \varepsilon$ となることがわかる．

(5)　$\overline{S}$ の元 h で X の各点 x に対して $h(x) > f(x) - \varepsilon$ となるものの全体を $\overline{S}(\varepsilon)$ で表そう．$\overline{S}(\varepsilon)$ の元 h に対して

$$N_\varepsilon(h) = \{x \in X \mid h(x) < f(x) + \varepsilon\}$$

と定義する．f, h の連続性と (4) で考察した結果によって，$\{N_\varepsilon(h) \mid h \in \overline{S}(\varepsilon)\}$ はコンパクト空間 X の開被覆になる．従って，$\overline{S}(\varepsilon)$ に属する有限個の元 $h_1, \cdots, h_n$ を選んで

$$X = N_\varepsilon(h_1) \cup \cdots \cup N_\varepsilon(h_n)$$

が成り立つようにできる．そこで

$$k = \min(h_1, \cdots, h_n)$$

と定義すれば，$k \in \overline{S}$ であり，X の各点 x に対して

$$|f(x) - k(x)| < \varepsilon$$

となることがわかる．X がコンパクト空間であるから $\delta(f, k) < \varepsilon$ となる．

結局，$C(X)$ の任意の元 f の任意の ε-近傍が閉集合 $\overline{S}$ の元を含むことがわかった．よって，$\overline{S} = C(X)$ が成り立つ．　□

ストーン - ワイエルシュトラスの定理の証明において，詳しい証明を省略し

たところがある．それを練習問題として挙げておこう．

問 29.3 第2段 (3) において，S の元 u, v で

$$u(x) \neq u(y), \qquad v(x) \neq 0$$

となるものが存在するとき，実数 λ をうまく選んでやると，関数 $h = u + \lambda \cdot v$ について，$h(x) \neq h(y)$ かつ $h(x) \neq 0$ とできることを示せ．

問 29.4 第2段 (4) において，$\{M_\varepsilon(g) \mid g \in S(x_0)\}$ が X の開被覆になることを確かめよ．さらに

$$X = M_\varepsilon(g_1) \cup \cdots \cup M_\varepsilon(g_m)$$

が成り立てば，$h = \max(g_1, \cdots, g_m)$ は求める条件を満足することを確かめよ．

問 29.5 第2段 (5) において，$\{N_\varepsilon(h) \mid h \in \overline{S}(\varepsilon)\}$ が X の開被覆になることを確かめよ．さらに

$$X = N_\varepsilon(h_1) \cup \cdots \cup N_\varepsilon(h_n)$$

が成り立てば，$k = \min(h_1, \cdots, h_n)$ について，$|f(x) - k(x)| < \varepsilon$ が X の各点 x に対して成り立つことを確かめよ．

問 29.6 閉区間 $[a, b]$ 上の任意の実連続関数 $f(x)$ と任意の正数 ε に対して，実数係数の x についての多項式 $P(x)$ を選んで，閉区間 $[a, b]$ に属するすべての実数 x に対して

$$|f(x) - P(x)| < \varepsilon$$

が成り立つようにできることを示せ．

拡張定理

X を位相空間とし，A を X の部分空間とする．A 上の実連続関数 f に対して，X 上の実連続関数 h で，A の各点 a に対して $h(a) = f(a)$ となるものが存在すれば，h を f の X 上への**拡張**であるといい，f は X 上へ**拡張可能**であるという．

問 29.7 通常の位相をもった $\boldsymbol{R}$ と開区間 $(0, 1)$ について，$f(x) = x^{-1}$ で与えられる開区間 $(0, 1)$ 上の実連続関数 f は $\boldsymbol{R}$ 上の実連続関数に拡張できないことを示せ．

定理 29. 5* **（ティーツェの拡張定理）**　X を正規空間とし，A を X の閉集合とすれば，A 上の任意の実連続関数は X 上の実連続関数に拡張できる．

［**証明**］（第 1 段）任意の連続関数 $f : A \to [-1, 1]$ が連続関数 $h : X \to [-1, 1]$ に拡張可能であることを示そう．

(1)　正数 m を任意に与える．任意の連続関数 $u : A \to [-m, m]$ に対して，連続関数 $v : X \to \left[-\frac{m}{3}, \frac{m}{3}\right]$ で

$$|u(a) - v(a)| \leqq \frac{2m}{3} \qquad (a \in A)$$

となるものが存在することを示そう．実際

$$E = \left\{a \in A \,\middle|\, u(a) \geqq \frac{m}{3}\right\}, \quad F = \left\{a \in A \,\middle|\, u(a) \leqq -\frac{m}{3}\right\}$$

とおけば $E \cap F = \emptyset$ であり，E, F はともに X の閉集合である．よって，ウリゾーンの補題から，連続関数 $v : X \to \left[-\frac{m}{3}, \frac{m}{3}\right]$ で，$v(E) = \left\{\frac{m}{3}\right\}$ かつ $v(F) = \left\{-\frac{m}{3}\right\}$ となるものが存在することがわかり，このような v に対して常に

$$|u(a) - v(a)| \leqq \frac{2m}{3} \qquad (a \in A)$$

が成り立つ．

(2)　連続関数 $f : A \to [-1, 1]$ を与える．(1) によって，連続関数 $g_1 : X \to \left[-\frac{1}{3}, \frac{1}{3}\right]$ で

$$|f(a) - g_1(a)| \leqq \frac{2}{3} \qquad (a \in A)$$

となるものが存在する．そのような g_1 を一つ選んで，連続関数 $f_1 : A \to \left[-\frac{2}{3}, \frac{2}{3}\right]$ を

$$f_1(a) = f(a) - g_1(a) \qquad (a \in A)$$

によって定義する．次に，連続関数 f_1 に対して，(1) によって，連続関数 $g_2 : X \to \left[-\frac{2}{9}, \frac{2}{9}\right]$ で

$$|f_1(a) - g_2(a)| \leqq \frac{4}{9} \qquad (a \in A)$$

となるものを一つ選ぶ．さらに，連続関数 $f_2 : A \to \left[-\frac{4}{9}, \frac{4}{9}\right]$ を

$$f_2(a) = f_1(a) - g_2(a) \qquad (a \in A)$$

によって定義する．以下，帰納法によって（厳密には選択公理を使って）連続関数

$$g_n : X \to \left[-\frac{2^{n-1}}{3^n}, \frac{2^{n-1}}{3^n}\right],$$

$$f_n : A \to \left[-\frac{2^n}{3^n}, \frac{2^n}{3^n}\right] \qquad (n = 1, 2, 3, \cdots)$$

で

$$f_{n+1}(a) = f_n(a) - g_{n+1}(a) \qquad (a \in A)$$

を満足するものが存在する．

（3）　各自然数 n に対して，X 上の実連続関数 φ_n を

$$\varphi_n = g_1 + g_2 + \cdots + g_n$$

によって定義する．X の各点 x と自然数 n, m ($n \leqq m$) に対して

$$|\varphi_n(x)| \leqq 1 - \left(\frac{2}{3}\right)^n, \quad |\varphi_n(x) - \varphi_m(x)| \leqq \left(\frac{2}{3}\right)^n$$

が成り立つ．よって，関数列 $(\varphi_n \mid n \in \boldsymbol{N})$ は一様基本列である．その極限関数を h とする．h は X から閉区間 $[-1, 1]$ への連続関数であり，A の各点 a に対して

$$\begin{aligned} f(a) - h(a) &= f(a) - \lim_{n\to\infty} \varphi_n(a) \\ &= \lim_{n\to\infty} (f(a) - \varphi_n(a)) = \lim_{n\to\infty} f_n(a) = 0 \end{aligned}$$

が成り立つので，連続関数 $h : X \to [-1, 1]$ は最初に与えられた連続関数 $f : A \to [-1, 1]$ の拡張である．

（第２段）　写像 $\psi : \boldsymbol{R} \to (-1, 1)$ を

$$\psi(t) = \frac{t}{1 + |t|} \qquad (t \in \boldsymbol{R})$$

によって定義すれば，ψ は通常の位相に関して $\boldsymbol{R}$ から開区間 $(-1, 1)$ への同相写像である．任意に与えられた実連続関数 $f : A \to \boldsymbol{R}$ に対して，合成写像 $\psi \circ f$ を考えよう．この連続関数 $\psi \circ f$ に対して，第１段で示したように，連続関数 $h : X \to [-1, 1]$ で

$$h(a) = \psi(f(a)) \qquad (a \in A)$$

となるものが存在する．ここで

$$B = \{x \in X \mid |h(x)| = 1\}$$

とおけば，B は X の閉集合であり A と交わらない．再びウリゾーンの補題から，連続関数 $k : X \to [0, 1]$ で $k(A) = \{1\}$ かつ $k(B) = \{0\}$ となるものが存在する．そこで，

$$h_1(x) = h(x) \cdot k(x) \qquad (x \in X)$$

とおけば，h_1 は X から開区間 $(-1, 1)$ への連続関数であり，

$$h_1(a) = \psi(f(a)) \qquad (a \in A)$$

を満足していることがわかる．さらに $g = \psi^{-1} \circ h_1$ とおけば，g は X 上の実連続関数であり，A の各点 a に対して

$$g(a) = \psi^{-1}(h_1(a)) = f(a)$$

となる．すなわち，g は A 上の実連続関数 f の X 上への拡張である．□

§30*．コンパクト開位相

位相空間 X から位相空間 Y への連続写像全体の集合を $C(X, Y)$ で表す．集合 $C(X, Y)$ 上にコンパクト開位相とよばれる位相を導入し，位相空間 $C(X, Y)$ について考察しよう．

$A \subset X$，$B \subset Y$ に対して，$C(X, Y)$ の部分集合 $W(A, B)$ を

$$W(A, B) = \{f \in C(X, Y) \mid f(A) \subset B\}$$

と定義する．とくに，A が X のコンパクト集合で，B が Y の開集合であるような $W(A, B)$ の全体を $\mathscr{S}$ で表し，$\mathscr{S}$ によって生成される $C(X, Y)$ 上の位相を**コンパクト開位相**という．

問 30. 1　X の任意の部分集合 A および Y の任意の閉集合 B に対して，$W(A, B)$ は $C(X, Y)$ 上のコンパクト開位相に関して閉集合であることを示せ．

位相空間 X, Y および $C(X, Y)$ の部分集合 H に対して，写像

$$\Phi_H : H \times X \longrightarrow Y$$

を $\Phi_H(h, x) = h(x)$ $(h \in H,\ x \in X)$ によって定義しよう．集合 H 上にどんな位相を与えたら，Φ_H が積空間 $H \times X$ から Y への写像として連続になるかということを考えてみよう．H 上に離散位相を与えれば，Φ_H が連続になることは明らかであろう．$A \subset X$，$B \subset Y$ に対して

$$W_H(A, B) = H \cap W(A, B)$$

とおく．$C(X, Y)$ 上のコンパクト開位相に関する H 上の相対位相を H 上の**コンパクト開位相**という．この位相は，A が X のコンパクト集合で B が Y の開集合であるような $W_H(A, B)$ の全体で生成される H 上の位相である．

定理 30.1*　位相空間 X, Y および $C(X, Y)$ の部分集合 H について，

(1)　集合 H 上の位相 $\mathcal{O}$ に関して Φ_H が連続であれば，位相 $\mathcal{O}$ は H 上のコンパクト開位相より大きい．

(2)　X が局所コンパクトハウスドルフ空間である場合，集合 H 上のコンパクト開位相に関して，Φ_H は連続である．

［**証明**］　まず，(1) が成り立つことを示そう．集合 H 上の位相 $\mathcal{O}$ に関して Φ_H が連続であると仮定する．X の任意のコンパクト集合 K および Y の任意の開集合 U に対して，$W_H(K, U)$ が $\mathcal{O}$ に属することを示せば十分である．任意の点 $f_0 \in W_H(K, U)$ に対して

$$\{f_0\} \times K \subset {\Phi_H}^{-1}(U)$$

が成り立つ．Φ_H が連続であり，U が開集合であるから，${\Phi_H}^{-1}(U)$ は積空間 $H \times X$ の開集合である．K がコンパクト集合であるから，位相空間 $(H, \mathcal{O})$ における点 f_0 の開近傍 N と，位相空間 X における開集合 V で

$$K \subset V, \qquad N \times V \subset {\Phi_H}^{-1}(U)$$

となるものが存在する（問 23.1 参照）．任意の $f \in N$ に対して

$$f(K) = \Phi_H(\{f\} \times K) \subset \Phi_H(N \times V) \subset U$$

が成り立つので，$N \subset W_H(K, U)$ となる．これは，位相空間 $(H, \mathcal{O})$ において，$W_H(K, U)$ の任意の点 f_0 が $W_H(K, U)$ の内点であること，すなわち，$W_H(K, U)$ が $\mathcal{O}$ に属することを示している．よって，(1) が成り立つ．

次に，(2) が成り立つことを示そう．U を位相空間 Y の任意の開集合とし，${\Phi_H}^{-1}(U)$ が積空間 $H \times X$ において開集合であることを示そう．任意の点 $(f_0, x_0) \in {\Phi_H}^{-1}(U)$ に対して，位相空間 X において，${f_0}^{-1}(U)$ は点 x_0 の開近傍となる．X が局所コンパクトハウスドルフ空間であるから，点 x_0 の相対コンパクトな開近傍 V で，$\overline{V} \subset {f_0}^{-1}(U)$ となるものが存在する（問 24.1 参照）．この場合，

$$(f_0, x_0) \in W_H(\overline{V}, U) \times V, \qquad W_H(\overline{V}, U) \times V \subset {\Phi_H}^{-1}(U)$$

が成り立つ．よって，H 上のコンパクト開位相による積空間 $H \times X$ において，

$\Phi_H{}^{-1}(U)$ に属する任意の点 (f_0, x_0) が $\Phi_H{}^{-1}(U)$ の内点になり，$\Phi_H{}^{-1}(U)$ が積空間 $H \times X$ において開集合であることがわかった．ゆえに Φ_H は連続である．□

この定理によって，$C(X, Y)$ 上のコンパクト開位相はきわめて自然な位相であることがわかる．以後，とくに断らない限り，$C(X, Y)$ をコンパクト開位相によって位相空間とみることにしよう．

定理 30. 2* X, Y を位相空間とする．

(1)　Y がハウスドルフ空間であれば，$C(X, Y)$ もハウスドルフ空間である．

(2)　Y が正則空間であれば，$C(X, Y)$ も正則空間である．

［**証明**］まず，(1) が成り立つことを示そう．f, g を $C(X, Y)$ の相異なる 2 点とする．この場合，$f(x_0) \neq g(x_0)$ となる点 $x_0 \in X$ が存在し，Y がハウスドルフ空間であるから，互いに交わらない Y の開集合 U, V で

$$f(x_0) \in U, \qquad g(x_0) \in V$$

となるものが存在する．$W(\{x_0\}, U)$ は f の開近傍であり，$W(\{x_0\}, V)$ は g の開近傍であり，さらに

$$W(\{x_0\}, U) \cap W(\{x_0\}, V) = \emptyset$$

となる．よって，$C(X, Y)$ はハウスドルフ空間である．

次に，(2) が成り立つことを示そう．正則空間であることと，閉近傍の全体が基本近傍系になる位相空間であることとは同等な条件であること（定理 21. 3）を注意しておこう．$C(X, Y)$ の点 f および f の近傍 N を任意に与えよう．コンパクト開位相の定義によって

$$f \in \bigcap_{i=1}^{n} W(K_i, U_i), \qquad \bigcap_{i=1}^{n} W(K_i, U_i) \subset N$$

となるような X のコンパクト集合 $K_1, \cdots, K_n$ および Y の開集合 $U_1, \cdots, U_n$ が存在する．各 i について，Y の開集合 M で $\overline{M} \subset U_i$ となるようなものの全体を $\mathfrak{U}_i$ とおく．Y が正則空間であるから，

$$U_i = \bigcup \mathfrak{U}_i$$

が成り立つ．とくに，$\mathfrak{U}_i$ はコンパクト集合 $f(K_i)$ の開被覆になっている．有限部分被覆を考えることによって，Y の開集合 V_i で，

$$f(K_i) \subset V_i, \qquad \overline{V_i} \subset U_i$$

となるものが存在することがわかる．この場合，

$$\bigcap_{i=1}^{n} W(K_i, V_i) \subset \bigcap_{i=1}^{n} W(K_i, \overline{V_i}) \subset \bigcap_{i=1}^{n} W(K_i, U_i)$$

が成り立ち，$\bigcap_{i=1}^{n} W(K_i, \overline{V_i})$ は閉集合である（問 30.1 参照）．よって，点 f の開近傍 N は，点 f の閉近傍 $\bigcap_{i=1}^{n} W(K_i, \overline{V_i})$ を包むことがわかった．ゆえに，$C(X, Y)$ は正則空間であることが示された．□

問 30.2　位相空間 Y において，コンパクト集合 K と，K を包む開集合 U が与えられている．さらに，K の開被覆 $\mathfrak{U}$ で，すべての $M \in \mathfrak{U}$ に対して，$\overline{M} \subset U$ となるものが与えられているものとする．

(1)　Y の開集合 V で，$K \subset V$ かつ $\overline{V} \subset U$ となるものが存在することを示せ．

(2)　もし，すべての $M \in \mathfrak{U}$ に対して，$\overline{M}$ がコンパクトであれば，$\overline{V}$ がコンパクトになるように，V を選ぶことができることを示せ．

X, Y, Z を位相空間とする．写像

$$\mu : C(X, Y) \times C(Y, Z) \longrightarrow C(X, Z)$$

を $\mu(f, g) = g \circ f$（写像の合成）によって定義し，μ を**結合写像**と呼ぶ．

定理 30.3*　X, Z を位相空間とし，Y を局所コンパクトハウスドルフ空間とすれば，結合写像

$$\mu : C(X, Y) \times C(Y, Z) \longrightarrow C(X, Z)$$

は連続である．

［**証明**］　X の任意のコンパクト集合 K および Z の任意の開集合 U に対して，$\mu^{-1}(W(K, U))$ が積空間 $C(X, Y) \times C(Y, Z)$ の開集合であることを示せば十分である．任意の点

$$(f, g) \in \mu^{-1}(W(K, U))$$

に対して，$f(K) \subset g^{-1}(U)$ が成り立つ．Y の相対コンパクトな開集合 M で，$\overline{M} \subset g^{-1}(U)$ となるようなものの全体を $\mathfrak{U}$ とおく．Y が局所コンパクトハウスドルフ空間であるから，

$$\bigcup \mathfrak{U} = g^{-1}(U)$$

が成り立つ．とくに，$\mathfrak{U}$ はコンパクト集合 $f(K)$ の開被覆になっている．従って，Y の相対コンパクトな開集合 V で

$$f(K) \subset V, \qquad \overline{V} \subset g^{-1}(U)$$

となるものが存在する（問 30.2 参照）．この場合，

$$(f, g) \in W(K, V) \times W(\overline{V}, U), \qquad W(K, V) \times W(\overline{V}, U) \subset \mu^{-1}(W(K, U))$$

が成り立つ．よって，積空間 $C(X, Y) \times C(Y, Z)$ において，$\mu^{-1}(W(K, U))$ に属する任意の点 (f, g) が $\mu^{-1}(W(K, U))$ の内点であること，すなわち，$\mu^{-1}(W(K, U))$ が開集合であることがわかった．ゆえに，結合写像 μ は連続である． □

同相写像群

集合 G および写像 $\mu : G \times G \to G$ が与えられていて，次の三つの条件を満足する場合，(G, μ) または単に G を**群**という．

(1) $\mu(\mu(a, b), c) = \mu(a, \mu(b, c)) \qquad (a, b, c \in G)$

(2) G の元 e で，すべての $a \in G$ に対して

$$\mu(a, e) = \mu(e, a) = a$$

となるものが存在する．このような元 e を，群 G の**単位元**という．

(3) G の各元 a に対して，G の元 a' で

$$\mu(a, a') = \mu(a', a) = e$$

となるものが存在する．このような元 a' を a の**逆元**という．

条件（1）を**結合法則**という．通常 $\mu(a, b)$ を単に ab で表し，a と b の**積**とよんでいる．

問 30.3 群 (G, μ) において，

(1) 単位元はただ一つであることを示せ．

(2) 各元 $a \in G$ に対して，a の逆元はただ一つであることを示せ．（この元を a^{-1} で表している．）

X を位相空間とし，X から X への同相写像全体の集合を $\mathscr{H}(X)$ で表そう．

X から X への恒等写像 1_X は $\mathscr{H}(X)$ に属する．$\mathscr{H}(X)$ の元 f に対して，逆写像 f^{-1} も $\mathscr{H}(X)$ に属し，$\mathscr{H}(X)$ の 2 元 f, g に対して，合成写像 $f \circ g$ も $\mathscr{H}(X)$ に属する．写像

$$\mu : \mathscr{H}(X) \times \mathscr{H}(X) \to \mathscr{H}(X)$$

を $\mu(f, g) = f \circ g$ によって定義すれば，$(\mathscr{H}(X), \mu)$ は群であることがわかる．この群を，位相空間 X の**同相写像群**という．$\mathscr{H}(X)$ は $C(X, X)$ の部分集合であるから，以後，$\mathscr{H}(X)$ をコンパクト開位相によって位相空間とみることにしよう．定理 30.3 によれば，X が局所コンパクトハウスドルフ空間であれば，$\mu : \mathscr{H}(X) \times \mathscr{H}(X) \to \mathscr{H}(X)$ は連続写像である．

写像 $\nu : \mathscr{H}(X) \to \mathscr{H}(X)$ を $\nu(f) = f^{-1}$ によって定義しよう．

定理 30.4*　X がコンパクトハウスドルフ空間であれば，写像 $\nu : \mathscr{H}(X) \to \mathscr{H}(X)$ は連続である．

［**証明**］　$H = \mathscr{H}(X)$ とおく．X の任意のコンパクト集合 K および X の任意の開集合 U に対して

$$\nu^{-1}(W_H(K, U))$$

が $\mathscr{H}(X)$ の開集合であることを示せば十分である．$\mathscr{H}(X)$ の元 f に対して，$f^{-1}(K) \subset U$ が成り立つことと，$f(U^c) \subset K^c$ が成り立つこととは同等な条件であることがわかる．よって，

$$\nu^{-1}(W_H(K, U)) = W_H(U^c, K^c)$$

が成り立つ．ここに，U^c はコンパクト空間 X の閉集合であるからコンパクト集合であり，K^c はハウスドルフ空間 X におけるコンパクト集合の補集合であるから開集合である．ゆえに，$\nu^{-1}(W_H(K, U))$ は開集合である．□

注　この定理によって，X がコンパクトハウスドルフ空間であれば，同相写像群 $(\mathscr{H}(X), \mu)$ は位相群とよばれるものになることがわかるのである．

コンパクト開位相と一様収束位相の比較

X を位相空間とし，$\boldsymbol{R}$ を通常の位相をもった位相空間とすれば，$C(X, \boldsymbol{R})$ と前節で考察した $C(X)$ とは集合として等しいものである．集合 $C(X)$ 上のコン

パクト開位相と一様収束位相との大小関係について調べてみよう．

定理 30. 5* X を位相空間とする．

(1) $C(X)$ 上の一様収束位相はコンパクト開位相より大きい位相である．

(2) X がコンパクト空間であれば，$C(X)$ 上の一様収束位相とコンパクト開位相は一致する．

［**証明**］ まず，(1) が成り立つことを示そう．そのためには，X の任意のコンパクト集合 K と，$\boldsymbol{R}$ の任意の開集合 U に対して，$W(K, U)$ が一様収束位相に関して開集合であることを示せば十分である．任意の点 $f_0 \in W(K, U)$ に対して

$$\varepsilon = \inf\{d(f_0(x), U^c) \mid x \in K\}$$

とおけば，$\varepsilon > 0$ である．一様収束位相に関して，点 f_0 の $\dfrac{\varepsilon}{2}$-近傍 $N\left(f_0\,;\,\dfrac{\varepsilon}{2}\right)$ が $W(K, U)$ に包まれることを示そう．任意の点 $f \in N\left(f_0\,;\,\dfrac{\varepsilon}{2}\right)$ および任意の点 $x \in K$ に対して

$$d(f(x), U^c) \geqq d(f_0(x), U^c) - d(f_0(x), f(x)) \geqq \varepsilon - \frac{\varepsilon}{2} = \frac{\varepsilon}{2} > 0$$

が成り立つ．よって，$f(K) \subset U$ が成り立つ．ゆえに

$$N\left(f_0\,;\,\frac{\varepsilon}{2}\right) \subset W(K, U)$$

となる．結局，$W(K, U)$ は一様収束位相に関して開集合であることがわかった．

次に，(2) が成り立つことを示そう．X をコンパクト空間とする．任意の点 $f_0 \in C(X)$ および任意の正数 ε に対して，f_0 の ε-近傍 $N(f_0\,;\,\varepsilon)$ がコンパクト開位相に関しても点 f_0 の近傍であることを示せば十分である．さて，

$$\left\{ f_0^{-1}\left(B_1\left(f_0(x)\,;\,\frac{\varepsilon}{4}\right)\right) \,\middle|\, x \in X \right\}$$

はコンパクト空間 X の開被覆である．よって，X の有限個の点 $x_1, \cdots, x_n$ で

$$X = \bigcup_{i=1}^{n} f_0^{-1}\left(B_1\left(f_0(x_i)\,;\,\frac{\varepsilon}{4}\right)\right)$$

となるものが存在する．そこで，各 i に対して

$$K_i = f_0^{-1}\left(B_1\left(f_0(x_i)\,;\,\frac{\varepsilon}{4}\right)^a\right), \qquad U_i = B_1\left(f_0(x_i)\,;\,\frac{\varepsilon}{2}\right)$$

とおく．K_i は X のコンパクト集合であり，U_i は $\boldsymbol{R}$ の開集合である．任意の $f \in$

$W(K_i, U_i)$ および任意の $x \in K_i$ に対して

$$|f_0(x) - f(x)| \leqq |f_0(x) - f_0(x_i)| + |f_0(x_i) - f(x)| < \frac{\varepsilon}{4} + \frac{\varepsilon}{2} = \frac{3\varepsilon}{4}$$

が成り立ち，$X = \bigcup_{i=1}^{n} K_i$ であるから，任意の $f \in \bigcap_{i=1}^{n} W(K_i, U_i)$ に対して

$$\delta(f_0, f) = \sup\{|f_0(x) - f(x)|,\ x \in X\} \leqq \frac{3\varepsilon}{4} < \varepsilon$$

となる．よって，

$$f_0 \in \bigcap_{i=1}^{n} W(K_i, U_i), \qquad \bigcap_{i=1}^{n} W(K_i, U_i) \subset N(f_0\,;\,\varepsilon)$$

が成り立つ．ゆえに，$N(f_0\,;\,\varepsilon)$ はコンパクト開位相に関しても点 f_0 の近傍である．
□

問 30. 4　実数係数の m 行 n 列の行列全体の集合を $M(m,n)$ とする．集合 $M(m, n)$ 上の距離関数 d を，$M(m,n)$ の 2 元 $A = (a_{ij})$，$B = (b_{ij})$ に対して

$$d(A,B) = \sqrt{\sum_{i,j}(a_{ij} - b_{ij})^2}$$

によって定義する（この距離は $M(m,n)$ を自然な方法で mn 次元ユークリッド空間と同一視した場合のユークリッドの距離に対応するものである）．d が定める $M(m,n)$ 上の距離位相を $\mathcal{O}_d$ とする．一方，$M(m,n)$ の元 A が定める線型写像 $L_A : \boldsymbol{R}^n \to \boldsymbol{R}^m$，$L_A(x) = Ax$ は，$\boldsymbol{R}^n$ から $\boldsymbol{R}^m$ への連続写像であり，$C(\boldsymbol{R}^n, \boldsymbol{R}^m)$ に属する．よって，$M(m,n)$ を $C(\boldsymbol{R}^n, \boldsymbol{R}^m)$ の部分集合とみて，$M(m,n)$ にコンパクト開位相を与えることができる．集合 $M(m,n)$ 上に与えられた距離位相 $\mathcal{O}_d$ とコンパクト開位相とは一致することを示せ．

（ヒント：$\boldsymbol{R}^n$ の標準基底を $\{\boldsymbol{e}_1, \cdots, \boldsymbol{e}_n\}$ とする．線型写像 L_A は $\boldsymbol{R}^m$ の n 個のベクトル $A\boldsymbol{e}_1, \cdots, A\boldsymbol{e}_n$ によって一意に定まることを利用せよ．）

付録

有理数から実数へ

われわれは$0 \leqq a \leqq 1$であるような実数aは

$$a = 0.a_1a_2a_3\cdots\cdots \qquad (a_i = 0, 1, 2, \cdots, 9)$$

のように小数に展開できることを知っている．このような小数aに対して，$a_{(n)} = 0.a_1a_2\cdots a_n$とおけば

$$a_{(n)} = \sum_{i=1}^{n} \frac{a_i}{10^i}$$

は有理数である．二つの小数

$$a = 0.a_1a_2a_3\cdots\cdots, \qquad b = 0.b_1b_2b_3\cdots\cdots$$

について，$a_1 < b_1$であるか，$a_{(n)} = b_{(n)}$かつ$a_{n+1} < b_{n+1}$となるような自然数nが存在する場合，$a \leqq b$である．とくに，小数aについて

$$a_{(n)} \leqq a \leqq a_{(n)} + 10^{-n} \qquad (n = 1, 2, 3, \cdots)$$

が成り立つから，$a - a_{(n)} \to 0\ (n \to \infty)$となり，小数$a$は有理数列$a_{(1)}, a_{(2)}, a_{(3)}, \cdots$の極限値であると考えることができる．

例えば，$\dfrac{1}{30} = 0.0\dot{3} = 0.0333\cdots$であり，$\dfrac{1}{30} \times 3 = 0.0\dot{9} = 0.0999\cdots$となる．$a = 0.0\dot{9}$とおけば

$$0 \leqq 0.1 - a \leqq 0.1 - a_{(n)} = 10^{-n} \to 0 \qquad (n \to \infty)$$

が成り立ち，有理数列$a_{(1)}, a_{(2)}, a_{(3)}, \cdots$の極限値は$0.1$である．よって，$0.0\dot{9} = 0.1$となる．この例は，小数展開が一意的とは限らないことを示している．実

数について深く考察するには，このように収束という概念が重要になってくる．

このようなことを念頭において，カントールによる実数の構成の方法について解説してみよう．われわれは自然数全体の集合から出発して，加減乗除の四則演算が（0による除法を除いて）自由にできる数体系として有理数全体の集合が構成されていることを知っている．また，二つの有理数は常に大小の比較ができることや，大小と四則演算の関係についても知っている．例えば，$a > b$ かつ $c > 0$ ならば $ac > bc$ であることなどである．このような有理数の性質を基礎として実数を構成してみよう．

有理数列 $x_1, x_2, \cdots, x_n, \cdots$ を単に $\{x_n\}$ で表そう．有理数列 $\{x_n\}$ が有理数 x に**収束**するとは，どんな正の有理数 ε に対しても，ある番号 n_0 を選んで，$n \geqq n_0$ であるすべての番号 n に対して $|x_n - x| < \varepsilon$ が成り立つようにできることである．有理数列 $\{x_n\}$ について，どんな正の有理数 ε に対しても，ある番号 n_1 を選んで，$m \geqq n_1$ かつ $n \geqq n_1$ であるすべての番号 m, n に対して $|x_m - x_n| < \varepsilon$ が成り立つようにできる場合，$\{x_n\}$ は**基本列**であるという．収束列は常に基本列であることがわかる．基本列であるような有理数列全体の集合を $\mathscr{F}$ で表す．二つの基本列 $\{x_n\}, \{x_n'\}$ について，どんな正の有理数 ε に対しても，ある番号 n_2 を選んで，$n \geqq n_2$ であるすべての番号 n に対して $|x_n - x_n'| < \varepsilon$ が成り立つようにできる場合，$\{x_n\}$ と $\{x_n'\}$ とは**同値**であるといい，$\{x_n\} \sim \{x_n'\}$ で表す．この二項関係は $\mathscr{F}$ 上の同値関係である．基本列 $\{x_n\}$ が表す同値類を $\{x_n\}^*$ で示し，基本列 $\{x_n\}$ が定める**実数**という．すなわち，$\mathscr{F}$ 上の同値類の一つ一つを実数というのである．とくに，有理数 x の反復数列 $x, x, \cdots, x, \cdots$ が定める実数を x^* で表そう．

問　有理数列 $\{x_n\}$ が有理数 x に収束していれば，$\{x_n\}^* = x^*$ となることを確かめよ．

ここで，実数の間の大小関係を定義しよう．二つの実数 $\alpha = \{x_n\}^*$，$\beta = \{y_n\}^*$ に対して，正の有理数 δ と番号 n_0 を選んで，$n \geqq n_0$ であるすべての番号 n に対して，$x_n - y_n > \delta$ が成り立つようにできるならば，$\alpha > \beta$ であると定義する．この定義が可能であることを示そう．基本列 $\{x_n\}, \{y_n\}$ に対して，上の条件を満足する δ と n_0 が存在すると仮定し，$\{x_n\} \sim \{x_n'\}$，$\{y_n\} \sim \{y_n'\}$ であるとしよう．n_0 より大きい n_1 を選んで，$n \geqq n_1$ であるすべての番号 n に対して

$$|x_n - x_n'| < \frac{\delta}{3}, \quad |y_n - y_n'| < \frac{\delta}{3}$$

が成り立つようにできる．このような n に対して

$$x_n' - y_n' > \left(x_n - \frac{\delta}{3}\right) - \left(y_n + \frac{\delta}{3}\right) = (x_n - y_n) - \frac{2\delta}{3} > \frac{\delta}{3}$$

が成り立つ．従って，実数の大小関係の定義が，実数を定める基本列の選び方によらないことがわかった．

次に，二つの実数 α, β について

$$\alpha = \beta, \quad \alpha > \beta, \quad \beta > \alpha$$

の中のどれか一つが常に成り立つことを示そう．二つの実数 $\alpha = \{x_n\}^*$，$\beta = \{y_n\}^*$ について，$\alpha \neq \beta$ すなわち，$\{x_n\}$ と $\{y_n\}$ とは同値でない，と仮定しよう．この場合，ある正の有理数 δ が存在して，どんな番号 n_0 に対しても，$n > n_0$ かつ $|x_n - y_n| \geqq 3\delta$ となる番号 n が存在することになる．一方，$\{x_n\}, \{y_n\}$ が基本列であるから，ある番号 N を選んで，$n \geqq N$ であるすべての番号 n に対して

$$|x_n - x_N| < \frac{\delta}{2}, \quad |y_n - y_N| < \frac{\delta}{2}$$

が成り立つようにできる．この番号 N に対しても，$m > N$ かつ $|x_m - y_m| \geqq 3\delta$ となる番号 m が存在するので，

$$\begin{aligned} |x_N - y_N| &\geqq |x_m - y_m| - |x_N - x_m| - |y_N - y_m| \\ &> 3\delta - \left(\frac{\delta}{2} + \frac{\delta}{2}\right) = 2\delta. \end{aligned}$$

よって，$x_N - y_N > 2\delta$ または $y_N - x_N > 2\delta$ となる．前者の場合，$n \geqq N$ であるすべての番号 n に対して

$$x_n - y_n > \left(x_N - \frac{\delta}{2}\right) - \left(y_N + \frac{\delta}{2}\right) = (x_N - y_N) - \delta > \delta$$

が成り立ち，$\alpha > \beta$ となる．同様に，$y_N - x_N > 2\delta$ となる場合は $\beta > \alpha$ となる．

次に，実数の四則演算を定義しよう．実数 $\alpha = \{x_n\}^*$，$\beta = \{y_n\}^*$ に対して

$$\alpha + \beta = \{x_n + y_n\}^*, \quad \alpha - \beta = \{x_n - y_n\}^*, \quad \alpha \cdot \beta = \{x_n \cdot y_n\}^*,$$

$$\frac{\alpha}{\beta} = \left\{\frac{x_n}{y_n}\right\}^* \qquad \text{ただし}\ \beta \neq 0^*,\ y_n \neq 0.$$

このような定義が可能であることを，加法の場合について確かめてみよう．基本列 $\{x_n\}, \{y_n\}$ に対して，有理数列 $\{x_n + y_n\}$ が基本列であること，$\{x_n\} \sim \{x_n'\}$ かつ $\{y_n\} \sim \{y_n'\}$ であれば $\{x_n + y_n\} \sim \{x_n' + y_n'\}$ が成り立つこと，を示さなければならない．$\{x_n\}, \{y_n\}$ が基本列であれば，任意の正の有理数 ε に対して，ある番号 n_1 を選んで，$m \geqq n_1$ かつ $n \geqq n_1$ であるすべての番号 m, n に対して

$$|x_m - x_n| < \frac{\varepsilon}{2}, \quad |y_m - y_n| < \frac{\varepsilon}{2}$$

が成り立つようにできる．このような m, n に対して

$$|(x_m + y_m) - (x_n + y_n)| \leqq |x_m - x_n| + |y_m - y_n| < \frac{\varepsilon}{2} + \frac{\varepsilon}{2} = \varepsilon$$

が成り立つので，$\{x_n + y_n\}$ も基本列である．次に，$\{x_n\} \sim \{x_n'\}$ かつ $\{y_n\} \sim \{y_n'\}$ とすれば，任意の正の有理数 ε に対して，ある番号 n_2 を選んで，$n \geqq n_2$ であるすべての番号 n に対して

$$|x_n - x_n'| < \frac{\varepsilon}{2}, \quad |y_n - y_n'| < \frac{\varepsilon}{2}$$

が成り立つようにできる．このような n に対して

$$|(x_n + y_n) - (x_n' + y_n')| \leqq |x_n - x_n'| + |y_n - y_n'| < \frac{\varepsilon}{2} + \frac{\varepsilon}{2} = \varepsilon$$

が成り立つので，$\{x_n + y_n\} \sim \{x_n' + y_n'\}$ となる．

問　減法，乗法，除法の定義が可能であることを示せ．

このように定義した実数の四則演算について

$$\alpha+\beta=\beta+\alpha, \quad (\alpha+\beta)+\gamma=\alpha+(\beta+\gamma),$$
$$\alpha\cdot\beta=\beta\cdot\alpha, \quad (\alpha\cdot\beta)\cdot\gamma=\alpha\cdot(\beta\cdot\gamma), \quad (\alpha+\beta)\cdot\gamma=\alpha\cdot\gamma+\beta\cdot\gamma$$

が成り立つことがわかる．さらに，有理数の反復数列を考えれば

$$0^*+\alpha=\alpha, \quad 1^*\cdot\alpha=\alpha,$$
$$x^*+y^*=(x+y)^*, \quad x^*\cdot y^*=(x\cdot y)^*$$

が成り立つことも容易にわかるであろう．さらに，$\alpha>\beta$ ならば，$\alpha+\gamma>\beta+\gamma$ が成り立ち，$\alpha>0^*$ かつ $\beta>0^*$ であれば $\alpha\cdot\beta>0^*$ が成り立つこともわかる．

二つの有理数 x, y に対して，$x=y$，$x>y$ および $y>x$ となる場合に対応して，$x^*=y^*$，$x^*>y^*$ および $y^*>x^*$ となるので，有理数 x と，その反復数列が定める実数 x^* とを対応させると，1 対 1 に対応し，この対応によって，有理数として四則演算を施したものと，実数として四則演算を施したものとが自然に対応している．よって，x と x^* を区別すべき事情は何もないことがわかった．今後，x と x^* を同じものとして取り扱うことにしよう．このようにして，実数全体の集合 $\boldsymbol{R}$ が有理数全体の集合 $\boldsymbol{Q}$ を包むことになる．

有理数列 $\{x_n\}$ が基本列であれば，$\{|x_n|\}$ も基本列である．それで，実数 $\alpha=\{x_n\}^*$ の**絶対値**を $|\alpha|=\{|x_n|\}^*$ によって定義しよう．

問　$\alpha\geqq 0$ ならば $|\alpha|=\alpha$ であり，$\alpha<0$ ならば $\alpha+|\alpha|=0$ であることを確かめよ．

問　$|\alpha+\beta|\leqq|\alpha|+|\beta|$，$|\alpha\cdot\beta|=|\alpha|\cdot|\beta|$ が成り立つことを示せ．

$\alpha>0$ であるとき α を**正**の実数，$\alpha<0$ であるとき α を**負**の実数という．$\alpha=\{x_n\}^*$ が正の実数である場合，正の有理数 $\delta=\dfrac{q}{p}$（p, q は自然数）と，ある番号 n_1 を選んで，$m\geqq n_1$ であるすべての番号 m に対して $x_m>\delta$ となるようにできるので，$\alpha\geqq\delta$ となることがわかる．よって，

$$(p+1)\cdot\alpha>q\geqq 1$$

である．すなわち，正の実数 α に対して，$n \cdot \alpha > 1$ となる自然数 n が存在する．これを**アルキメデスの原理**という．

問　任意の実数 α に対して，$n \leqq \alpha < n+1$ が成り立つような整数 n がただ一つ存在することを示せ．

ここで，実数列の収束について考えてみよう．実数列 $\{\alpha_n\}$ が実数 α に**収束**するとは，任意の正の有理数 ε に対して，ある番号 n_0 を選んで，$n \geqq n_0$ であるすべての番号 n に対して $|\alpha_n - \alpha| < \varepsilon$ が成り立つようにできることである．この場合，$\alpha = \lim_{n\to\infty} \alpha_n$ で表す．実数列 $\{\alpha_n\}$ が**基本列**であるとは，任意の正の有理数 ε に対して，ある番号 n_1 を選んで，$m \geqq n_1$ かつ $n \geqq n_1$ であるすべての番号 m, n に対して $|\alpha_m - \alpha_n| < \varepsilon$ が成り立つようにできることである．実数の収束列は常に基本列である．

有理数の基本列 $\{x_n\}$ が定める実数を α とすれば，$\alpha = \lim_{n\to\infty} x_n$（厳密に書けば，$\alpha = \lim_{n\to\infty} x_n{}^*$）が成り立つことを示そう．任意の正の有理数 ε に対して，ある番号 n_0 を選んで，$m \geqq n_0$ かつ $n \geqq n_0$ であるすべての番号 m, n に対して $|x_m - x_n| < \dfrac{\varepsilon}{2}$ が成り立つようにできる．この場合，$m \geqq n_0$ であれば

$$|\alpha - x_m{}^*| = \{|x_n - x_m|\}^* \leqq \frac{\varepsilon}{2} < \varepsilon$$

が成り立ち，実数列 $\{x_n{}^*\}$ が α に収束することがわかった．結局，任意の実数は有理数列の極限値となることがわかった．これを**有理数の稠密性**という．

次に，$\{\alpha_n\}$ を実数の基本列とする．有理数の稠密性によって，有理数列 $\{x_n\}$ で，$|\alpha_n - x_n{}^*| < \dfrac{1}{n}$ $(n \in \boldsymbol{N})$ であるようなものが存在する．この数列 $\{x_n\}$ は基本列であることが確かめられる．この基本列が定める実数を α とすれば

$$|\alpha_n - \alpha| \leqq |\alpha_n - x_n{}^*| + |x_n{}^* - \alpha| < \frac{1}{n} + |x_n{}^* - \alpha|$$

が成り立ち，$\alpha = \lim_{n\to\infty} x_n{}^*$ であったので，$\alpha = \lim_{n\to\infty} \alpha_n$ となる．このように，実数の基本列は常にある実数に収束するのである．これを**実数の完備性**という．

ここで，実数の性質に関する基本的な定理を二つ挙げておこう．

カントールの区間縮小定理　$([a_n, b_n] \mid n \in \boldsymbol{N})$ を閉区間の列とする．各 $n \in \boldsymbol{N}$ について，$[a_n, b_n] \supset [a_{n+1}, b_{n+1}]$ が成り立ち，さらに，$\lim_{n\to\infty}(a_n - b_n) = 0$ であれば，各閉区間 $[a_n, b_n]$ に共通に含まれるただ一つの実数が存在する．

［**証明**］　二つの実数列 $\{a_n\}, \{b_n\}$ について，$m \geqq n$ であれば，a_m, b_m はともに閉区間 $[a_n, b_n]$ に含まれ，$\lim_{n\to\infty}(a_n - b_n) = 0$ であるから，実数列 $\{a_n\}, \{b_n\}$ はともに基本列であり，しかも同一の実数に収束することがわかる．そこで，

$$c = \lim_{n\to\infty} a_n = \lim_{n\to\infty} b_n$$

とおこう．実数列 $\{a_n\}$ は単調増加列であり，$\{b_n\}$ は単調減少列であるから，c は各閉区間 $[a_n, b_n]$ に含まれることがわかる．γ を c と異なる実数とすれば，$\lim_{n\to\infty}(a_n - b_n) = 0$ であるから，ある番号 n_0 が存在して，$n \geqq n_0$ であるすべての番号 n に対して $|a_n - b_n| < |\gamma - c|$ が成り立つ．従って，$n \geqq n_0$ ならば閉区間 $[a_n, b_n]$ は γ を含まない．ゆえに，各閉区間 $[a_n, b_n]$ に共通に含まれる実数は c ただ一つである．　□

ワイエルシュトラスの定理　E を $\boldsymbol{R}$ の空でない部分集合とする．E が上界をもてば，E の上限（最小上界）が存在し，E が下界をもてば，E の下限（最大下界）が存在する．

［**証明**］　実数 β を E の一つの上界とする．すなわち，すべての $x \in E$ に対して $x \leqq \beta$ が成り立つものとする．もし，$\beta \in E$ であれば，β は E の最大数であり E の上限である．それで，E は最大数をもたないものと仮定しよう．実数 $a \in E$ を一つ選んで固定しておく．閉区間 $I = [a, \beta]$ を 2 等分して，閉区間 $\left[\dfrac{a+\beta}{2}, \beta\right]$ が E と交われば，$I_1 = \left[\dfrac{a+\beta}{2}, \beta\right]$ とおき，E と交わらなければ，$I_1 = \left[a, \dfrac{a+\beta}{2}\right]$ とおく．このようにして作った閉区間 $I_1 = [a_1, b_1]$ について，b_1 は E の上界であり，I_1 は E と交わっている．次に，I_1 を 2 等分して，閉区間 $\left[\dfrac{a_1+b_1}{2}, b_1\right]$ が E と交われば，この閉区間を I_2 とおき，E と交わらなければ，$I_2 = \left[a_1, \dfrac{a_1+b_1}{2}\right]$ とおく．このようにして作った閉区間 $I_2 = [a_2, b_2]$ について，b_2 は E の上界であり，I_2 は E と交わっている．このような操作をくり返して，閉区間の列 $([a_n, b_n] \mid n \in \boldsymbol{N})$ で，各 n について，b_n は E の上界で，

$[a_n, b_n]$ は E と交わり，$\lim_{n\to\infty}(a_n - b_n) = 0$ となるものを作ることができる．

区間縮小定理によって，各閉区間 $[a_n, b_n]$ に共通に含まれるただ一つの実数 α が存在する．作り方から，$\alpha = \lim_{n\to\infty} a_n = \lim_{n\to\infty} b_n$ であり，各 b_n が E の上界であるから，α も E の上界である．γ を α より小さい実数とすれば，$\gamma \notin [a_n, b_n]$ となる番号 n が存在する．この場合 $\gamma < a_n$ である．一方，$[a_n, b_n]$ は E と交わるので，$x \in E$ で，$a_n \leqq x$ となるものが存在する．すなわち，$\gamma < \alpha$ ならば，$\gamma < x$ となる $x \in E$ が存在し，γ は E の上界でないことがわかる．よって，α は E の最小上界である．定理の後半もまったく同様に証明することができる． □

お　わ　り　に

まず，本書を執筆するにあたって参考にした文献を挙げておこう．

[1]　辻 正次：集合論，1933年，共立出版
[2]　河野伊三郎：位相空間論，1954年，共立全書
[3]　J. L. Kelley: General Topology，1955年，Van Nostrand
(児玉之宏訳：位相空間論，1968年，吉岡書店)
[4]　赤 攝也：集合論入門，1957年，培風館，新数学シリーズ
[5]　河田敬義・三村征雄：現代数学概説Ⅱ，1965年，岩波書店，現代数学
[6]　S. Lipschutz: Theory and Problems of General Topology，1965年，McGraw-Hill，Schaum's Outline Series
(大矢建正・花沢正純訳：一般位相，1987年，マグロウヒル)
[7]　松坂和夫：集合・位相入門，1968年，岩波書店
[8]　L. A. Steen - J. A. Seebach, Jr.: Counterexamples in Topology，1970年，Holt，Rinehart and Winston Inc.
[9]　森田紀一：位相空間論，1981年，岩波全書

集合とは，要素となるものの範囲がはっきりした，ものの集まりのことであった．自分自身を要素にもたない集合の集まり，$S=\{A \mid A \notin A\}$ を考えてみよう．もし，S が集合であれば，S 自身は S の要素になるであろうか．$S \in S$ と仮定すれば，集合 S は $S=\{A \mid A \notin A\}$ の要素であるから，$S \notin S$ となり矛盾を生じる．一方，$S \notin S$ と仮定すれば，集合 S は $S=\{A \mid A \notin A\}$ の要素でないから，$S \in S$ となり，やはり矛盾を生じる．この矛盾をラッセルの逆理という．このように，自分自身を要素にもたない集合の集まりは，もはや集合と考えることができないことがわかる．このようにして，集合を厳密に規定するには公理論的な取り扱いが不可欠になってくる．関心の

ある読者は [3], [4] の付録を参照してほしい.

集合論の入門書では必ず取り扱われてきた濃度の演算の系統的な解説や, 順序数とその演算については, 本書ではまったく触れなかった. 関心のある読者は [1], [4], [7] などを参照してほしい.

上述の文献の [1], [2], [3] は筆者が学生時代に参考書として活用したものであり, 本書にもこれらの書物の影響が強く現れていることをお断りしておく. とくに, [3] は現在も辞書のように利用しているものである.

[5] は積空間のコンパクト性に関するチコノフの定理が選択公理と同等であることを筆者に教えてくれた書物であり, [6], [8] は演習問題を作ったり, 反例を見出すときに利用している. [7] は集合と位相に関する標準的な参考書として学生達に薦めてきた書物である. [9] は位相空間論の専門家が書いた入門書で, パラコンパクト空間についての詳しい解説がある.

解答とヒント

問 1.1 成り立つ式は (1), (2), (3), (7), (8); 成り立たない式は (4), (5), (6), (9), (10).

問 1.2 (1) $X = D$ (2) $X = B$ (3) $X = C, E, F$ (4) $X = B, D$.

問 1.3 成り立つ式は (2), (3), (4), (6); 成り立たない式は (1), (5).

問 1.4 nについての数学的帰納法によって証明する. $n = 1$のとき, ただ一つの元から成る集合Aの部分集合は空集合$\emptyset$と集合Aの2個である. 一般に$n-1$個の元から成る集合の部分集合が全部で2^{n-1}個であると仮定して, n個の元から成る集合$A = \{a_1, \cdots, a_{n-1}, a_n\}$について考察しよう. $B = \{a_1, \cdots, a_{n-1}\}$とおく. Aの部分集合で元a_nを含まないものはBの部分集合であり, そのような部分集合は全部で2^{n-1}個である. 一方, Aの部分集合で元a_nを含むものはBの部分集合と集合$\{a_n\}$の非交和として一意に表される. 従って, このような部分集合も全部で2^{n-1}個である. 結局, n個の元から成る集合Aの部分集合は全部で$2^{n-1} + 2^{n-1}$個あることになる.

問 2.2 $A = \{x \mid x \in A\} = \{x \mid x \in A$ かつ $x \notin B$, または $x \in A$ かつ $x \in B\}$ $= \{x \mid x \in A - B$ または $x \in A \cap B\} = (A - B) \cup (A \cap B)$,

$A \cup B = ((A - B) \cup (A \cap B)) \cup B = (A - B) \cup ((A \cap B) \cup B) = (A - B) \cup B$,

$B \cap (A - B) = \{x \mid x \in B$ かつ $x \in A - B\} = \{x \mid x \in B$ かつ $x \in A$ かつ $x \notin B\}$ $= \{x \in A \mid x \in B$ かつ $x \notin B\} = \emptyset$.

問 2.4 問 2.2 の結果を用いると, $A \cap B = \emptyset$ならば$A = (A - B) \cup (A \cap B) = A - B$であり, 逆に$A - B = A$ならば$B \cap A = B \cap (A - B) = \emptyset$である.

問 2.6

(1) $(A \cup B) \cap (A \cup C) \cap (B \cup C) = (A \cup (B \cap C)) \cap (B \cup C)$

$= (A \cap (B \cup C)) \cup ((B \cap C) \cap (B \cup C)) = (A \cap B) \cup (A \cap C) \cup (B \cap C)$

(2) $(A \cup B) \cap (A \cup C) \cap (A \cup D) \cap (B \cup C) \cap (B \cup D) \cap (C \cup D)$

$= ((A \cap B) \cup (A \cap C) \cup (B \cap C)) \cap ((A \cup D) \cap (B \cup D) \cap (C \cup D))$

$= ((A \cap B) \cup (A \cap C) \cup (B \cap C)) \cap ((A \cap B \cap C) \cup D)$

$$= (((A \cap B) \cup (A \cap C) \cup (B \cap C)) \cap (A \cap B \cap C))$$
$$\cup (((A \cap B) \cup (A \cap C) \cup (B \cap C)) \cap D)$$
$$= (A \cap B \cap C) \cup (A \cap B \cap D) \cup (A \cap C \cap D) \cup (B \cap C \cap D)$$

問 3.3 (1)

$$A \circ B = (A - B) \cup (B - A) = (B - A) \cup (A - B) = B \circ A$$
$$A \circ A = (A - A) \cup (A - A) = \emptyset$$
$$A \circ \emptyset = (A - \emptyset) \cup (\emptyset - A) = A$$

最後に，等式 $(A \circ B) \circ C = A \circ (B \circ C)$ が成り立つことを示そう．

$$(A \circ B) \circ C = (A \circ B - C) \cup (C - A \circ B)$$
$$A \circ B - C = (A - B) \cup (B - A) - C = (A - B - C) \cup (B - A - C)$$
$$= (A - (B \cup C)) \cup (B - (A \cup C))$$
$$C - A \circ B = C - ((A - B) \cup (B - A)) = (C - (A - B)) \cap (C - (B - A))$$
$$C - (A - B) = (C - A) \cup (C \cap B)$$
$$C - (B - A) = (C - B) \cup (C \cap A)$$
$$C - A \circ B = ((C - A) \cap (C - B)) \cup ((C \cap B) \cap (C \cap A))$$
$$= (C - (A \cup B)) \cup (A \cap B \cap C)$$

これらの等式より，次の等式を得る．

$$(A \circ B) \circ C = (A - (B \cup C)) \cup (B - (A \cup C)) \cup (C - (A \cup B)) \cup (A \cap B \cap C)$$

この等式の右辺は A, B, C の順序を入れ替えても同じである．よって，$A \circ (B \circ C) = (B \circ C) \circ A$ の右辺は $(A \circ B) \circ C$ に一致する．

(2) 等式 $A \circ X = B$ が与えられた場合，

$$A \circ B = A \circ (A \circ X) = (A \circ A) \circ X = \emptyset \circ X = X$$

逆に，

$$A \circ (A \circ B) = (A \circ A) \circ B = \emptyset \circ B = B$$

よって，$X = A \circ B$ が等式 $A \circ X = B$ を満たすただ一つの集合である．

問 5.1 $(f \circ g)(x) = x^2 + 3$, $(g \circ f)(x) = x^2 + 4x + 5$, $(f \circ f)(x) = x + 4$, $(g \circ g)(x) = x^4 + 2x^2 + 2$.

問 5.2 (1) $x \in \left(\bigcup_{\lambda \in \Lambda} A_\lambda\right) \cap B \iff x \in \bigcup_{\lambda \in \Lambda} A_\lambda$ かつ $x \in B \iff x \in B$ かつ，ある $\lambda \in \Lambda$ に対して $x \in A_\lambda \iff$ ある $\lambda \in \Lambda$ に対して $x \in A_\lambda \cap B \iff x \in \bigcup_{\lambda \in \Lambda} (A_\lambda \cap B)$.

(2)　$x \in \left(\bigcap_{\lambda\in\Lambda} A_\lambda\right) \cup B \iff x \in \bigcap_{\lambda\in\Lambda} A_\lambda$ または $x \in B \iff x \in B$ または，すべての $\lambda \in \Lambda$ に対して $x \in A_\lambda \iff$ すべての $\lambda \in \Lambda$ に対して $x \in A_\lambda \cup B \iff$ $x \in \bigcap_{\lambda\in\Lambda} (A_\lambda \cup B)$.

問 5.3　各 $\lambda \in \Lambda$ に対して $\bigcap_{\lambda\in\Lambda} A_\lambda \subset A_\lambda \subset \bigcup_{\lambda\in\Lambda} A_\lambda$ が成り立つ．補集合を考えると，$\left(\bigcup_{\lambda\in\Lambda} A_\lambda\right)^c \subset A_\lambda{}^c \subset \left(\bigcap_{\lambda\in\Lambda} A_\lambda\right)^c$ が成り立ち，従って，(i)　$\left(\bigcup_{\lambda\in\Lambda} A_\lambda\right)^c \subset \bigcap_{\lambda\in\Lambda} (A_\lambda{}^c)$，$\bigcup_{\lambda\in\Lambda} (A_\lambda{}^c) \subset \left(\bigcap_{\lambda\in\Lambda} A_\lambda\right)^c$ が成り立つ．$B_\lambda = A_\lambda{}^c$ とおけば，まったく同様に $\left(\bigcup_{\lambda\in\Lambda} B_\lambda\right)^c \subset \bigcap_{\lambda\in\Lambda} (B_\lambda{}^c) = \bigcap_{\lambda\in\Lambda} A_\lambda$，$\bigcup_{\lambda\in\Lambda} A_\lambda = \bigcup_{\lambda\in\Lambda} (B_\lambda{}^c) \subset \left(\bigcap_{\lambda\in\Lambda} B_\lambda\right)^c$ が成り立つ．補集合を考えると，(ii)　$\left(\bigcap_{\lambda\in\Lambda} A_\lambda\right)^c \subset \bigcup_{\lambda\in\Lambda} B_\lambda = \bigcup_{\lambda\in\Lambda} (A_\lambda{}^c)$，$\bigcap_{\lambda\in\Lambda} (A_\lambda{}^c) = \bigcap_{\lambda\in\Lambda} B_\lambda \subset \left(\bigcup_{\lambda\in\Lambda} A_\lambda\right)^c$ が成り立つ．(i), (ii) を合わせると (1), (2) が成り立つ．

問 5.4　定理 5.2 の証明を参考にせよ．

問 5.5　n 個の集合 $A_1, \cdots, A_n$ の中で，A_i 以外の $n-1$ 個の集合の共通部分を

$$A_1 \cap \cdots \cap \breve{A}_i \cap \cdots \cap A_n$$

と表示する．この場合，求める等式は

$$\bigcap_{1\leqq i<j\leqq n} (A_i \cup A_j) = \bigcup_{1\leqq i\leqq n} (A_1 \cap \cdots \cap \breve{A}_i \cap \cdots \cap A_n) \qquad \cdots(*)$$

と表示される．この等式が $n = 3, 4$ の場合に成り立つことを示せというのが問 2.6 であった．

帰納法により，等式（$*$）が成り立つことを示そう．

$$\begin{aligned}
\bigcap_{1\leqq i<j\leqq n} (A_i \cup A_j) &= \left(\bigcap_{1\leqq i<j\leqq n-1} (A_i \cup A_j)\right) \cap \left(\bigcap_{1\leqq i<n} (A_i \cup A_n)\right) \\
&= \left(\bigcup_{1\leqq i\leqq n-1} (A_1 \cap \cdots \cap \breve{A}_i \cap \cdots \cap A_{n-1})\right) \cap \left(\left(\bigcap_{1\leqq i<n} A_i\right) \cup A_n\right) \\
&= \left(\bigcap_{1\leqq i<n} A_i\right) \cup \left(\bigcup_{1\leqq i\leqq n-1} (A_1 \cap \cdots \cap \breve{A}_i \cap \cdots \cap A_{n-1}) \cap A_n\right) \\
&= (A_1 \cap \cdots \cap A_{n-1}) \cup \left(\bigcup_{1\leqq i<n} (A_1 \cap \cdots \cap \breve{A}_i \cap \cdots \cap A_n)\right) \\
&= \bigcup_{1\leqq i\leqq n} (A_1 \cap \cdots \cap \breve{A}_i \cap \cdots \cap A_n)
\end{aligned}$$

問 5.6　(1)　$\bigcap_{n=k-1}^{\infty} E_n \subset \bigcap_{n=k}^{\infty} E_n \subset E_k$ であるから，各 $j \in \boldsymbol{N}$ に対して，$\bigcup_{k=1}^{\infty}\bigcap_{n=k}^{\infty} E_n = \bigcup_{k=j}^{\infty}\bigcap_{n=k}^{\infty} E_n \subset \bigcup_{k=j}^{\infty} E_k$ が成り立つ．ゆえに $\liminf_{n\to\infty} E_n = \bigcup_{k=1}^{\infty}\bigcap_{n=k}^{\infty} E_n \subset \bigcap_{j=1}^{\infty}\bigcup_{k=j}^{\infty} E_k = \limsup_{n\to\infty} E_n$.

(2)　$\forall n \in \boldsymbol{N} : A_n \subset B_n$ の場合，各 k について

$$\bigcup_{n=k}^{\infty} A_n \subset \bigcup_{n=k}^{\infty} B_n, \qquad \bigcap_{n=k}^{\infty} A_n \subset \bigcap_{n=k}^{\infty} B_n$$

が成り立つので

$$\limsup_{n\to\infty} A_n = \bigcap_{k=1}^{\infty}\bigcup_{n=k}^{\infty} A_n \subset \bigcap_{k=1}^{\infty}\bigcup_{n=k}^{\infty} B_n = \limsup_{n\to\infty} B_n$$

$$\liminf_{n\to\infty} A_n = \bigcup_{k=1}^{\infty}\bigcap_{n=k}^{\infty} A_n \subset \bigcup_{k=1}^{\infty}\bigcap_{n=k}^{\infty} B_n = \liminf_{n\to\infty} B_n$$

(3) 上の (2) により，次の式が成り立つ．

$$\limsup_{n\to\infty} A_n \cup \limsup_{n\to\infty} B_n \subset \limsup_{n\to\infty}(A_n \cup B_n)$$

よって，逆向きの包含関係が成り立つことを示そう．

$$\exists x \in \limsup_{n\to\infty}(A_n \cup B_n) - \left(\limsup_{n\to\infty} A_n \cup \limsup_{n\to\infty} B_n\right) \qquad \cdots(*)$$

と仮定する．この場合，とくに

$$x \notin \limsup_{n\to\infty} A_n \cup \limsup_{n\to\infty} B_n$$

であり，ある k について

$$x \notin \bigcup_{n=k}^{\infty} A_n \quad かつ \quad x \notin \bigcup_{n=k}^{\infty} B_n$$

となる．この結果，

$$x \notin \bigcup_{n=k}^{\infty}(A_n \cup B_n)$$

となり，

$$x \notin \limsup_{n\to\infty}(A_n \cup B_n)$$

が導かれるので，仮定（*）に矛盾する．よって，求める等式を得る．

(4) 上の (2) により，次の式が成り立つ．

$$\liminf_{n\to\infty}(A_n \cap B_n) \subset \liminf_{n\to\infty} A_n \cap \liminf_{n\to\infty} B_n \qquad \cdots(\circ)$$

よって，逆向きの包含関係が成り立つことを示そう．

$$x \in \liminf_{n\to\infty} A_n \cap \liminf_{n\to\infty} B_n$$

と仮定する．この場合，ある k について

$$x \in \bigcap_{n=k}^{\infty} A_n \quad かつ \quad x \in \bigcap_{n=k}^{\infty} B_n$$

となる．この結果，

$$x \in \bigcap_{n=k}^{\infty}(A_n \cap B_n)$$

となり，

$$x \in \liminf_{n\to\infty}(A_n \cap B_n)$$

が導かれるので，（○）の逆向きの包含関係が成り立つ．

問 5.7 $\forall n \in \boldsymbol{N}: E_n \subset E_{n+1}$ が成り立つ場合について．

$$\forall k \geqq 1: \quad \bigcup_{n=k}^{\infty} E_n = \bigcup_{n=1}^{\infty} E_n, \qquad \bigcap_{n=k}^{\infty} E_n = E_k$$

が成り立つので，

$$\limsup_{n\to\infty} E_n = \bigcap_{k=1}^{\infty}\bigcup_{n=k}^{\infty} E_n = \bigcup_{n=1}^{\infty} E_n, \qquad \liminf_{n\to\infty} E_n = \bigcup_{k=1}^{\infty}\bigcap_{n=k}^{\infty} E_n = \bigcup_{k=1}^{\infty} E_k$$

が成り立つ．よって，

$$\lim_{n\to\infty} E_n = \bigcup_{n=1}^{\infty} E_n.$$

$\forall n \in \boldsymbol{N}: E_n \supset E_{n+1}$ が成り立つ場合について．

$$\forall k \geqq 1: \quad \bigcup_{n=k}^{\infty} E_n = E_k, \qquad \bigcap_{n=k}^{\infty} E_n = \bigcap_{n=1}^{\infty} E_n$$

が成り立つので，

$$\limsup_{n\to\infty} E_n = \bigcap_{k=1}^{\infty}\bigcup_{n=k}^{\infty} E_n = \bigcap_{k=1}^{\infty} E_k, \qquad \liminf_{n\to\infty} E_n = \bigcup_{k=1}^{\infty}\bigcap_{n=k}^{\infty} E_n = \bigcap_{n=1}^{\infty} E_n$$

が成り立つ．よって，

$$\lim_{n\to\infty} E_n = \bigcap_{n=1}^{\infty} E_n.$$

問 5.8 (1)

$$\lim_{n\to\infty} A_n \cup \lim_{n\to\infty} B_n = \liminf_{n\to\infty} A_n \cup \liminf_{n\to\infty} B_n \subset \liminf_{n\to\infty} (A_n \cup B_n)$$
$$\subset \limsup_{n\to\infty} (A_n \cup B_n) =_{(1)} \limsup_{n\to\infty} A_n \cup \limsup_{n\to\infty} B_n = \lim_{n\to\infty} A_n \cup \lim_{n\to\infty} B_n$$

両端が等しいので，

$$\lim_{n\to\infty} (A_n \cup B_n) = \liminf_{n\to\infty} (A_n \cup B_n) = \limsup_{n\to\infty} (A_n \cup B_n) = \lim_{n\to\infty} A_n \cup \lim_{n\to\infty} B_n.$$

注 $=_{(1)}$ は問 5.6（3）による．

(2)

$$\lim_{n\to\infty} A_n \cap \lim_{n\to\infty} B_n = \liminf_{n\to\infty} A_n \cap \liminf_{n\to\infty} B_n =_{(2)} \liminf_{n\to\infty} (A_n \cap B_n)$$
$$\subset \limsup_{n\to\infty} (A_n \cap B_n) \subset \limsup_{n\to\infty} A_n \cap \limsup_{n\to\infty} B_n = \lim_{n\to\infty} A_n \cap \lim_{n\to\infty} B_n$$

両端が等しいので，

$$\lim_{n\to\infty} (A_n \cap B_n) = \liminf_{n\to\infty} (A_n \cap B_n) = \limsup_{n\to\infty} (A_n \cap B_n) = \lim_{n\to\infty} A_n \cap \lim_{n\to\infty} B_n.$$

注 $=_{(2)}$ は問 5.6（4）による．

問 5.9 各 $k \in \boldsymbol{N}$ に対して，$E_{2k} = A$，$E_{2k-1} = B$ だから，

$$\forall i \in \boldsymbol{N}: \quad \bigcup_{n=i}^{\infty} E_n = A \cup B, \quad \bigcap_{n=i}^{\infty} E_n = A \cap B$$

よって,

$$\limsup_{n\to\infty} E_n = A \cup B, \quad \liminf_{n\to\infty} E_n = A \cap B$$

問 6.1　写像 $f: A \to B$ が単射である場合, 一般の写像 $f: A \to B$ について成り立つ次の包含関係がすべて等号になることを示したい.

$$(2) \quad f(A_1 \cap A_2) \subset f(A_1) \cap f(A_2)$$

$$(5) \quad A_1 \subset f^{-1}(f(A_1))$$

$$(7) \quad f(A_1) - f(A_2) \subset f(A_1 - A_2)$$

(2) について, $b \in f(A_1) \cap f(A_2)$ とすれば, $b = f(a_1) = f(a_2)$ となる $a_1 \in A_1$, $a_2 \in A_2$ が存在する. f が単射だから, $a_1 = a_2 \in A_1 \cap A_2$ となり, $b \in f(A_1 \cap A_2)$ となる. よって, $f(A_1) \cap f(A_2) \subset f(A_1 \cap A_2)$ である. すなわち, (2) の包含関係が等号になる.

(5) について, $a \in f^{-1}(f(A_1))$ とすれば, $f(a) \in f(A_1)$ であり, $f(a) = f(a_1)$ となる $a_1 \in A_1$ が存在する. f が単射だから, $a = a_1 \in A_1$ となる. よって, $f^{-1}(f(A_1)) \subset A_1$ となる. すなわち, (5) の包含関係が等号になる.

(7) について, $b \in f(A_1 - A_2)$ とすれば, $b = f(a)$ となる $a \in A_1 - A_2$ が存在する. とくに, $b = f(a) \in f(A_1)$ である. もし, $b \in f(A_2)$ であれば, $b = f(a_2)$ となる $a_2 \in A_2$ が存在するが, f が単射だから, $a = a_2 \in (A_1 - A_2) \cap A_2 = \emptyset$ となり, 矛盾を生じる. よって, $b \in f(A_1) - f(A_2)$ となる. これより, $f(A_1 - A_2) \subset f(A_1) - f(A_2)$ となる. すなわち, (7) の包含関係が等号になる.

写像 $f: A \to B$ が全射である場合, 一般の写像 $f: A \to B$ について成り立つ次の包含関係が等号になることを示したい.

$$(6) \quad f(f^{-1}(B_1)) \subset B_1$$

(6) について, $b \in B_1$ とする. f が全射だから, $b = f(a)$ となる $a \in f^{-1}(B_1)$ が存在する. よって, $b = f(a) \in f(f^{-1}(B_1))$ となる. よって, $B_1 \subset f(f^{-1}(B_1))$ となる. すなわち, (6) の包含関係が等号になる.

問 6.2　(1)　$f(a_1) = f(a_2)$ とする. $g(f(a_1)) = g(f(a_2))$ となり, $g \circ f$ が単射だから, $a_1 = a_2$ となる. よって, f は単射である.

(2)　$c \in C$ とする. $g \circ f$ が全射だから, $\exists a \in A: g(f(a)) = c$ となる. この場合, $b = f(a) \in B$ に対して, $g(b) = c$ となる. よって, g は全射である.

問 6.3　$X = \{x_1, x_2, \cdots, x_k\}$ とする．$k+1$ 個の元 $x_1, h(x_1), h^2(x_1), \cdots, h^k(x_1)$ の中には必ず互いに等しいものがある．それを $h^i(x_1) = h^j(x_1)$ $(i < j)$ とする．$x = h^i(x_1)$，$n = j - i$ とおけば，$h^n(x) = x$ となる．

問 6.4　$f(x) = c + \dfrac{d-c}{b-a}(x-a), \qquad g(y) = a + \dfrac{b-a}{d-c}(y-c)$

とおく．このとき，$g(f(x)) = x$，$f(g(y)) = y$ が成り立つので

$$f : [a, b] \to [c, d], \qquad g : [c, d] \to [a, b]$$

はともに全単射である．

問 6.5　写像 $g : (0, 1) \to [0, 1]$ を次のように定める．

$$g(y) = \begin{cases} 0, & y = \dfrac{1}{2} \\ 1, & y = \dfrac{1}{4} \\ \dfrac{1}{2^{n-2}}, & y = \dfrac{1}{2^n} \quad (n = 3, 4, \cdots) \\ y, & y \neq \dfrac{1}{2^n} \quad (n = 1, 2, 3, \cdots) \end{cases}$$

このとき，$g(f(x)) = x$，$f(g(y)) = y$ が成り立つので，

$$f : [0, 1] \to (0, 1), \qquad g : (0, 1) \to [0, 1]$$

はともに全単射である．

問 6.6　写像 $f : [0, 1] \to (0, 1]$，$g : (0, 1] \to [0, 1]$ を次のように定める．

$$f(x) = \begin{cases} \dfrac{1}{2}, & x = 0 \\ \dfrac{1}{2^{n+1}}, & x = \dfrac{1}{2^n} \quad (n = 1, 2, \cdots) \\ x, & x \neq 0, \dfrac{1}{2^n} \quad (n = 1, 2, \cdots) \end{cases}$$

$$g(y) = \begin{cases} 0, & y = \dfrac{1}{2} \\ \dfrac{1}{2^{n-1}}, & y = \dfrac{1}{2^n} \quad (n = 2, 3, \cdots) \\ y, & y \neq \dfrac{1}{2^n} \quad (n = 1, 2, 3, \cdots) \end{cases}$$

このとき，$g(f(x)) = x$，$f(g(y)) = y$ が成り立つので，f, g はともに全単射である．

問 7.1 (1) 恒等写像 $1_A : A \to A$ は全単射である．よって，$A \sim A$．

(2) $A \sim B$ ならば，全単射 $f : A \to B$ が存在する．逆写像 $f^{-1} : B \to A$ も全単射である．よって，$B \sim A$．

(3) $A \sim B$ かつ $B \sim C$ ならば，全単射 $f : A \to B$，$g : B \to C$ が存在する．このとき，$g \circ f : A \to C$ も全単射である．よって，$A \sim C$．

問 7.2 写像 $f : A \times B \to C$ および $a \in A$ に対して，写像 $f_a : B \to C$ を $f_a(b) = f(a, b)$ により定義する．そこで，写像 $\Phi : F(A \times B, C) \to F(A, F(B, C))$ を $\Phi(f)(a) = f_a$ ($a \in A$) によって定義すれば，Φ は全単射になる．

問 7.3 (1) $f : A \to A'$ および $g : B \to B'$ をともに全単射とする．写像 $\varphi : A \times B \to A' \times B'$ および $\psi : F(A, B) \to F(A', B')$ を $\varphi((a, b)) = (f(a), g(b))$，$\psi(h) = g \circ h \circ f^{-1}$ によって定義すれば φ, ψ はともに全単射である．

(2) $f : A \to B$ を全単射とし，写像 $f_\sharp : \mathfrak{P}(A) \to \mathfrak{P}(B)$ を $f_\sharp(E) = f(E) = \{f(x) \mid x \in E\}$ によって定義すれば，$f_\sharp$ は全単射である．

問 7.4 (i) 正の偶数全体の集合を E，正の奇数全体の集合を O とする．対応 $n \longmapsto 2n$，$n \longmapsto 2n-1$，$n \longmapsto (-1)^n\left[\dfrac{n}{2}\right]$ は，それぞれ $\boldsymbol{N}$ から E への全単射，$\boldsymbol{N}$ から O への全単射，および $\boldsymbol{N}$ から $\boldsymbol{Z}$ への全単射である．ただし，$[x]$ は $n \leqq x < n+1$ であるような整数 n を表すガウスの記号である．

(ii) $\boldsymbol{N} \times \boldsymbol{N}$ から $\boldsymbol{N}$ への対応 f, g を $f((p, q)) = 2^{p-1} \cdot (2q-1)$，$g((p, q)) = q + (p+q-1)(p+q-2)/2$ によって定義すれば f, g はともに $\boldsymbol{N} \times \boldsymbol{N}$ から $\boldsymbol{N}$ への全単射であることがわかる（f については数論的考察による．g については xy-平面上の格子点 (p, q) の並び方を考察せよ）．

(iii) 集合 A を $\boldsymbol{N}$ の無限部分集合とする．$a \in A$ に対して，有限集合 $\{n \in A \mid n \leqq a\}$ の元の個数を $f(a)$ とする．対応 $f : A \to \boldsymbol{N}$ は全単射になる．

(iv) $\boldsymbol{N} \times \boldsymbol{Z}$ の元 (p, q) で p と q が互いに素であるものの全体を A とする．A は可算集合 $\boldsymbol{N} \times \boldsymbol{Z}$ の無限部分集合であるから，それ自身可算集合である．対応 $f : A \to \boldsymbol{Q}$ を $f((p, q)) = \dfrac{q}{p}$ によって定義すれば f は全単射になる．

問 7.5 全射 $g : A \to \mathfrak{P}(A)$ が存在したと仮定し，$X = \{x \in A \mid x \notin g(x)\}$ とおく．g が全射ゆえ $g(a) = X$ となる元 $a \in A$ が存在する．$a \in X$ とすれば $a \notin g(a) = X$ となり，$a \notin X$ とすれば $a \in g(a) = X$ となり，いずれにせよ矛盾を生じる．

問 7.6 巾集合 $\mathfrak{P}(\boldsymbol{N})$ を次のような三つの部分集合族 P_1, P_2, P_3 に分割する．$\boldsymbol{N}$ の有限部分集合の全体を P_1，$\boldsymbol{N}$ の部分集合で補集合が有限集合であるものの全体を P_2，それ以外の $\boldsymbol{N}$ の部分集合の全体を P_3 とする．P_1, P_2 および $P_1 \cup P_2$ は可算集合であり，とくに $P_1 \cup P_2 \sim P_2$ となるので，$\mathfrak{P}(\boldsymbol{N}) \sim P_2 \cup P_3$ となる．$P_2 \cup P_3$ は $\boldsymbol{N}$ の無限部分集合の全体である．$P_2 \cup P_3$ から半開区間 $(0, 1]$ への全単射が，$\boldsymbol{N}$ の無限部分集合 B に対して，無限級数 $\sum_{n=1}^{\infty} 2^{-n} \cdot \chi_B(n)$ を対応させることにより与えられ，$\mathfrak{P}(\boldsymbol{N}) \sim \boldsymbol{R}$ となる．ここに χ_B は例 7.1 で導入した特性関数である．

問 7.7 $\boldsymbol{N} \sim \boldsymbol{Z}$，$\boldsymbol{R} \sim [0, 1)$ であり，全単射 $\varphi : \boldsymbol{R} \to \boldsymbol{Z} \times [0, 1)$ が $\varphi(x) = ([x], x - [x])$ によって与えられるので，$\boldsymbol{N} \times \boldsymbol{R} \sim \boldsymbol{R}$ である．$F(\boldsymbol{R}, \boldsymbol{R}) \sim F(\boldsymbol{R}, \mathfrak{P}(\boldsymbol{N})) \sim F(\boldsymbol{R}, F(\boldsymbol{N}, \{0, 1\})) \sim F(\boldsymbol{R} \times \boldsymbol{N}, \{0, 1\}) \sim F(\boldsymbol{R}, \{0, 1\}) \sim \mathfrak{P}(\boldsymbol{R})$.

問 7.8 実変数実数値連続関数全体の集合を A とする．与えたヒントにより，A から $F(\boldsymbol{Q}, \boldsymbol{R})$ への単射が存在し，$F(\boldsymbol{Q}, \boldsymbol{R}) \sim F(\boldsymbol{N}, \mathfrak{P}(\boldsymbol{N})) \sim F(\boldsymbol{N}, F(\boldsymbol{N}, \{0, 1\})) \sim F(\boldsymbol{N} \times \boldsymbol{N}, \{0, 1\}) \sim F(\boldsymbol{N}, \{0, 1\}) \sim \mathfrak{P}(\boldsymbol{N}) \sim \boldsymbol{R}$ であるから，A から $\boldsymbol{R}$ への単射が存在する．一方，定値関数の全体を考えれば，$\boldsymbol{R}$ から A への単射が存在する．ゆえにベルンシュタインの定理によって，$A \sim \boldsymbol{R}$ が成り立つ．

問 7.9 整数係数の多項式 $f(x) = a_0 + a_1 x + a_2 x^2 + \cdots + a_n x^n$（$n \geqq 1$，$a_n \neq 0$）に対して，$H(f) = n + |a_0| + |a_1| + \cdots + |a_n|$ とおく．$H(f)$ は 2 以上の自然数であり，逆に 2 以上の自然数 h を与えるとき，$H(f) = h$ となるような整数係数の多項式 $f(x)$ 全体の集合 F_h は有限集合である．従って，F_h に属する多項式の根となるような代数的数全体の集合も有限集合である．これより，代数的数全体の集合は可算集合であることがわかる．

問 7.10 z を整数係数の多項式 $f(x)$ の根とし，p を自然数とすれば，$p^{-1}z$ は整数係数の多項式 $f(px)$ の根である．従って，α を超越数とすれば，すべての自然数 p に対して $p\alpha$ も超越数であることがわかる．代数的数であるような実数の全体は可算集合であり，実数全体の集合 $\boldsymbol{R}$ は非可算であるから，超越数の存在がわかる．その一つを α とする．$\boldsymbol{R}$ を次のような三つの部分集合 A_1, A_2, A_3 に分割する．代数的数であるような実数の全体を A_1 とし，$A_2 = \{p\alpha \mid p \in \boldsymbol{N}\}$ とおき，A_1, A_2 に属さない実数の全体を A_3 とする．$A_2 \cup A_3$ は超越数全体の集合である．A_1, A_2 および $A_1 \cup A_2$ は可算集合であり，とくに $A_1 \cup A_2 \sim A_2$ となる．よって，$\boldsymbol{R} = A_1 \cup A_2 \cup A_3 \sim A_2 \cup A_3$.

問 8.1 ρ_1 は対称律，推移律を満足する．ρ_2 は反射律，推移律，反対称律を満足する．ρ_3 は反射律，対称律，推移律を満足する．ρ_4 は反射律，対称律を満足する．

問 8.2 反射律，対称律を満足することは明らかであろう．X の三つの部分集合 A, B, C について，対称差 $A \circ B$，$B \circ C$ がともに有限集合であれば，その対称差 $(A \circ B) \circ (B \circ C)$ も有限集合であることは明らかであろう．一方，問 3.3 の結果から，

$(A\circ B)\circ(B\circ C)=A\circ C$ が成り立つので，推移律も満足する．

問 8.3 (1) $\forall a\in X : f(a)=f(a)$ が成り立つので，$\forall a\in X : a\,\rho\,a$ である．

(2) $a,b\in X$ について，$f(a)=f(b)$ ならば，$f(b)=f(a)$ である．すなわち，$a\,\rho\,b$ ならば，$b\,\rho\,a$ である．

(3) $a,b,c\in X$ について，$f(a)=f(b)$ かつ $f(b)=f(c)$ ならば，$f(a)=f(c)$ である．すなわち，$a\,\rho\,b$ かつ $b\,\rho\,c$ ならば，$a\,\rho\,c$ である．

よって，この二項関係 ρ は同値関係である．

$\forall x'\in C(x)$ に対して，$f(x')=f(x)$ だから，$C(x)\in X/\rho$ に $f(x)\in Y_1$ を対応させる $g : X/\rho\to Y_1$ は写像として well-defined である．

写像 g の作り方から g は全射である．また，$g(C(x))=g(C(y))$ であれば，$f(x)=f(y)$ だから，$x\,\rho\,y$ であって，$C(x)=C(y)$ となるので，g は単射である．

すなわち，g は全単射である．

問 8.4 次の図となる．

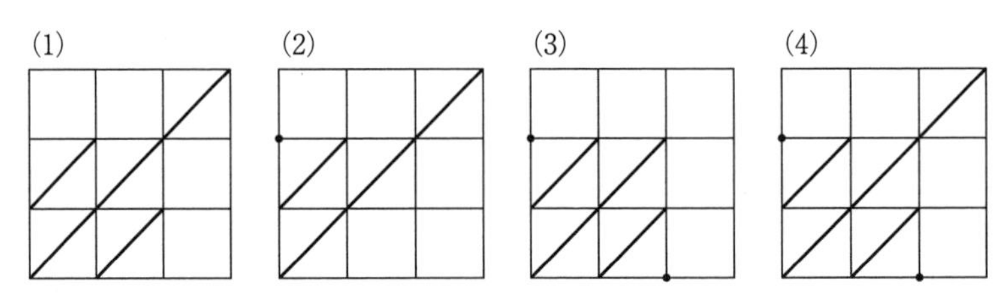

問 8.5 $\mathfrak{P}(A)$ の部分集合 $\mathfrak{A}$ が空でなければ $\bigcup(E\,|\,E\in\mathfrak{A})$，$\bigcap(E\,|\,E\in\mathfrak{A})$ がそれぞれ $\mathfrak{A}$ の上限，下限である．

問 8.6 5 元束（5）

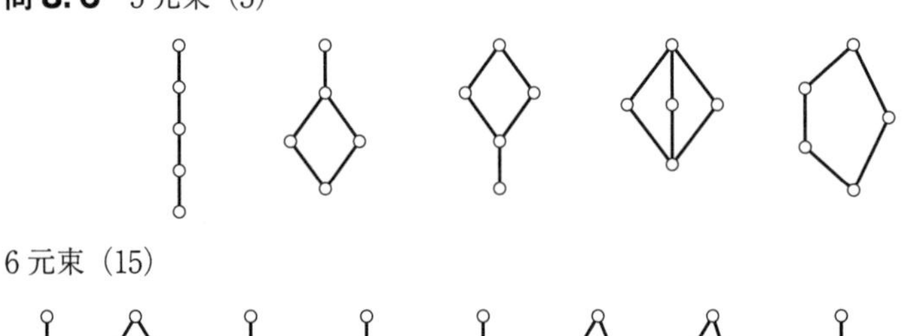

6 元束（15）

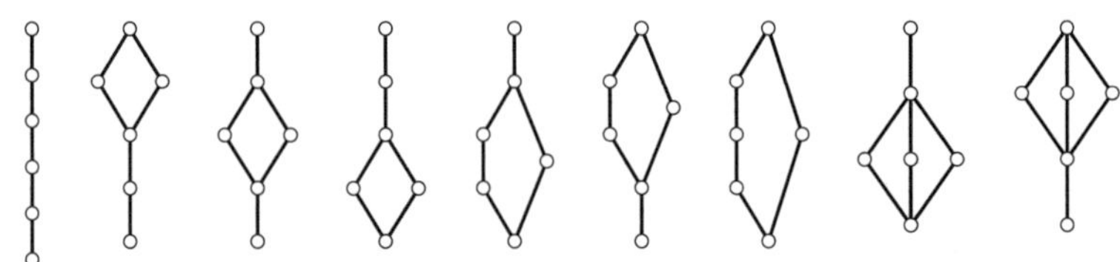

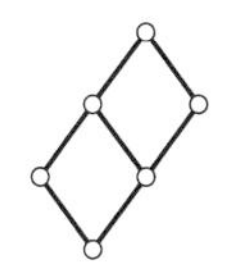
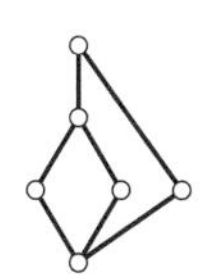
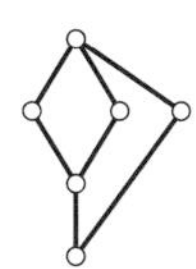
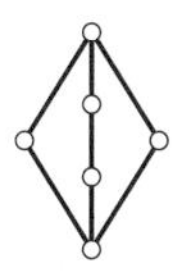
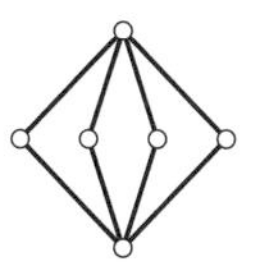
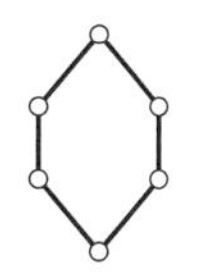

7元束（53）については省略する．

問 8.7　$\mathfrak{A} = \{A \in X \mid \varphi(A) \subset A\}$ とおく．$E \in \mathfrak{A}$ であるから $\mathfrak{A}$ は空でない．そこで $E_0 = \bigcap(A \mid A \in \mathfrak{A})$ とおけば $\varphi(E_0) = E_0$ となることがわかる．

問 9.1　$(X\langle a\rangle)\langle b\rangle = \{x \in X \mid x < a$ かつ $x < b\}$ であるが，$b < a$ であるから $(X\langle a\rangle)\langle b\rangle = \{x \in X \mid x < b\} = X\langle b\rangle$ となる．

問 9.2　$(X, \leqq)$ を整列集合とする．a, b を X の2元とし $b < a$ なるものとする．定理 9.1 によって，$X\langle a\rangle$ から $X\langle b\rangle$ への順序を保つ単射，および X から $X\langle b\rangle$ への順序を保つ単射は，ともに存在しない．

問 9.3　$f(A\langle a\rangle) = \{f(x) \mid x \in A,\ x < a\} = \{f(x) \mid x \in A,\ f(x) < f(a)\} \subset B\langle f(a)\rangle$

逆に，$b \in B\langle f(a)\rangle$ とすれば，f が順序同型写像なので，$\exists x \in A : b = f(x),\ x < a$ となる．よって，$b \in f(A\langle a\rangle)$ となる．ゆえに，$B\langle f(a)\rangle \subset f(A\langle a\rangle)$.

よって，$f(A\langle a\rangle) = B\langle f(a)\rangle$.

問 9.4　写像 $\varphi : X_1 \to Y_1$ が定まるように，各元 $b \in Y_1$ に対して $X\langle a\rangle \simeq Y\langle b\rangle$ となる元 $a \in X$ がただ一つ存在し，実は $a \in X_1$ である．ここで，$a = \psi(b)$ とおき，写像 $\psi : Y_1 \to X_1$ を定める．この二つの写像の定め方より，

$$\psi \circ \varphi = 1_{X_1}, \qquad \varphi \circ \psi = 1_{Y_1}$$

が成り立つので，この二つの写像はともに全単射である．

次に，$a, a' \in X_1$ について，$a < a'$ とし，$b' = \varphi(a')$ とおく．X_1 および φ の定義により，順序同型写像 $f : X\langle a'\rangle \to Y\langle b'\rangle$ が存在する．$a \in X\langle a'\rangle$ に対して，問 9.3 で示したように，$f(X\langle a\rangle) = Y\langle f(a)\rangle$ が成り立つ．さらに，$\varphi(a) = f(a) < b' = \varphi(a')$ が成り立っている．よって，φ は順序を保つ全単射である．まったく同様に，ψ も順序を保つ全単射になる．

ゆえに，φ, ψ はともに順序同型写像である．

問 9.5　(1) と (2) が同時に成り立つと仮定する．この場合，$X \simeq Y$ かつ $X \simeq Y\langle b\rangle$ が成り立つ．

合成写像

$$\varphi : Y \simeq X \simeq Y\langle b\rangle \subset Y$$

は順序を保つ単射であり，$\varphi(b) < b$ である．これは，定理 9.1 に矛盾する．

従って，(1) と (2) が同時に成り立つことはない．

(1) と (3) が同時に成り立つと仮定する．この場合，$X \simeq Y$ かつ $Y \simeq X\langle a\rangle$ が成り立つ．

合成写像

$$\psi : X \simeq Y \simeq X\langle a\rangle \subset X$$

は順序を保つ単射であり，$\psi(a) < a$ である．これは，定理 9.1 に矛盾する．

従って，(1) と (3) が同時に成り立つことはない．

問 10.1　$m > n$ とすれば，$a_m = f(A - \{a_1, \cdots, a_{m-1}\}) \in A - \{a_1, \cdots, a_{m-1}\}$ であり，一方 $a_n \notin A - \{a_1, \cdots, a_{m-1}\}$ であるから $a_m \neq a_n$ となる．

問 10.2　W_∞ の上界 w が W_∞ に属すならば w は W_∞ の最大元になる．もし w が W_∞ に属さなければ $w \in \varDelta_\infty$ となり，定理 10.1 証明後半とまったく同様にして矛盾を生じることがわかる．

問 11.1　(i)　$W = \bigcup(W_\lambda \,|\, \lambda \in \varLambda)$ の 2 元 x, y に対して $x \in W_\alpha$, $y \in W_\beta$ となる $\varLambda$ の元 α, β が存在し，仮定により $(W_\alpha, \leqq_\alpha), (W_\beta, \leqq_\beta)$ の中のいずれか一方は他方の切片になっているから，$W_\alpha \subset W_\beta$ または $W_\beta \subset W_\alpha$ が成り立つ．従って，α, β のいずれかを λ とすれば $x \in W_\lambda$ かつ $y \in W_\lambda$ となる $\lambda \in \varLambda$ が存在する．

(ii)　$\varLambda$ の元 λ, μ に対して W_λ および W_μ がともに 2 元 x, y を含むものとする．$(W_\lambda, \leqq_\lambda), (W_\mu, \leqq_\mu)$ のいずれか一方は他方の切片になっているから $x \leqq_\lambda y$ であるか $y \leqq_\lambda x$ であるかに応じて $x \leqq_\mu y$ であるか $y \leqq_\mu x$ であるかが成り立つので，それに応じて $x \leqq y$ であるか $y \leqq x$ であるかと定義すれば，この二項関係は (i) を満足する $\lambda \in \varLambda$ の選び方に依存しないことがわかる．

(iii)　W の上の二項関係 $\leqq$ が順序関係であることは明らかであろう．M を W の空でない部分集合とすれば，$M \cap W_\lambda \neq \emptyset$ となる $\lambda \in \varLambda$ が存在する．$m = \min(M \cap W_\lambda)$ とおけば，実は $m = \min M$ となることがツォルンの補題の証明中の (2) と同様の議論によってわかる．従って $(W, \leqq)$ は整列集合である．

(iv)　$W_\lambda \neq W$ であれば，$(W_\lambda, \leqq_\lambda)$ が $(W, \leqq)$ のある切片と一致することはツォルンの補題の証明中の (3) と同様の議論によってわかる．

問 11.2　**(例 11.1 の別証明)**　A の部分集合 W と W から B への単射 f の組

(W, f) 全体の集合を $\mathfrak{A}$ とおく．$\mathfrak{A}$ が空でないことは明らかであろう．$\mathfrak{A}$ の元 (W, f), (W', f') に対して，$W \subset W'$ かつすべての $x \in W$ について $f(x) = f'(x)$ が成り立つときそのときに限り $(W, f) \leqq (W', f')$ であると定義すれば，$(\mathfrak{A}, \leqq)$ は帰納的半順序集合になる．(W, f) を $\mathfrak{A}$ の一つの極大元とすれば，$W = A$ または $f(W) = B$ のいずれかが成り立つ．$W = A$ のときは A から B への単射が存在し，$f(W) = B$ のときは B から A への単射が存在する．

（例 11.2 の別証明） $\boldsymbol{R}$ の部分集合 B は，B に属する有限個の実数が常に $\boldsymbol{Q}$ 上一次独立であるとき，$\boldsymbol{Q}$ 上一次独立な集合という．$\boldsymbol{Q}$ 上一次独立な集合の全体を $\mathcal{B}$ とする．$\mathcal{B}$ が空でないことは明らかであろう．$\mathcal{B}$ は $\boldsymbol{R}$ の部分集合族として包含関係により帰納的半順序集合になる．B を $\mathcal{B}$ の一つの極大元とする．すなわち B は $\boldsymbol{Q}$ 上一次独立な極大集合である．このとき，任意の実数は B に属する有限個の実数の $\boldsymbol{Q}$ 上一次結合になる．よって，B は一つのハメル基である．

問 12.1 $\boldsymbol{R}^n$ の部分集合 M について．$x \in M^i$ とすれば，$B_n(x\,;\varepsilon) \subset M$ となる正の実数 ε が存在する．例 12.1 によって，$B_n(x\,;\varepsilon) \subset M^i$ となり，$x \in (M^i)^i$ となる．よって，$(M^i)^i = M^i$ である．次に，$y \in (M^a)^a$ とすれば，どんな正の実数 ε に対しても，$B_n(y\,;\varepsilon) \cap M^a \neq \emptyset$ となる．$z \in B_n(y\,;\varepsilon) \cap M^a$ に対して，$\delta = \varepsilon - d^{(n)}(y, z)$ とおけば，$\delta > 0$ かつ $z \in M^a$ であるから，$B_n(z\,;\delta) \cap M \neq \emptyset$ となる．さらに $B_n(z\,;\delta) \subset B_n(y\,;\varepsilon)$ となるので，$B_n(y\,;\varepsilon) \cap M \neq \emptyset$ となり，$y \in M^a$ となる．よって，$(M^a)^a = M^a$ である．

問 12.2 $x = (x_1, \cdots, x_n)$ を開区間の直積 $M = (a_1, b_1) \times \cdots \times (a_n, b_n)$ の点とする．$\varepsilon = \min_{1 \leqq j \leqq n}\{|x_j - a_j|, |x_j - b_j|\}$ とおけば，$\varepsilon > 0$ かつ $B_n(x\,;\varepsilon) \subset M$ となる．よって，$M = M^i$ となる．次に，$y = (y_1, \cdots, y_n)$ を閉区間の直積 $N = [a_1, b_1] \times \cdots \times [a_n, b_n]$ に属さない点とする．ある $j\ (1 \leqq j \leqq n)$ に対して，$y_j \notin [a_j, b_j]$ となる．そこで，$\delta = \min\{|y_j - a_j|, |y_j - b_j|\}$ とおけば，$\delta > 0$ かつ $B_n(y\,;\delta) \subset N^c$ となる．すなわち，$y \notin N$ ならば $y \notin N^a$ である．よって，$N = N^a$ となる．

問 12.3 定理 12.1 および定理 12.2 とド・モルガンの法則からわかる．

問 12.4 $\boldsymbol{R}^n$ の部分集合 M について，O を $O \subset M$ なる開集合とすれば，$O = O^i \subset M^i \subset M$ となり，問 12.1 によって M^i は開集合であるから，M^i は M に包まれる最大の開集合である．次に，F を $M \subset F$ なる閉集合とすれば，$M \subset M^a \subset F^a = F$ となり，問 12.1 によって M^a は閉集合であるから，M^a は M を包む最小の閉集合である．

問 13. 1 $f(x), g(x)$ がともに有界な実数値関数であれば，$f(x)-g(x)$ も有界で，$d(f,g)$ が確定する．この d が［$\mathbf{D}_1$］,［$\mathbf{D}_2$］を満たすことは明らかであろう．さらに，$B[a,b]$ の元 f,g,h に対して $|f(x)-h(x)| \leqq |f(x)-g(x)|+|g(x)-h(x)|$（$a \leqq x \leqq b$）が成り立つので［$\mathbf{D}_3$］も成り立つ．

問 13. 2 $x=(x_n \mid n \in \boldsymbol{N})$，$y=(y_n \mid n \in \boldsymbol{N})$ を l^2 の 2 元とする．任意の $k \in \boldsymbol{N}$ に対して，シュワルツの不等式を用いると，不等式

$$\sqrt{\sum_{n=1}^{k}(x_n-y_n)^2} \leqq \sqrt{\sum_{n=1}^{k}{x_n}^2}+\sqrt{\sum_{n=1}^{k}{y_n}^2} \leqq \sqrt{\sum_{n=1}^{\infty}{x_n}^2}+\sqrt{\sum_{n=1}^{\infty}{y_n}^2}$$

の成り立つことがわかる．よって，$d_\infty(x,y)$ が有限確定である．この d_∞ が l^2 上の距離関数になることの証明は省略する．

問 13. 3 例 12.1 の証明とまったく同様にして，$A^i=A$ が成り立つこと，および $A^e \supset \{x \in X \mid d(a,x)>\varepsilon\}$，$A^f \subset \{x \in X \mid d(a,x)=\varepsilon\}$ となることがわかる．$X=\{(u,v) \in \boldsymbol{R}^2 \mid u \leqq 0$ または $u \geqq 1\}$ とおき，X の 2 元 x,y に対して，$d(x,y)=d^{(2)}(x,y)$ とすれば，(X,d) は距離空間である．$\varepsilon=1$，$a=(0,0)$，$b=(1,0)$，$A=N(a\,;\varepsilon)$ とすれば，$d(a,b)=\varepsilon$ かつ $b \in A^e$ である．

問 13. 4 (X,d) を距離空間とする．

O を X の開集合とする．O の点は O^c の触点にはなり得ないので，$(O^c)^a \subset O^c$ が成り立つ．一般に，逆向きの包含関係が成り立っているので，$(O^c)^a=O^c$ が成り立つ．

よって，開集合の補集合は閉集合である．

A を X の閉集合とする．A^c の点は A の触点にはなり得ないので，$A^c \subset (A^c)^i$ が成り立つ．一般に，逆向きの包含関係が成り立っているので，$A^c=(A^c)^i$ が成り立つ．

よって，閉集合の補集合は開集合である．

問 13. 5 距離空間 (X,d) の開集合系を $\mathcal{O}$ で表示する．

(1) $X \in \mathcal{O}$，$\emptyset \in \mathcal{O}$ を示す．

X の任意の点 x に対して，$N(x\,;1) \subset X$ が成り立つので，$X \subset X^i$ が成り立ち，$X \in \mathcal{O}$ である．

また，$\emptyset^i=\emptyset$ だから，$\emptyset \in \mathcal{O}$ である．

(2) $O_1,\cdots,O_k \in \mathcal{O}$ とする．

$O_1 \cap \cdots \cap O_k$ の任意の点 x に対して，$N(x\,;\varepsilon_i) \subset O_i$（$i=1,\cdots,k$）となる $\varepsilon_i>0$ が存在する．$\varepsilon=\min\{\varepsilon_i \mid i=1,\cdots,k\}$ とおけば，

$$N(x\,;\varepsilon) \subset O_1 \cap \cdots \cap O_k$$

が成り立つので，点 x は $O_1 \cap \cdots \cap O_k$ の内点である．よって，

$$O_1 \cap \cdots \cap O_k \subset (O_1 \cap \cdots \cap O_k)^i$$

が成り立ち，$O_1 \cap \cdots \cap O_k \in \mathcal{O}$ である．

(3) $(O_\lambda \mid \lambda \in \Lambda)$ を $\mathcal{O}$ の元から成る集合系とする．$\bigcup_{\lambda \in \Lambda} O_\lambda$ の任意の点 x に対して，x はある開集合 O_λ $(\lambda \in \Lambda)$ に含まれる．よって，

$$x \in (O_\lambda)^i \subset \left(\bigcup_{\lambda \in \Lambda} O_\lambda\right)^i$$

ゆえに，$\bigcup_{\lambda \in \Lambda} O_\lambda \subset \left(\bigcup_{\lambda \in \Lambda} O_\lambda\right)^i$ が成り立ち，

$$\bigcup_{\lambda \in \Lambda} O_\lambda \in \mathcal{O}$$

である．

問 13.6 距離空間 (X, d) の開集合系を $\mathcal{O}$ で表し，閉集合系を $\mathfrak{A}$ で表す．

問 13.4 の結果，

$$O \in \mathcal{O} \Longrightarrow O^c \in \mathfrak{A}, \quad A \in \mathfrak{A} \Longrightarrow A^c \in \mathcal{O}$$

が成り立つ．この事実と，問 13.5 の結果に，ド・モルガンの法則を適用して，求める結果を得る．

(1) $\emptyset \in \mathcal{O}$, $X \in \mathcal{O}$ であり，$X = \emptyset^c$, $\emptyset = X^c$ だから，$X \in \mathfrak{A}$, $\emptyset \in \mathfrak{A}$ である．

(2) $A_1, \cdots, A_k \in \mathfrak{A}$ とする．

$(A_1 \cup \cdots \cup A_k)^c = A_1{}^c \cap \cdots \cap A_k{}^c$ が成り立ち，$A_i{}^c \in \mathcal{O}$ $(i = 1, \cdots, k)$ だから，問 13.5 の結果，$(A_1 \cup \cdots \cup A_k)^c \in \mathcal{O}$ となるので，$A_1 \cup \cdots \cup A_k \in \mathfrak{A}$ である．

(3) $(A_\lambda \mid \lambda \in \Lambda)$ を $\mathfrak{A}$ の元から成る集合系とする．

$\left(\bigcap_{\lambda \in \Lambda} A_\lambda\right)^c = \bigcup_{\lambda \in \Lambda} A_\lambda{}^c$ が成り立ち，$A_\lambda{}^c \in \mathcal{O}$ $(\lambda \in \Lambda)$ だから，問 13.5 の結果，$\left(\bigcap_{\lambda \in \Lambda} A_\lambda\right)^c \in \mathcal{O}$ となるので，$\bigcap_{\lambda \in \Lambda} A_\lambda \in \mathfrak{A}$ である．

問 13.7 距離空間 (X, d) と X の部分集合 A について，定理 13.1 により，A^i は開集合であり，$\overline{A}$ は閉集合である．

O を A に包まれる開集合とすれば，$O = O^i \subset A^i$ が成り立ち，A に包まれる任意の開集合は A^i に包まれる．よって，A^i は A に包まれる最大の開集合である．

C を A を包む閉集合とすれば，$C = \overline{C} \supset \overline{A}$ が成り立ち，A を包む任意の閉集合は $\overline{A}$ を包む．よって，$\overline{A}$ は A を包む最小の閉集合である．

問 13.8 内部および閉包に関する等式は，定義にもとづいて直接証明できる．導集合に関する等式を示そう．$A^d \subset (A \cup B)^d$ かつ $B^d \subset (A \cup B)^d$ が成り立つので，$A^d \cup B^d \subset (A \cup B)^d$ となる．ここで，$x \in (A \cup B)^d$ かつ $x \notin A^d$ と仮定しよう．$x \notin A^d$ より，$N(x ; \delta) \cap (A - \{x\}) = \emptyset$ となる正の実数 δ が存在する．$x \in (A \cup$

$B)^d$ だから，$0 < \varepsilon < \delta$ なる任意の実数 ε に対して $N(x\,;\,\varepsilon) \cap (A \cup B - \{x\}) \neq \emptyset$ かつ $N(x\,;\,\varepsilon) \cap (A - \{x\}) = \emptyset$ である．よって，$N(x\,;\,\varepsilon) \cap (B - \{x\}) \neq \emptyset$ となる．ゆえに $x \in B^d$ である．従って，$(A \cup B)^d \subset A^d \cup B^d$ となり，先の包含関係と合わせて $(A \cup B)^d = A^d \cup B^d$ が成り立つ．

問 13.9 関数 $f(t) = \dfrac{t}{1+t}$ は $t \geqq 0$ の範囲で単調増加であり，$u \geqq 0$，$v \geqq 0$ のとき $f(u) + f(v) \geqq f(u+v)$ である．この関数 $f(t)$ の性質を使って，$d'(x, y) = \dfrac{d(x, y)}{1 + d(x, y)}$ が三角不等式を満足し，距離関数になることがわかる．さらに，(X, d) における点 a の ε-近傍を $N(a\,;\,\varepsilon)$ で表し，(X, d') における点 a の δ-近傍を $N'(a\,;\,\delta)$ で表せば，

$$N(a\,;\,\varepsilon) = N'\left(a\,;\,\frac{\varepsilon}{1+\varepsilon}\right), \quad N'(a\,;\,\delta) = N\left(a\,;\,\frac{\delta}{1-\delta}\right) \qquad (0 < \delta < 1)$$

が成り立つ．よって，X の各部分集合について，(X, d) における内部と (X, d') における内部とは一致することがわかり，(X, d) における開集合系と (X, d') における開集合系とは一致する．

問 14.1 定理 13.3 より $|f(x) - f(y)| \leqq d(x, y)$ が成り立つので，f は連続である．

問 14.2 $U = \{x \in X \mid d(x, A) < d(x, B)\}$，$V = \{x \in X \mid d(x, A) > d(x, B)\}$.

問 14.3 $(\boldsymbol{R}^2, d^{(2)})$ において，$A = \{(x, y) \in \boldsymbol{R}^2 \mid xy = 1\}$，$B = \{(x, y) \in \boldsymbol{R}^2 \mid xy = 0\}$ とおけば，A, B はともに $(\boldsymbol{R}^2, d^{(2)})$ の閉集合であり，互いに交わらないが，$d(A, B) = 0$ である．

問 14.4 距離空間 (X, d) において，A, B を互いに交わらない空でない閉集合とする．

X 上の二つの実数値関数 $d(x, A), d(x, B)$ はともに 0 以上の値をとり，

$$d(x, A) = 0 \iff x \in A, \qquad d(x, B) = 0 \iff x \in B$$

が成り立っている．A, B は互いに交わらない空でない閉集合だから，X の任意の点 x において，$d(x, A) + d(x, B) > 0$ である．

この事実により，実数値関数 $g : X \to \boldsymbol{R}$ が次の式によって定まる．

$$g(x) = \frac{d(x, A)}{d(x, A) + d(x, B)}$$

この定義式と関数 $d(x, A), d(x, B)$ の性質から，$0 \leqq g(x) \leqq 1$ $(x \in X)$ が成り立ち，さらに

$$g(x) = 0 \iff d(x, A) = 0 \iff x \in A$$
$$g(x) = 1 \iff d(x, B) = 0 \iff x \in B$$

を得る.

最後に，関数 $g : X \to \boldsymbol{R}$ が距離空間 (X, d) から 1 次元ユークリッド空間 $(\boldsymbol{R}, d^{(1)})$ への連続写像であることを示そう.

$$\begin{aligned} g(x) - g(y) &= \frac{d(x, A)}{d(x, A) + d(x, B)} - \frac{d(y, A)}{d(y, A) + d(y, B)} \\ &= \frac{d(x, A)d(y, B) - d(x, B)d(y, A)}{(d(x, A) + d(x, B))(d(y, A) + d(y, B))} \end{aligned}$$

$$\begin{aligned} &d(x, A)d(y, B) - d(x, B)d(y, A) \\ &\quad = (d(x, A) - d(y, A))d(y, B) + d(y, A)(d(y, B) - d(x, B)) \end{aligned}$$

定理 13.3 (1) を使って，次の不等式を得る.

$$|d(x, A)d(y, B) - d(x, B)d(y, A)| \leqq d(x, y)(d(y, A) + d(y, B))$$

よって，次の不等式を得る.

$$|g(x) - g(y)| \leqq \frac{d(x, y)}{d(x, A) + d(x, B)}$$

点 $x \in X$ を固定し，任意の $\varepsilon > 0$ に対して，$\delta = \varepsilon(d(x, A) + d(x, B))$ とおく．このとき，$d(x, y) < \delta \implies |g(x) - g(y)| < \varepsilon$ が成り立ち，写像 g は各点 $x \in X$ で連続になる.

問 15.1　集合 $X = \{1, 2, 3\}$ の上の位相を，その位相に含まれる二点集合と一点集合の個数に注目して，数え上げよう．次の表の通り，位相は合計 29 種類である.

二点集合の個数	一点集合の個数	sample	種類数
0	0	密着位相	1
0	1	{1}	3
1	0	{1, 2}	3
1	1	{1, 2}, {1}	6
		{1, 2}, {3}	3
1	2	{1, 2}, {1}, {2}	3
2	1	{1, 2}, {1, 3}, {1}	3
2	2	{1, 2}, {1, 3}, {1}, {2}	6
3	3	離散位相	1
			合計 29

問 15.2 2点以上から成る集合 X について,

(1) 集合 X 上の異なる2点の距離をすべて1とおけば, X は距離空間になる. 各点の $1/2$ 近傍にはその点しか含まれないので, すべての一点集合は開集合になる. よって, この距離位相は離散位相である. すなわち, 離散位相は距離化可能である.

(2) 集合 X 上の任意の距離位相について, 一点集合の補集合は常に開集合であり, X が2点以上から成れば, この位相は密着位相ではない.

よって, 2点以上から成る集合の密着位相は距離化可能でない.

問 15.3 ド・モルガンの法則を利用せよ.

問 15.4 定理 13.1 および問 13.7 の結果, X の任意の部分集合 A について, 距離空間としての A の内部は A に包まれる最大の開集合であり, A の閉包は A を包む最小の閉集合である.

すなわち, 内部と閉包の定義は距離位相の言葉でおき換えて表されている.

問 15.5 $((A^c)^a)^c$ は A に包まれる開集合だから, $((A^c)^a)^c \subset A^i$ となり, 従って $(A^i)^c \subset (A^c)^a$ である. 一方, $(A^i)^c$ は A^c を包む閉集合だから, $(A^c)^a \subset (A^i)^c$ である. よって, $(A^c)^a = (A^i)^c$ となる. 次に, $B = A^c$ とおけば, B に対して $(B^c)^a = (B^i)^c$ が成り立つので, $A^a = ((A^c)^i)^c$ となる. よって, $(A^c)^i = (A^a)^c$ となる.

問 15.6 集合 X 上に条件を満足する位相 $\mathcal{O}$ が存在すれば, この位相 $\mathcal{O}$ は $\mathcal{O} = \{M \in \mathfrak{P}(X) \mid i(M) = M\}$ という等式によって定義されなければならない. 定理 15.3 の証明にならって, 上の等式によって定義される $\mathcal{O}$ が位相の条件を満足すること, および与えられた写像 i が, この位相空間 $(X, \mathcal{O})$ における開核作用子に一致することを示せばよい.

問 15.7 部分空間 $(Y, \mathcal{O}_Y)$ における A の閉包を $\widetilde{A}$ で表そう. $\widetilde{A}$ は $(Y, \mathcal{O}_Y)$ における閉集合であるから, $(X, \mathcal{O})$ における閉集合 F で, $\widetilde{A} = F \cap Y$ となるものが存在する. $A \subset \widetilde{A} \subset F$ となるので $\overline{A} \subset F$ が成り立ち, $\overline{A} \cap Y \subset \widetilde{A}$ となる. 一方, $\overline{A} \cap Y$ は $(Y, \mathcal{O}_Y)$ における閉集合で $A \subset \overline{A} \cap Y$ が成り立つので, $\widetilde{A} \subset \overline{A} \cap Y$ となる. よって, $\widetilde{A} = \overline{A} \cap Y$ となる. 後半について, $X = \boldsymbol{R}^2$, $Y = \{(x, y) \in \boldsymbol{R}^2 \mid y \geqq 0\}$, $A = \{(x, y) \in \boldsymbol{R}^2 \mid x^2 + y^2 \leqq 1,\ y \geqq 0\}$ とし, $\mathcal{O}$ を $\boldsymbol{R}^2$ の通常の位相とする. A の X および Y における内部および境界を調べてみよ.

問 16.1 $x \in A^d \iff x \in \overline{A - \{x\}} \implies x \in \overline{A}$. よって, $\overline{A} \supset A \cup A^d$ が成り立つ.

逆に, $x \in \overline{A} - A$ とする. x の任意の近傍 N は A と交わるが, $x \notin A$ なので, N

は $A-\{x\}$ と交わる．よって，$x \in A^d$ となる．ゆえに，$\overline{A}-A \subset A^d$ であり，$\overline{A} \subset A \cup A^d$ が成り立つ．

従って，$\overline{A}=A \cup A^d$ が成り立つ．

問 16.2　集合 U が点 a の近傍であるとは，点 a が U の内部に含まれることである．問 15.4 の結果，距離空間 (X,d) における U の内部と位相空間 $(X,\mathcal{O})$ における U の内部とは一致している．

よって，距離空間 (X,d) における点 a の近傍系と位相空間 $(X,\mathcal{O})$ における点 a の近傍系とは一致する．

問 16.3　定理 14.2 および定理 16.4 によって，写像 $f: X_1 \to X_2$ について，(X_1,d_1) から (X_2,d_2) への連続写像であることと，$(X_1,\mathcal{O}_1)$ から $(X_2,\mathcal{O}_2)$ への連続写像であることとは，ともに開集合の f による逆像が開集合であることと述べられるが，距離空間の開集合系が距離位相の開集合系に一致しているので，どちらかで連続写像であれば，もう一方でも連続写像になっている．

問 16.4　(3)　例 6.1 で与えた写像 $f: \boldsymbol{R} \to (-1,1)$，$f(x)=\dfrac{x}{1+|x|}$ が同相写像になる．

問 16.5　X' の部分集合 M に対して，$f^{-1}(M)=(f^{-1}(M)\cap A)\cup(f^{-1}(M)\cap B)$ が成り立ち，A の部分集合として $f_A{}^{-1}(M)=f^{-1}(M)\cap A$，$B$ の部分集合として $f_B{}^{-1}(M)=f^{-1}(M)\cap B$ が成り立つ．f_A, f_B が連続であると仮定し，M を $\mathcal{O}'$-閉集合とすれば，$f_A{}^{-1}(M)$ は部分空間 $(A,\mathcal{O}_A)$ の閉集合であるから，$\mathcal{O}$-閉集合 F で $f_A{}^{-1}(M)=F\cap A$ となるものが存在する．A は $\mathcal{O}$-閉集合だから，$f_A{}^{-1}(M)$ が $\mathcal{O}$-閉集合になる．同様に $f_B{}^{-1}(M)$ も $\mathcal{O}$-閉集合になり，和集合 $f^{-1}(M)=f_A{}^{-1}(M)\cup f_B{}^{-1}(M)$ も $\mathcal{O}$-閉集合である．よって，f は連続である．逆に，f が連続であると仮定し，M を $\mathcal{O}'$-閉集合とすれば，$f^{-1}(M)$ は $\mathcal{O}$-閉集合であり，部分空間 A,B において $f_A{}^{-1}(M)$，$f_B{}^{-1}(M)$ がそれぞれ閉集合になる．よって，f_A, f_B は連続である．

問 16.6　$A \subset Y$，$O \subset X$ および $y \in Y$ に対して，

$$Y \cap O \cap (A-\{y\}) = O \cap (A-\{y\}) \qquad \cdots(*)$$

点 y を含む任意の開集合 O に対して（$*$）の左辺が空集合でなければ，点 y は $(Y,\mathcal{O}_Y)$ における A の集積点であり，点 y を含む任意の開集合 O に対して（$*$）の右辺が空集合でなければ，点 y は $(X,\mathcal{O})$ における A の集積点である．よって，部分空間 $(Y,\mathcal{O}_Y)$ における A の導集合は $A^d \cap Y$ に一致する．

問 17.1　上限位相において，$(a-n,a]\cup(b,b+n]$（$n=1,2,3,\cdots$）は開集合で

あるから，その和集合 $(-\infty, a] \cup (b, +\infty)$ も開集合である．従って，その補集合 $(a, b]$ は閉集合である．また，$\left(a, b - \dfrac{b-a}{2n}\right]$ $(n = 1, 2, 3, \cdots)$ は開集合であるから，その和集合 (a, b) も開集合である．

問 17.2 問 17.1 の結果，任意の開区間は上限位相および下限位相の両方で開集合である．一方，開区間の全体は通常の位相の開基である．よって，上限位相および下限位相はともに通常の位相より大きい位相である．

上限位相および下限位相より大きい位相 $\mathcal{O}$ において，半開区間 $(a-1, a]$ と $[a, a+1)$ は $\mathcal{O}$ の開集合である．よって，任意の実数 a に対して，$\{a\} = (a-1, a] \cap [a, a+1)$ は $\mathcal{O}$ の開集合になる．

よって，位相 $\mathcal{O}$ は離散位相である．

問 17.3 $(a, b) = (-\infty, b) \cap (a, +\infty)$ が成り立つので，開半直線の全体は，実数全体の集合上の通常の位相の準開基になる．

有限開区間は開半直線の和集合には表せないので，開半直線の全体は，通常の位相の開基ではない．

問 17.4 $\mathcal{O} = \{\emptyset, X, \{2\}, \{4\}, \{1, 2\}, \{2, 3\}, \{2, 4\}, \{1, 2, 3\}, \{1, 2, 4\}, \{2, 3, 4\}\}$.

問 17.5 第 2 可算公理を満たす位相空間 $(X, \mathcal{O})$ において，$\{O_n \mid n \in \boldsymbol{N}\}$ を可算開基とする．

各点 $x \in X$ に対して，$\{O_n \mid x \in O_n,\ n \in \boldsymbol{N}\}$ は点 x の基本近傍系である．よって，この位相空間 $(X, \mathcal{O})$ は第 1 可算公理を満たす．

各 O_n から 1 点 x_n を選んで，可算集合 $A = \{x_n \mid x_n \in O_n,\ n \in \boldsymbol{N}\}$ を与える．

任意の点 $x \in X$ および点 x の任意の近傍 U に対して，$x \in O_n \subset U$ となる O_n が存在する．このとき，$x_n \in U$ であり，$U \cap A \neq \emptyset$ となる．すなわち，$A^a = X$ が成り立つ．

よって，この位相空間 $(X, \mathcal{O})$ は可分である．

問 17.6 距離空間 (X, d) が距離位相に関して可分であるとし，部分集合 $A = \{a_n \mid n \in \boldsymbol{N}\}$ を稠密な可算集合とする．

ここで，$\mathcal{B} = \{N(a_n\,;\, r) \mid a_n \in A,\ r \in \boldsymbol{Q},\ r > 0\}$ とおく．$\mathcal{B}$ は高々可算個の開集合系である．

開集合系 $\mathcal{B}$ がこの位相空間の開基になることを示そう．

示したいことは，任意の開集合 O と任意の点 $x \in O$ に対して，$x \in N(a_n\,;\, r) \subset O$ となる点 a_n と正の有理数 r を選び得ることである．

まず，$x \in N(x\,;\, \varepsilon) \subset O$ が成り立つような $\varepsilon > 0$ が存在する．さらに，A が稠密

集合だから，$a_n \in N(x\,;\,\varepsilon/2)$ となる点 a_n の存在がわかる．ここで，$d(x, a_n) < r < \varepsilon/2$ を満たす有理数 r を選ぶと，

$$x \in N(a_n\,;\,r) \subset N(x\,;\,\varepsilon) \subset O.$$

問 17.7　(1)　$(a, b) \in \boldsymbol{R}^2$ に対して，

$$N_{(a,b)} = \{[a, a+r) \times [b, b+r) \mid r \in \boldsymbol{Q},\ r > 0\}$$

は可算基本近傍系である．よって，第 1 可算公理を満たす．

次に，$\boldsymbol{R}^2$ の可算部分集合として，$\boldsymbol{Q}^2$ を選ぶ．$\boldsymbol{R}^2$ の任意の点 (a, b) および任意の正の有理数 r に対して，

$$[a, a+r) \times [b, b+r) \cap \boldsymbol{Q}^2 \neq \emptyset$$

が成り立つから，$\boldsymbol{Q}^2$ は $\boldsymbol{R}^2$ の稠密な可算部分集合である．よって，この位相空間は可分である．

(2)　$A = \{(x, y) \in \boldsymbol{R}^2 \mid x + y = 1\}$ 上の任意の点 (x, y) に対して，

$$A \cap ([x, x+1) \times [y, y+1)) = \{(x, y)\}$$

が成り立つので，A の任意の一点集合は，部分空間 A の中で開集合である．よって，A 上の相対位相は離散位相である．とくに，この相対位相は第 2 可算公理を満たさない．

(3)　第 2 可算公理を満たす位相空間の部分空間は常に第 2 可算公理をみたすので，前項の結果，$\boldsymbol{R}^2$ 上のこの位相は第 2 可算公理を満たさない．

問 17.8　$(X_1, \mathcal{O}_1)$ および $(X_2, \mathcal{O}_2)$ を位相空間とし，$\mathcal{S}$ を位相 $\mathcal{O}_2$ の準開基とする．

写像 $f : X_1 \to X_2$ について，示したいことは，

$$\forall U \in \mathcal{S} : f^{-1}(U) \in \mathcal{O}_1 \iff \forall O \in \mathcal{O}_2 : f^{-1}(O) \in \mathcal{O}_1.$$

$\mathcal{S} \subset \mathcal{O}_2$ だから，矢印 $\Longleftarrow$ は成り立っている．

逆に，$\forall U \in \mathcal{S} : f^{-1}(U) \in \mathcal{O}_1$ が成り立っていると仮定しよう．

任意の $O \in \mathcal{O}_2$ と任意の点 $x \in f^{-1}(O)$ について，$\mathcal{S}$ に属する有限個の集合 $B_1, \cdots, B_n$ を選んで，

$$f(x) \in B_1 \cap \cdots \cap B_n \subset O$$

が成り立つようにできる．このとき，

$$x \in f^{-1}(B_1) \cap \cdots \cap f^{-1}(B_n) \subset f^{-1}(O)$$

が成り立つ．仮定によって，$f^{-1}(B_1) \cap \cdots \cap f^{-1}(B_n) \in \mathcal{O}_1$ である．ゆえに，集合 $f^{-1}(O)$ の任意の点 x が $f^{-1}(O)$ に包まれる $\mathcal{O}_1$-開近傍をもつことになり，$\forall O \in \mathcal{O}_2 : f^{-1}(O) \in \mathcal{O}_1$ が成り立つ．

すなわち，矢印 $\Longrightarrow$ が成り立つ．

よって，矢印 $\Longleftrightarrow$ が成り立つ．

問 17.9　(2), (4) の場合 f は連続であり，(1), (3) の場合 f は連続でない．

問 18.1　$(X, \mathcal{O})$ を位相空間とする．点 $x \in X$ に対して，その近傍系を $\mathfrak{N}(x)$ で表す．

X の点列 $(x_n \mid n \in \boldsymbol{N})$ が点 x に収束するとは，

$$\forall N \in \mathfrak{N}(x) \quad \exists n_0 \in \boldsymbol{N} : n > n_0 \implies x_n \in N \qquad \cdots (*)$$

が成り立つことである．

(X, d) を距離空間とし，$\mathcal{O}_d$ を d によって定まる距離位相とする．

$\mathcal{O} = \mathcal{O}_d$ の場合，$(*)$ が成り立つことと，実数列 $(d(x, x_n) \mid n \in \boldsymbol{N})$ について，

$$\lim_{n\to\infty} d(x, x_n) = 0 \qquad \cdots (**)$$

が成り立つこととが同等であることを示させるのが問題の趣旨である．

$\mathcal{O} = \mathcal{O}_d$ の場合，$(*)$ が成り立つことと，

$$\forall \varepsilon > 0 \quad \exists n_0 \in \boldsymbol{N} : n > n_0 \implies x_n \in N(x\,;\varepsilon) \qquad \cdots (*)'$$

が成り立つこととは同等である．また，$(**)$ が成り立つことと

$$\forall \varepsilon > 0 \quad \exists n_0 \in \boldsymbol{N} : n > n_0 \implies d(x, x_n) < \varepsilon \qquad \cdots (**)'$$

が成り立つこととは同等である．

ここに，$x_n \in N(x\,;\varepsilon)$ と $d(x, x_n) < \varepsilon$ は一致している．よって，$(*)'$ と $(**)'$ とは同等であり，結局，$(*)$ と $(**)$ とは同等であることがわかった．

問 18.2　$\mathcal{O}_c$ が $\boldsymbol{R}$ の位相になることを示したい．

まず，その定義から，$\emptyset \in \mathcal{O}_c$ かつ $\boldsymbol{R} \in \mathcal{O}_c$ である．

次に，$O_1, \cdots, O_n \in \mathcal{O}_c$ とする．この n 個がいずれも空集合ではない場合，

$$(O_1 \cap \cdots \cap O_n)^c = O_1{}^c \cup \cdots \cup O_n{}^c$$

において，$O_1{}^c, \cdots, O_n{}^c$ はいずれも高々可算集合であり，その和集合も高々可算集合になる．よって，

$$O_1 \cap \cdots \cap O_n \in \mathcal{O}_c$$

となる．

最後に，$(O_\lambda \mid \lambda \in \Lambda)$ を $\mathcal{O}_c$ の元から成る集合系とする．

$$\left(\bigcup_{\lambda \in \Lambda} O_\lambda\right)^c = \bigcap_{\lambda \in \Lambda} O_\lambda{}^c$$

が成り立ち，高々可算集合の共通部分は高々可算集合だから，

$$\bigcup_{\lambda \in \Lambda} O_\lambda \in \mathcal{O}_c$$

となる．

従って，$\mathcal{O}_c$ は $\boldsymbol{R}$ の位相になる．

問 18.3　$f : \boldsymbol{R} \to \boldsymbol{R}$ を全単射とする．無理数全体の集合 A は $(\boldsymbol{R}, \mathcal{O})$ の開集合でないが，$\boldsymbol{R} - f(A)$ が可算集合だから，$f(A)$ は $(\boldsymbol{R}, \mathcal{O}_c)$ の開集合である．従って，任意の全単射 f は $(\boldsymbol{R}, \mathcal{O})$ から $(\boldsymbol{R}, \mathcal{O}_c)$ への同相写像になり得ない．

問 18.4　点 x に収束する A の有向点列 $(a_\alpha \mid \alpha \in \Gamma)$ の存在を仮定する．

点 x の任意の近傍 N に対して，ある $\delta \in \Gamma$ を選んで，$\delta \leqq \alpha$ であるようなすべての $\alpha \in \Gamma$ に対して，$a_\alpha \in N$ とできる．

とくに，点 x の任意の近傍 N に対して，$A \cap N \neq \emptyset$ となり，$x \in \overline{A}$ となる．

逆に，$x \in \overline{A}$ と仮定する．

この場合，点 x の任意の近傍 N に対して，$A \cap N \neq \emptyset$ である．

選択公理によって，各 $N \in \mathfrak{N}(x) = \Gamma$ に対し，一斉に $a_N \in A \cap N$ を選ぶ．

$(a_N \mid N \in \Gamma)$ は A の有向点列であり，任意の $N \in \Gamma = N(x)$ に対して，$M \geqq N$（すなわち，$M \subset N$）なるすべての $M \in \Gamma = \mathfrak{N}(x)$ について，$a_M \in A \cap M \subset N$ となる．

よって，$(a_N \mid N \in \Gamma)$ は点 x に収束する A の有向点列である．

問 19.1　d が距離関数になることを示すには，三角不等式を満たすことを確かめれば十分である．

3 元 $x = (x_1, x_2)$，$y = (y_1, y_2)$，$z = (z_1, z_2)$ に対して，

$$a_1 = d_1(x_1, y_1),\ \ b_1 = d_1(x_1, z_1),\ \ c_1 = d_1(y_1, z_1),$$
$$a_2 = d_2(x_2, y_2),\ \ b_2 = d_2(x_2, z_2),\ \ c_2 = d_2(y_2, z_2)$$

とおく．このとき，

$$\begin{aligned} d(y, z)^2 &= c_1{}^2 + c_2{}^2 \leqq (a_1 + b_1)^2 + (a_2 + b_2)^2 \\ &= a_1{}^2 + b_1{}^2 + a_2{}^2 + b_2{}^2 + 2(a_1 b_1 + a_2 b_2) \\ &\leqq a_1{}^2 + b_1{}^2 + a_2{}^2 + b_2{}^2 + 2\sqrt{(a_1{}^2 + a_2{}^2)(b_1{}^2 + b_2{}^2)} \\ &= (\sqrt{a_1{}^2 + a_2{}^2} + \sqrt{b_1{}^2 + b_2{}^2})^2 = (d(x, y) + d(x, z))^2 \end{aligned}$$

が成り立つ．ここに，最初の不等式は d_1, d_2 についての三角不等式を使い，次の不等式はシュワルツの不等式を使っている．この結果，$d(y, z) \leqq d(x, y) + d(x, z)$ が成り立ち，d が距離関数になることがわかった．

後半について．(X_i, d_i) における点 x_i の ε-近傍を $N_i(x_i ; \varepsilon)$ で表し，$(X_1 \times X_2, d)$ における点 (x_1, x_2) の ε-近傍を $N((x_1, x_2) ; \varepsilon)$ で表すと

$$N_1\left(x_1 ; \frac{\varepsilon}{\sqrt{2}}\right) \times N_2\left(x_2 ; \frac{\varepsilon}{\sqrt{2}}\right) \subset N((x_1, x_2) ; \varepsilon) \subset N_1(x_1 ; \varepsilon) \times N_2(x_2 ; \varepsilon)$$

が成り立つことから，積位相 $\mathcal{O}_1 ※ \mathcal{O}_2$ は d から定まる距離位相に一致することがわかる．

問 19.2　$X_1 \times X_2$ の点 (x_1, x_2) について，

(1)　$(x_1, x_2) \in (A_1 \times A_2)^a$ であるための必要十分条件は $x_i \in N_i$ $(i = 1, 2)$ であるすべての $\mathcal{O}_i$-開集合 N_i に対して $(N_1 \times N_2) \cap (A_1 \times A_2) = (N_1 \cap A_1) \times (N_2 \cap A_2)$ が空でないことであり（定理 16.3 参照），この条件は $x_1 \in A_1{}^a$ かつ $x_2 \in A_2{}^a$ であることと同等である．よって，$(A_1 \times A_2)^a = A_1{}^a \times A_2{}^a$ が成り立つ．

(2)　$(x_1, x_2) \in (A_1 \times A_2)^i$ であるための必要十分条件は $x_i \in N_i$ $(i = 1, 2)$ となるある $\mathcal{O}_i$-開集合 N_i が存在して $N_1 \times N_2 \subset A_1 \times A_2$ となることであり，この条件は $x_1 \in A_1{}^i$ かつ $x_2 \in A_2{}^i$ であることと同等である．よって，$(A_1 \times A_2)^i = A_1{}^i \times A_2{}^i$ が成り立つ．

問 19.3　写像 $\Delta : X \to X \times X$，$\Delta(x) = (x, x)$ が位相空間 $(X, \mathcal{O})$ から積空間 $(X, \mathcal{O}) \times (X, \mathcal{O})$ への連続写像であることを示したい．

点 $\Delta(x)$ の基本近傍系として，$(N \times N \mid x \in N,\ N \in \mathcal{O})$ を選ぶことができる．

$\Delta^{-1}(N \times N) = N$ が成り立つので，Δ は X の任意の点 x で連続になる．

よって，写像 $\Delta : X \to X \times X$ は位相空間 $(X, \mathcal{O})$ から積空間 $(X, \mathcal{O}) \times (X, \mathcal{O})$ への連続写像である．

問 19.4　$\boldsymbol{R}^n$ 上の通常の位相は距離関数 $d_0{}^{(n)}$ から定まる距離位相（例 13.1，例 13.2，例 13.4 参照）に一致している．この距離関数を利用して，写像 $f : \boldsymbol{R}^n \times \boldsymbol{R}^n \to \boldsymbol{R}^n$ が連続写像であることを示そう．

ここで，

$$x = (x_1, \cdots, x_n), \quad y = (y_1, \cdots, y_n), \quad x' = (x_1', \cdots, x_n'), \quad y' = (y_1', \cdots, y_n')$$

を $\boldsymbol{R}^n$ の点とする．

$$\begin{aligned}
&d_0{}^{(n)}(f(x, y), f(x', y')) = d_0{}^{(n)}(x + y, x' + y') \\
&= \max(|x_1 + y_1 - x_1' - y_1'|, \cdots, |x_n + y_n - x_n' - y_n'|) \\
&\leqq \max(|x_1 - x_1'|, \cdots, |x_n - x_n'|) + \max(|y_1 - y_1'|, \cdots, |y_n - y_n'|) \\
&= d_0{}^{(n)}(x, x') + d_0{}^{(n)}(y, y')
\end{aligned}$$

任意の $\varepsilon > 0$ に対して，$N(x ; \varepsilon/2) \times N(y ; \varepsilon/2)$ は積空間 $\boldsymbol{R}^n \times \boldsymbol{R}^n$ における点 (x, y) の開近傍である．上の不等式によって，この開近傍に属する任意の点 (x', y') に対して，$f(x', y')$ は $N(f(x, y) ; \varepsilon)$ に属することがわかる．よって，写像 $f : \boldsymbol{R}^n \times$

$\boldsymbol{R}^n \to \boldsymbol{R}^n$ は連続写像である.

問 19.5　三角不等式を繰り返すことによって

$$d(x,y) \leqq d(x,x') + d(x',y) \leqq d(x,x') + d(x',y') + d(y',y)$$
$$d(x',y') \leqq d(x',x) + d(x,y') \leqq d(x,x') + d(x,y) + d(y,y')$$

よって,

$$|d(x,y) - d(x',y')| \leqq d(x,x') + d(y,y') \qquad \cdots(*)$$

が成り立つ.

任意の $\varepsilon > 0$ および任意の $(x',y') \in N(x\,;\varepsilon/2) \times N(y\,;\varepsilon/2)$ について, $(*)$ が成り立つので, 実数 $d(x',y')$ は実数 $d(x,y)$ の ε-近傍に属す.

よって, 距離関数 $d : X \times X \to \boldsymbol{R}$ は連続写像である.

問 19.6　一般に, $\prod_{\lambda\in\Lambda} A_\lambda = \bigcap_{\lambda\in\Lambda} p_\lambda^{-1}(A_\lambda)$ が成り立っている.

集合 $\prod_{\lambda\in\Lambda} A_\lambda{}^a = \bigcap_{\lambda\in\Lambda} p_\lambda^{-1}(A_\lambda{}^a)$ は $\prod_{\lambda\in\Lambda} A_\lambda$ を包む閉集合である.

よって, 包含関係 $\left(\prod_{\lambda\in\Lambda} A_\lambda\right)^a \subset \prod_{\lambda\in\Lambda} A_\lambda{}^a$ が成り立つ.

点 $x = (x_\lambda) \in \prod_{\lambda\in\Lambda} A_\lambda{}^a$ および積空間の開集合 M で $x \in M$ を満たすものを任意に選ぶ.

積位相の定義より, Λ の有限個の元 $\lambda_1, \cdots, \lambda_n$ および $\mathcal{O}_{\lambda_j}$-開集合 V_j $(j = 1, \cdots, n)$ を選んで,

$$x \in p_{\lambda_1}{}^{-1}(V_1) \cap \cdots \cap p_{\lambda_n}{}^{-1}(V_n), \qquad p_{\lambda_1}{}^{-1}(V_1) \cap \cdots \cap p_{\lambda_n}{}^{-1}(V_n) \subset M$$

が成り立つようにできる. ここで,

$$V_\lambda = X_\lambda\,;\lambda \neq \lambda_j\ (j = 1, \cdots, n), \qquad V_{\lambda_j} = V_j$$

とおき, $V = \prod_{\lambda\in\Lambda} V_\lambda$ とすれば, $V = p_{\lambda_1}{}^{-1}(V_1) \cap \cdots \cap p_{\lambda_n}{}^{-1}(V_n)$ が成り立っている.

この場合,

$$V_\lambda \cap A_\lambda = \begin{cases} V_j \cap A_{\lambda_j} & \lambda = \lambda_j\ (j = 1, \cdots, n) \\ X_\lambda \cap A_\lambda & \lambda \neq \lambda_j\ (j = 1, \cdots, n) \end{cases}$$

ここに, $p_\lambda(x) = x_\lambda \in A_\lambda{}^a$ だから, 各 $\lambda \in \Lambda$ に対して, $V_\lambda \cap A_\lambda \neq \emptyset$ となる.

また, $M \cap \prod_{\lambda\in\Lambda} A_\lambda \supset V \cap \prod_{\lambda\in\Lambda} A_\lambda = \prod_{\lambda\in\Lambda} (V_\lambda \cap A_\lambda) \neq \emptyset$ だから, $x \in \left(\prod_{\lambda\in\Lambda} A_\lambda\right)^a$ となる.
従って, $\left(\prod_{\lambda\in\Lambda} A_\lambda\right)^a = \prod_{\lambda\in\Lambda} A_\lambda{}^a$ が成り立つ.

開核作用子に関して問 19.2 の等式が一般化できない例を示そう.

自然数 $n \in \boldsymbol{N}$ に対して, $X_n = \boldsymbol{R}$ とおき, 自然な位相を与えておく. また, 各自然数 n に対して, $A_n = (0,1)$ とおく. このとき, $\prod_{n\in\boldsymbol{N}} A_n{}^i = \prod_{n\in\boldsymbol{N}} A_n$ であるが, $\prod_{n\in\boldsymbol{N}} X_n$ 上の積位相に関して, $\left(\prod_{n\in\boldsymbol{N}} A_n\right)^i = \emptyset$ である.

問 19.7 問 13.9 の結果を使うと，各 $n \in \boldsymbol{N}$ および X_n の各点 u, v に対して $d_n(u, v) < 1$ が成り立つものと仮定できる．この仮定の下で，直積 $\prod_{n=1}^{\infty} X_n$ の 2 点 (x_n), (y_n) に対して

$$d((x_n), (y_n)) = \sum_{n=1}^{\infty} \frac{1}{2^n} d_n(x_n, y_n)$$

と定義しよう．右辺は常に収束することが確かめられ，さらに d は $\prod_{n=1}^{\infty} X_n$ 上の距離関数であることがわかる．この距離関数 d による $\prod_{n=1}^{\infty} X_n$ 上の距離位相 $\mathcal{O}_d$ が積位相 $\underset{n=1}{\overset{\infty}{※}} \mathcal{O}_n$ に一致することを証明しよう．積位相に関して

$$N(x_1\,;\,\varepsilon_1) \times \cdots \times N(x_k\,;\,\varepsilon_k) \times \prod_{n=k+1}^{\infty} X_n$$

の形をしたものの全体が点 (x_n) の基本近傍系である．$\varepsilon = \min\{\varepsilon_1, \varepsilon_2, \cdots, \varepsilon_k\}$ とおけば

$$N((x_n)\,;\,\varepsilon/2^k) \subset N(x_1\,;\,\varepsilon_1) \times \cdots \times N(x_k\,;\,\varepsilon_k) \times \prod_{n=k+1}^{\infty} X_n$$

が成り立つ．よって，距離位相 $\mathcal{O}_d$ は積位相 $\underset{n=1}{\overset{\infty}{※}} \mathcal{O}_n$ より大きい位相である．逆に，正数 ε に対して，$\sum_{n=k}^{\infty} 2^{-n} < \frac{\varepsilon}{2}$ となるような自然数 k を選ぶと，

$$N\left(x_1\,;\,\frac{\varepsilon}{2}\right) \times \cdots \times N\left(x_k\,;\,\frac{\varepsilon}{2}\right) \times \prod_{n=k+1}^{\infty} X_n \subset N((x_n)\,;\,\varepsilon)$$

が成り立つ．よって，$\mathcal{O}_d$ は $\underset{n=1}{\overset{\infty}{※}} \mathcal{O}_n$ より小さい位相である．従って，二つの位相は一致する．

問 20.1 写像 $f : X \to Y$ が全射だから，$f^{-1}(Y) = X$ であり，$f^{-1}(\emptyset) = \emptyset$ である．よって，$Y, \emptyset \in \mathcal{O}(f)$ である．

次に，$U_1, \cdots, U_n \in \mathcal{O}(f)$ とする．等式

$$f^{-1}(U_1 \cap \cdots \cap U_n) = f^{-1}(U_1) \cap \cdots \cap f^{-1}(U_n)$$

が成り立ち，右辺は $(X, \mathcal{O})$ の開集合である．よって，$U_1 \cap \cdots \cap U_n \in \mathcal{O}(f)$ である．

最後に，$(U_\lambda | \lambda \in \Lambda)$ を $\mathcal{O}(f)$ の元から成る集合系とする．等式

$$f^{-1}\left(\bigcup_{\lambda \in \Lambda} U_\lambda\right) = \bigcup_{\lambda \in \Lambda} f^{-1}(U_\lambda)$$

が成り立ち，右辺は $(X, \mathcal{O})$ の開集合である．よって，

$$\bigcup_{\lambda \in \Lambda} U_\lambda \in \mathcal{O}(f)$$

である．

問 21.1 ハウスドルフ空間の任意の一点集合 $\{a\}$ について考える．a と異なる任

意の点 b について，2 点 a, b は開集合によって分離されるので，点 b は $\{a\}$ の補集合の内点になる．よって，$\{a\}$ の補集合は開集合になり，一点集合 $\{a\}$ は閉集合である．

正規ハウスドルフ空間について，閉集合 F と F に属さない点 a を任意に与える．この場合，一点集合 $\{a\}$ と F は互いに交わらない閉集合であり，開集合によって分離される．

よって，正規ハウスドルフ空間は，正則空間である．

問 21.2 問 14.2 によって正規であることがわかる．

問 21.3 $A^c = \{x \in X \mid f(x) \neq g(x)\}$ が $\mathcal{O}$-開集合であることを示せばよい．$x \in A^c$ とすれば，2 点 $f(x), g(x)$ はハウスドルフ空間 $(X', \mathcal{O}')$ の相異なる点である．ゆえに，互いに交わらない $\mathcal{O}'$-開集合 U, V で $f(x) \in U$ かつ $g(x) \in V$ となるものが存在する．$f^{-1}(U) \cap g^{-1}(V)$ は x を含む $\mathcal{O}$-開集合であり，A^c に包まれる．よって，A^c が $\mathcal{O}$-開集合になる．

問 21.4 有限集合の上の T_1 位相に関して，各一点集合が閉集合だから，任意の 1 点 a を除く集合も閉集合である．よって，一点集合 $\{a\}$ は開集合である．よって，有限集合の上の T_1 位相は離散位相である．

自然数全体の集合 $\boldsymbol{N}$ について，空集合および有限集合の補集合の全体を $\mathcal{O}$ とする．

まず，$\boldsymbol{N}, \emptyset \in \mathcal{O}$ である．

次に，$U_1, \cdots, U_n$ を空集合でない $\mathcal{O}$ の元とする．このとき，等式

$$(U_1 \cap \cdots \cap U_n)^c = {U_1}^c \cup \cdots \cup {U_n}^c$$

の右辺は有限集合である．よって，$U_1 \cap \cdots \cap U_n \in \mathcal{O}$ である．もし，$U_1, \cdots, U_n$ の中に空集合があれば，$U_1 \cap \cdots \cap U_n = \emptyset \in \mathcal{O}$ である．

最後に，$(U_\lambda \mid \lambda \in \Lambda)$ を $\mathcal{O}$ の元から成る集合系とする．等式

$$\left(\bigcup_{\lambda \in \Lambda} U_\lambda\right)^c = \bigcap_{\lambda \in \Lambda} {U_\lambda}^c$$

の右辺は有限集合である．よって，$\bigcup_{\lambda \in \Lambda} U_\lambda \in \mathcal{O}$ である．

ゆえに，$\mathcal{O}$ は $\boldsymbol{N}$ 上の位相である．

位相空間 $(\boldsymbol{N}, \mathcal{O})$ において，任意の一点集合の補集合は開集合である．よって，位相 $\mathcal{O}$ は T_1 位相である．

任意の異なる 2 点 a, b について，$U, V \in \mathcal{O}$ で，U は a を含み b を含まず，V は b を含み a を含まないものとする．この場合，$(U \cap V)^c = U^c \cup V^c$ は有限集合であり，とくに $U \cap V \neq \emptyset$ である．ゆえに，位相 $\mathcal{O}$ はハウスドルフの分離公理を満たさない．

問 21.5 問 15.1 で求めた 29 種類の位相の中から，条件に合うものを選び出せば

よい．

(1)　$\mathcal{O} = \{\{1\}, \{2, 3\}\}$ および $1, 2, 3$ の置換で生じる計 3 種類

(2)　$\mathcal{O} = \{\{1\}, \{2\}, \{1, 2\}, \{1, 3\}\}$ および $1, 2, 3$ の置換で生じる計 6 種類

問 21.6　有限集合上の正則な位相について，閉集合 A を任意に一つ固定する．任意の点 $x \in A^c$ と A は開集合によって分離できる．とくに，A を包み点 x を含まない開集合 U_x が存在する．このとき，$\bigcap_{x \in A^C} U_x$ は A を包み，A^c の点を含まない開集合である．その作り方により

$$A = \bigcap_{x \in A^C} U_x$$

だから，A は開集合になる．

有限正則空間の交わらない二つの閉集合について，それぞれが同時に開集合になるので，それらを包む開集合によって分離できる．よって，有限正則空間は常に正規空間である．

問 21.7　第 2 可算公理を満たす正則空間 $(X, \mathcal{O})$ における可算開基を $\mathcal{B}$ とし，A, B を互いに交わらない閉集合とする．

(i)　点 $a \in A$ と閉集合 B は開集合 U, V により分離される．すなわち，$a \in U$ かつ $B \subset V$ であり，$U \cap V = \emptyset$ である．このとき，$U^a \cap B = \emptyset$ である．とくに，$\mathcal{B}$ に属する元を U として選ぶことができる．よって，$\mathcal{B}$ に属する元から成る開集合系 $(U_n \mid n \in \boldsymbol{N})$ で，

$$A \subset \bigcup_{n=1}^{\infty} U_n, \qquad {U_n}^a \cap B = \emptyset \quad (n \in \boldsymbol{N})$$

なるものが存在する．

まったく同様に，$\mathcal{B}$ に属する元から成る開集合系 $(V_n \mid n \in \boldsymbol{N})$ で，

$$B \subset \bigcup_{n=1}^{\infty} V_n, \qquad {V_n}^a \cap A = \emptyset \quad (n \in \boldsymbol{N})$$

なるものが存在する．

(ii)　ここで，

$$U_n' = U_n - \bigcup_{k=1}^{n} {V_k}^a, \quad V_n' = V_n - \bigcup_{k=1}^{n} {U_k}^a, \quad U = \bigcup_{n=1}^{\infty} U_n', \quad V = \bigcup_{n=1}^{\infty} V_n'$$

とおく．作り方から，U_n', V_n', U, V はいずれも開集合であり，$A \subset U$，$B \subset V$ である．

U と V が交わらないことを示せば，証明が終わる．$x \in U \cap V$ と仮定しよう．この場合，$x \in U_n' \cap V_m'$ となる $n, m \in \boldsymbol{N}$ が存在する．

$n \leq m$ の場合，$V_m' = V_m - \bigcup_{k=1}^{m} U_k{}^a$ であり，$U_n' \subset U_n \subset U_n{}^a$ だから，$U_n' \cap V_m' = \emptyset$ となる．$n \geq m$ の場合，$U_n' = U_n - \bigcup_{k=1}^{n} V_k{}^a$ であり，$V_m' \subset V_m \subset V_m{}^a$ だから，$U_n' \cap V_m' = \emptyset$ となる．

いずれにせよ，$U_n' \cap V_m' = \emptyset$ となるので，$U \cap V = \emptyset$ が成り立つ．

問 21.8　自然数全体の集合 $\boldsymbol{N}$ に，問 21.4 で定義した位相 $\mathcal{O}$ を与えておく．すなわち，空集合および有限集合の補集合を開集合とする位相である．

自然数列 $S = (x_n \mid n \in \boldsymbol{N})$ が $x_n \geqq n$ $(n \in \boldsymbol{N})$ を満足すれば，S は位相空間 $(\boldsymbol{N}, \mathcal{O})$ のすべての点に収束することを示そう．

点 $m \in \boldsymbol{N}$ を任意に固定する．点 m の任意の開近傍 U に対して，ある自然数 n を選んで，$\{k \in \boldsymbol{N} \mid k \geqq n\} \subset U$ が成り立つようにできる．このとき，数列 S の n 番目から先の数はすべて U に属す．よって，数列 S は点 m に収束する．ゆえに，数列 S は位相空間 $(\boldsymbol{N}, \mathcal{O})$ のすべての点に収束する．

ハウスドルフ空間において，点列 $S = (x_n \mid n \in \boldsymbol{N})$ が点 a に収束している場合，点列 S は a と異なる点 b には収束できないことを示そう．

2 点 a, b は開集合 U, V によって分離される．すなわち，$a \in U$ かつ $b \in V$ であり，$U \cap V = \emptyset$ が成り立っているものとする．点列 S が点 a に収束しているので，ある番号 n_0 が存在して，$n > n_0$ ならば，$x_n \in U$ が成り立つ．$U \cap V = \emptyset$ なので，$n > n_0$ ならば，$x_n \notin V$ が成り立つ．

よって，点 b は点列 S の極限点にはならない．

問 22.1　A が位相区間 $(X, \mathcal{O})$ の部分集合としてコンパクトであると仮定する．

部分空間 $(A, \mathcal{O}_A)$ における A の任意の開被覆 $(U_\lambda \mid \lambda \in \Lambda)$ に対して，$U_\lambda = A \cap V_\lambda$ となる $V_\lambda \in \mathcal{O}$ を選ぶ．この場合，$(V_\lambda \mid \lambda \in \Lambda)$ は位相空間 $(X, \mathcal{O})$ における部分集合 A の開被覆であり，A がコンパクト集合であると仮定しているので，有限個の $\lambda_1, \cdots, \lambda_n \in \Lambda$ を選んで，

$$A \subset V_{\lambda_1} \cup \cdots \cup V_{\lambda_n}$$

が成り立つようにできる．このとき，$(U_{\lambda_1}, \cdots, U_{\lambda_n})$ は，部分空間 $(A, \mathcal{O}_A)$ における A の有限開被覆になる．すなわち，部分空間 $(A, \mathcal{O}_A)$ はコンパクト空間になる．

逆に，部分空間 $(A, \mathcal{O}_A)$ がコンパクト空間であると仮定する．

位相空間 $(X, \mathcal{O})$ における A の任意の開被覆 $(V_\lambda \mid \lambda \in \Lambda)$ に対して，$U_\lambda = A \cap V_\lambda$ とおく．$(U_\lambda \mid \lambda \in \Lambda)$ は部分空間 $(A, \mathcal{O}_A)$ における A の開被覆であり，$(A, \mathcal{O}_A)$ がコンパクト空間であると仮定しているので，有限個の $\lambda_1, \cdots, \lambda_n \in \Lambda$ を選んで，

$$A = U_{\lambda_1} \cup \cdots \cup U_{\lambda_n}$$

が成り立つようにできる．このとき，$(V_{\lambda_1}, \cdots, V_{\lambda_n})$ は，位相空間 $(X, \mathcal{O})$ における A の有限開被覆になる．すなわち集合 A は位相空間 $(X, \mathcal{O})$ におけるコンパクト集合になる．

問 22.2 開区間の系 $((a + (b - a)/2^n, b) \mid n = 1, 2, 3, \cdots)$ は，通常の位相をもった $\boldsymbol{R}$ の部分空間 (a, b) の開被覆であるが，この中の有限個の開区間のみでは (a, b) を被覆できない．よって，部分空間 (a, b) はコンパクト空間ではない．

一方，ハイネ - ボレルの被覆定理により，閉区間 $[a, b]$ は通常の位相をもった $\boldsymbol{R}$ の部分空間としてコンパクト空間である．

よって，開区間 (a, b) と閉区間 $[a, b]$ は同相にならない．

問 22.3 $d(A, B) = \inf\{d(a, B) \mid a \in A\}$ であり，対応 $a \longmapsto d(a, B)$ はコンパクト集合 A 上の実連続関数である．よって，$d(A, B) = d(a_0, B)$ となる点 $a_0 \in A$ が存在する．B が閉集合であり，$a_0 \notin B$ だから，$d(a_0, B) > 0$ である．

問 23.1 $(X_i, \mathcal{O}_i)$ $(i = 1, 2)$：位相空間

K_i：$(X_i, \mathcal{O}_i)$ のコンパクト集合

W：積空間 $(X_1, \mathcal{O}_1) \times (X_2, \mathcal{O}_2)$ の開集合で，$K_1 \times K_2 \subset W$

位相空間 $(X_i, \mathcal{O}_i)$ の開集合 G_i を選んで，

$$K_i \subset G_i \ (i = 1, 2), \qquad G_1 \times G_2 \subset W$$

とできることを示したい．定理 23.1 の証明をまねて実行しよう．

K_1 の点 x に対して，$\mathcal{O}_2$-開集合 V で点 x のある $\mathcal{O}_1$-開近傍 U との直積 $U \times V$ が開集合 W に包まれるものの全体を $\mathfrak{G}(x)$ とする．このとき，$\mathfrak{G}(x)$ はコンパクト集合 K_2 の開被覆になっている．よって，$\mathfrak{G}(x)$ に属する有限個の開集合 $V_1, \cdots, V_n$ を選んで，

$$K_2 \subset \widetilde{V} = V_1 \cup \cdots \cup V_n$$

となるようにできる．対応する $\mathcal{O}_1$-開近傍 $U_1, \cdots, U_n$ について，$\widetilde{U} = U_1 \cap \cdots \cap U_n$ とおく．このとき，$\widetilde{U}$ は点 x の開近傍であり，$\{x\} \times K_2 \subset \widetilde{U} \times \widetilde{V} \subset W$ が成り立つ．

$\mathcal{O}_1$-開集合 $\widetilde{U}$ で，K_2 を包むある $\mathcal{O}_2$-開集合 $\widetilde{V}$ との直積 $\widetilde{U} \times \widetilde{V}$ が開集合 W に包まれるものの全体を $\mathfrak{G}$ とする．先の考察により，$\mathfrak{G}$ はコンパクト集合 K_1 の開被覆になっている．よって，$\mathfrak{G}$ に属する有限個の開集合 $\widetilde{U}_1, \cdots, \widetilde{U}_m$ を選んで，

$$K_1 \subset G_1 = \widetilde{U}_1 \cup \cdots \cup \widetilde{U}_m$$

となるようにできる．対応する $\mathcal{O}_2$-開集合 $\widetilde{V}_1, \cdots, \widetilde{V}_m$ について，$G_2 = \widetilde{V}_1 \cap \cdots \cap \widetilde{V}_m$

とおく．

ここまでの考察によって，この G_1, G_2 が求めるものである．

問 23.2　$\mathscr{F}' = \{\mathfrak{A}_\lambda \mid \lambda \in \Lambda\}$ を $\mathscr{F}$ の任意の全順序部分集合とし，$\mathfrak{A}' = \bigcup_{\lambda \in \Lambda} \mathfrak{A}_\lambda$ とおく．$Y_1, \cdots, Y_n$ を $\mathfrak{A}'$ に属する有限個の Y の部分集合とする．Λ の元 $\lambda_1, \cdots, \lambda_n$ を選んで $Y_i \in \mathfrak{A}_{\lambda_i}$ $(i = 1, \cdots, n)$ となるようにできる．$\mathscr{F}'$ は包含関係による全順序集合だから，$\lambda_1, \cdots, \lambda_n$ の中から λ を選んで，$Y_i \in \mathfrak{A}_\lambda$ $(i = 1, \cdots, n)$ となるようにできる．各 $\mathfrak{A}_\lambda$ は有限交叉性をもつので，$Y_1 \cap \cdots \cap Y_n \neq \emptyset$ となる．よって，$\mathfrak{A}'$ も有限交叉性をもつことがわかった．

問 23.3　$\mathfrak{M}$ を集合 Y の有限交叉性をもつ極大な部分集合族とする．

(i)　$\mathfrak{M}$ に属する有限個の集合 $F_1, \cdots, F_n$ の共通部分 $F_1 \cap \cdots \cap F_n$ について，$\mathfrak{M}$ に属する任意の有限個の集合 $F_1', \cdots, F_m'$ との共通部分

$$(F_1 \cap \cdots \cap F_n) \cap F_1' \cap \cdots \cap F_m'$$

は $\mathfrak{M}$ に属する有限個の集合の共通部分だから空集合ではない．よって，$\mathfrak{M}$ の極大性により，$F_1 \cap \cdots \cap F_n$ も $\mathfrak{M}$ に属す．

(ii)　Y の部分集合 A が $\mathfrak{M}$ に属するすべての集合と交わるものとする．$\mathfrak{M}$ に属する任意の有限個の集合 $F_1, \cdots, F_n$ と A との共通部分は，$F_1 \cap \cdots \cap F_n$ と A との共通部分であるが，(i) により，$F_1 \cap \cdots \cap F_n$ も $\mathfrak{M}$ に属し，$F_1 \cap \cdots \cap F_n \cap A \neq \emptyset$ となる．よって，$\mathfrak{M}$ の極大性により，A も $\mathfrak{M}$ に属す．

問 23.4　$\omega \in X$ を固定する．X の部分集合族 $\mathcal{O}$ を $\emptyset, \{\omega\}$ および，X の有限集合の補集合の全体から成るものとする．

まず，$\emptyset, X \in \mathcal{O}$ が成り立っている．

次に，$U_1, \cdots, U_n \in \mathcal{O}$ について，これらがすべて X の有限集合の補集合であれば，その共通部分も有限集合の補集合であり $\mathcal{O}$ に属す．どれかが $\{\omega\}$ であれば，その共通部分は $\{\omega\}$ または空集合であり $\mathcal{O}$ に属す．どれかが $\emptyset$ であれば，その共通部分も空集合であり $\mathcal{O}$ に属す．いずれにせよ，

$$U_1 \cap \cdots \cap U_n \in \mathcal{O}$$

が成り立つ．

最後に，$(U_\lambda \mid \lambda \in \Lambda)$ を $\mathcal{O}$ の元から成る集合系とする．各 U_λ が X の有限集合の補集合であれば，その和集合も X の有限集合の補集合であり $\mathcal{O}$ に属す．また，X の有限集合の補集合と $\{\omega\}$ または $\emptyset$ との和集合は X の有限集合の補集合である．いずれにせよ，

$$\bigcup_{\lambda \in \Lambda} U_\lambda \in \mathcal{O}$$

が成り立つ．

よって，この部分集合族 $\mathcal{O}$ は集合 X 上の位相になる．

位相空間 $(X, \mathcal{O})$ がコンパクト空間であることを確かめよう．

位相空間 $(X, \mathcal{O})$ の閉集合は，X の有限集合，X および $\{\omega\}^c$ のいずれかである．この位相空間において，有限交叉性をもつ閉集合の族の一つを $\mathfrak{A}$ とする．

$\mathfrak{A}$ に属する X の有限集合 $A = \{a_1, \cdots, a_n\}$ がある場合，もし $\bigcap \mathfrak{A} = \emptyset$ とすれば，$\mathfrak{A}$ に属する集合 A_i で，$a_i \notin A_i$ となるものが存在する．このとき，

$$A \cap A_1 \cap \cdots \cap A_n = \emptyset$$

となり，$\mathfrak{A}$ が有限交叉性をもつことに矛盾する．

よって，有限交叉性をもつ閉集合の族 $\mathfrak{A}$ に X の有限集合が含まれる場合，$\bigcap \mathfrak{A} \neq \emptyset$ となる．

有限交叉性をもつ閉集合の族 $\mathfrak{A}$ に X の有限集合が含まれない場合，$\mathfrak{A}$ に含まれるのは高々 X と $\{\omega\}^c$ のみであり，この場合にも $\mathfrak{A}$ は有限交叉性をもち，$\bigcap \mathfrak{A} \neq \emptyset$ である．

いずれにせよ，有限交叉性をもつ閉集合の族 $\mathfrak{A}$ について，$\bigcap \mathfrak{A} \neq \emptyset$ が成り立つ．

よって，位相空間 $(X, \mathcal{O})$ はコンパクト空間である．

問 23.5　2^ω：離散空間 $\{0, 1\}$ の可算無限個の積空間

$W(x\,;\,k) = \{y = (y_n) \in 2^\omega \mid x_n = y_n \ (1 \leqq n \leqq k)\}$ ここに，$x = (x_n) \in 2^\omega$，$k \in \boldsymbol{N}$

$\mathcal{B} = \{W(x\,;\,k) \mid x \in 2^\omega,\ k \in \boldsymbol{N}\}$：位相空間 2^ω の開基

写像 $\Phi : 2^\omega \to \boldsymbol{R}$

$$\Phi((x_n)) = \sum_{n=1}^{\infty} \frac{2x_n}{3^n}, \qquad d^{(1)}(\Phi(x), \Phi(y)) = \left| \sum_{n=1}^{\infty} \frac{2(x_n - y_n)}{3^n} \right|.$$

確かめたいことは次の包含関係が成り立つこと

$$(*)\cdots \qquad W(x\,;\,k+1) \subset \Phi^{-1}(B_1(\Phi(x)\,;\,3^{-k})) \subset W(x\,;\,k)\,;\, x \in 2^\omega,\ k \in \boldsymbol{N}$$

$$y \in W(x\,;\,k+1) \implies d^{(1)}(\Phi(x), \Phi(y)) = \left| \sum_{n=k+2}^{\infty} \frac{2(x_n - y_n)}{3^n} \right|$$

$$\leqq \sum_{n=k+2}^{\infty} \frac{2}{3^n} = \frac{1}{3^{k+1}} < \frac{1}{3^k}$$

よって，$W(x\,;\,k+1) \subset \Phi^{-1}(B_1(\Phi(x)\,;\,3^{-k}))$ が成り立つ．

次に，$y \notin W(x\,;\,k)$ と仮定する．この場合，次の条件を満たす $n_0 \in \boldsymbol{N}$ が存在する．

$$1 \leqq n_0 \leqq k, \qquad x_{n_0} \neq y_{n_0}, \qquad x_n = y_n \ (1 \leqq n < n_0)$$

このとき，

$$d^{(1)}(\Phi(x), \Phi(y)) > \frac{2}{3^{n_0}} - \sum_{n>n_0}^{\infty} \frac{2}{3^n} = \frac{1}{3^{n_0}} \geqq \frac{1}{3^k}$$

であり，$y \notin \Phi^{-1}(B_1(\Phi(x)\,;\,3^{-k}))$ となる．よって，$\Phi^{-1}(B_1(\Phi(x)\,;\,3^{-k})) \subset W(x\,;\,k)$ が成り立つ．

問 23.6　$I-T$ は互いに交わらない可算個の開区間の和である．その様子を調べてみよう．

$$I - T_1 = \left(\frac{1}{3}, \frac{2}{3}\right)$$

$$T_1 - T_2 = \left(\frac{1}{3^2}, \frac{2}{3^2}\right) \cup \left(\frac{7}{3^2}, \frac{8}{3^2}\right)$$

$$T_2 - T_3 = \left(\frac{1}{3^3}, \frac{2}{3^3}\right) \cup \left(\frac{7}{3^3}, \frac{8}{3^3}\right) \cup \left(\frac{19}{3^3}, \frac{20}{3^3}\right) \cup \left(\frac{25}{3^3}, \frac{26}{3^3}\right)$$

$$T_3 - T_4 = \left(\frac{1}{3^4}, \frac{2}{3^4}\right) \cup \left(\frac{7}{3^4}, \frac{8}{3^4}\right) \cup \left(\frac{19}{3^4}, \frac{20}{3^4}\right) \cup \left(\frac{25}{3^4}, \frac{26}{3^4}\right)$$
$$\cup \left(\frac{55}{3^4}, \frac{56}{3^4}\right) \cup \left(\frac{61}{3^4}, \frac{62}{3^4}\right) \cup \left(\frac{73}{3^4}, \frac{74}{3^4}\right) \cup \left(\frac{79}{3^4}, \frac{80}{3^4}\right)$$

次に，$\Phi(2^\omega)$ について調べてみよう．

$x_{(r)} = (a_1, \cdots, a_r, 0, 1, 1, \cdots)$，$y_{(r)} = (a_1, \cdots, a_r, 1, 0, 0, \cdots)$ とおけば

$$\Phi(x_{(r)}) = \sum_{n=1}^{r} \frac{2a_n}{3^n} + \frac{1}{3^{r+1}}, \qquad \Phi(y_{(r)}) = \sum_{n=1}^{r} \frac{2a_n}{3^n} + \frac{2}{3^{r+1}}$$

が成り立ち，開区間 $(\Phi(x_{(r)}), \Phi(y_{(r)}))$ には $\Phi(2^\omega)$ の点は含まれない．さらに詳しく調べてみよう．

$x_{(0)} = (0, 1, 1, \cdots)$，$y_{(0)} = (1, 0, 0, \cdots)$ の場合，$(\Phi(x_{(0)}), \Phi(y_{(0)})) = \left(\frac{1}{3}, \frac{2}{3}\right)$ である．

$x_{(1)} = (a_1, 0, 1, 1, \cdots)$，$y_{(1)} = (a_1, 1, 0, 0, \cdots)$ の場合，

$$(\Phi(x_{(1)}), \Phi(y_{(1)})) = \begin{cases} \left(\dfrac{1}{3^2}, \dfrac{2}{3^2}\right), & a_1 = 0 \\ \left(\dfrac{7}{3^2}, \dfrac{8}{3^2}\right), & a_1 = 1 \end{cases}$$

$x_{(2)} = (a_1, a_2, 0, 1, 1, \cdots)$，$y_{(2)} = (a_1, a_2, 1, 0, 0, \cdots)$ の場合，

$$(\Phi(x_{(2)}), \Phi(y_{(2)})) = \begin{cases} \left(\dfrac{1}{3^3}, \dfrac{2}{3^3}\right), & (a_1, a_2) = (0, 0) \\ \left(\dfrac{7}{3^3}, \dfrac{8}{3^3}\right), & (a_1, a_2) = (0, 1) \\ \left(\dfrac{19}{3^3}, \dfrac{20}{3^3}\right), & (a_1, a_2) = (1, 0) \\ \left(\dfrac{25}{3^3}, \dfrac{26}{3^3}\right), & (a_1, a_2) = (1, 1) \end{cases}$$

$x_{(3)} = (a_1, a_2, a_3, 0, 1, 1, \cdots)$, $y_{(3)} = (a_1, a_2, a_3, 1, 0, 0, \cdots)$ の場合,

$$(\Phi(x_{(3)}), \Phi(y_{(3)})) = \begin{cases} \left(\dfrac{1}{3^4}, \dfrac{2}{3^4}\right), & (a_1, a_2, a_3) = (0, 0, 0) \\ \left(\dfrac{7}{3^4}, \dfrac{8}{3^4}\right), & (a_1, a_2, a_3) = (0, 0, 1) \\ \left(\dfrac{19}{3^4}, \dfrac{20}{3^4}\right), & (a_1, a_2, a_3) = (0, 1, 0) \\ \left(\dfrac{25}{3^4}, \dfrac{26}{3^4}\right), & (a_1, a_2, a_3) = (0, 1, 1) \\ \left(\dfrac{55}{3^4}, \dfrac{56}{3^4}\right), & (a_1, a_2, a_3) = (1, 0, 0) \\ \left(\dfrac{61}{3^4}, \dfrac{62}{3^4}\right), & (a_1, a_2, a_3) = (1, 0, 1) \\ \left(\dfrac{73}{3^4}, \dfrac{74}{3^4}\right), & (a_1, a_2, a_3) = (1, 1, 0) \\ \left(\dfrac{79}{3^4}, \dfrac{80}{3^4}\right), & (a_1, a_2, a_3) = (1, 1, 1) \end{cases}$$

以上の考察により, $\Phi(2^\omega) \subset T$ が成り立つ. 逆向きの包含関係が成り立つことを示そう.

T に属す点 t と $\varepsilon > 0$ を任意に選ぶ. $\dfrac{1}{3^n} < \varepsilon$ となる $n \in \boldsymbol{N}$ を選ぶと, $t \in T_n$ であり, t を含む T_n 内の閉区間の直径は $\dfrac{1}{3^n}$ である. この閉区間の両端の点は $\Phi(2^\omega)$ に属しているので, $B_1(t\,;\,\varepsilon) \cap \Phi(2^\omega) \neq \emptyset$ となる. すなわち, T の任意の点は $\Phi(2^\omega)$ の触点になる. $\Phi(2^\omega)$ は閉集合だから, $T \subset \Phi(2^\omega)$ が成り立つ.

問 24. 1 各点 x が相対コンパクトな開近傍 U をもてば, U^a は点 x のコンパクトな近傍である.

逆に, 各点 x がコンパクトな近傍 V をもてば, V^i は点 x の開近傍である. また, ハウスドルフ空間のコンパクト集合は常に閉集合だから, $(V^i)^a \subset V$ であり, $(V^i)^a$

はコンパクト集合 V の閉部分集合としてコンパクトである．よって，V^i は点 x の相対コンパクトな開近傍である．

問 24.2 局所コンパクトハウスドルフ空間 $(X, \mathcal{O})$ において，互いに交わらないコンパクト集合 A と閉集合 B とは開集合によって分離されることを示したい．

$$\mathfrak{G} = \{U \in \mathcal{O} \mid U^a \cap B = \emptyset,\ U^a:\text{コンパクト集合}\}$$

は A の開被覆になる．実際，A の任意の点 a に対して，B^c は点 a の開近傍であり，定理 24.1 により，局所コンパクトハウスドルフ空間において，コンパクトな近傍の全体は基本近傍系となるから，点 a の開近傍 U で，$U^a \cap B = \emptyset$ かつ U^a がコンパクトになるものが存在する．

$\mathfrak{G}$ がコンパクト集合 A の開被覆だから，$\mathfrak{G}$ に属する有限個の元 $U_1, \cdots, U_n$ を選んで，

$$A \subset U_1 \cup \cdots \cup U_n$$

が成り立つようにできる．ここで，

$$V = U_1 \cup \cdots \cup U_n, \qquad W = (V^a)^c$$

とおく．まず，$A \subset V$ かつ $V \cap W = \emptyset$ であり，$V^a = U_1{}^a \cup \cdots \cup U_n{}^a$ は B と交わらないので，W は B を包む開集合である．

問 24.3 局所コンパクトハウスドルフ空間の開部分空間は定理 24.1 によって局所コンパクトであり，局所コンパクト空間の閉部分空間は局所コンパクトである．

問 24.4 $X = (0, 1)$ 上の位相 $\mathcal{O}$ を開区間

$$U_n = \left(0, 1 - \frac{1}{n}\right) \quad (n = 2, 3, 4, \cdots)$$

および $\emptyset$ と X から成るものと定義する．$\mathcal{O}$ が位相の条件を満たすことは容易に確かめられる．

その作り方から，次の包含関係が成り立っている．

$$U_2 \subset U_3 \subset U_4 \subset \cdots \qquad \cdots(*)$$

上の包含関係（$*$）により，$\mathcal{O}$ の部分集合族 $\mathfrak{G}$ が位相空間 $(X, \mathcal{O})$ における U_n の開被覆になる条件はある U_m（$m \geqq n$）または X が $\mathfrak{G}$ に含まれることである．よって，いずれの場合にも U_n は有限部分被覆をもつ．よって，開集合 U_n $(n \geqq 2)$ は同時にコンパクト集合である．

空集合以外の閉集合は X および次の集合である．

$$U_n{}^c = \left[1 - \frac{1}{n}, 1\right) \quad (n = 2, 3, 4, \cdots)$$

$\mathcal{O}$ の部分集合系 $(U_n \mid n \geqq 2)$ は位相空間 $(X, \mathcal{O})$ における X および $U_n{}^c$ の開被覆であ

るが，包含関係（＊）により，有限部分被覆をもちえない．よって，空集合以外の閉集合はコンパクト集合でない．

X の任意の点 x はある U_n に含まれるが，U_n はコンパクト開集合であり，とくに U_n は点 x のコンパクト近傍である．よって，$(X, \mathcal{O})$ は局所コンパクト空間である．

空集合以外の開集合は X および U_n（$n \geqq 2$）である．これらの集合の $(X, \mathcal{O})$ における閉包はいずれの場合にも X であり，コンパクト集合でない．よって，位相空間 $(X, \mathcal{O})$ の各点は相対コンパクトな開近傍をもたない．

問 24.5 $X = (0, 1)$ 上の位相 $\mathcal{O}$ を開区間

$$U_n = \left(0, 1 - \frac{1}{n}\right) \quad (n = 2, 3, 4, \cdots)$$

および $\emptyset$ と X から成るものと定義する．

その作り方から，次の包含関係が成り立っている．

$$U_2 \subset U_3 \subset U_4 \subset \cdots \qquad \cdots(*)$$

空集合以外の閉集合は X および次の集合である．

$$U_n{}^c = \left[1 - \frac{1}{n}, 1\right) \quad (n = 2, 3, 4, \cdots)$$

X の 2 点 a, b（$a < b$）について，点 b の開近傍として X または U_n をどのように選んでも，その開近傍には点 a も必然的に含まれてしまう．よって，2 点 a, b を開集合で分離することはできない．すなわち，$(X, \mathcal{O})$ はハウスドルフの分離公理を満足しない．

点 x が空でない閉集合 A に属さないとする．この場合，ある n について $A = U_n{}^c$ となる．

A を包む開集合は X のみであり，X には点 x も含まれる．よって，点 x と閉集合 A とは開集合によって分離できない．すなわち，$(X, \mathcal{O})$ は正則でない．

問 24.6 局所コンパクトハウスドルフ空間 $(X, \mathcal{O})$ の一点コンパクト化を $(X^*, \mathcal{O}^*)$ とする．$(X^*, \mathcal{O}^*)$ はコンパクトハウスドルフ空間であること，$(X, \mathcal{O})$ がその部分空間になることがわかっている．また，p_∞ を無限遠点とする．

位相空間 $(X, \mathcal{O})$ における互いに交わらないコンパクト集合 K と閉集合 A について，K は一点コンパクト化空間の中でもコンパクトであり，A については，一点コンパクト化空間の閉集合 F で $A = F \cap X$ を満たすものがとれる．実は，$F = A \cup \{p_\infty\}$ であり，コンパクト空間である一点コンパクト化の中の閉集合として F はコンパクト集合である．

ハウスドルフ空間において，互いに交わらないコンパクト集合は開集合によって分離されるので，一点コンパクト化空間における開集合 U, V を選んで，

$$K \subset U, \quad F \subset V, \quad U \cap V = \emptyset$$

が成り立つようにできる．

ここで，$V' = V - \{p_\infty\}$ とおく．U, V' は位相空間 $(X, \mathcal{O})$ の開集合であり，

$$K \subset U, \quad A \subset V', \quad U \cap V' = \emptyset$$

が成り立つ．よって，K, A は $(X, \mathcal{O})$ 内の開集合によって分離される．

問 25.1　位相空間 $(X, \mathcal{O})$ および X の部分集合 A について，

A が連結集合であれば，A は $(X, \mathcal{O})$ の部分空間として連結である．

$(X, \mathcal{O})$ の開集合 U, V について，

$$U \cap A \neq \emptyset, \quad V \cap A \neq \emptyset, \quad A \subset U \cup V \qquad \cdots(*)$$

が成り立つと仮定する．最後の包含関係より，$A = (U \cap A) \cup (V \cap A)$ が成り立ち，もし，$U \cap V \cap A = \emptyset$ であれば，部分空間 A は空集合でなく A でもない開集合かつ閉集合 $U \cap A$ をもち，A の連結性に矛盾する．よって，$(*)$ が成り立つ場合には常に $U \cap V \cap A \neq \emptyset$ が成り立つ．

逆に，X の部分集合 A を固定し，$(X, \mathcal{O})$ の開集合 U, V について，

$$U \cap A \neq \emptyset,\ V \cap A \neq \emptyset,\ A \subset U \cup V \implies U \cap V \cap A \neq \emptyset \qquad \cdots(\circ)$$

が常に成り立つと仮定しよう．A が連結集合になることを示したい．もし，A が連結集合でなければ，部分空間 A の中に $\emptyset$ でも A でもない開集合かつ閉集合である B が存在する．ゆえに，$(X, \mathcal{O})$ の開集合 U' と閉集合 F で，

$$B = U' \cap A = F \cap A$$

となるものが存在する．ここで，$V' = F^c$ とおく．このとき，$V' \cap A = A - B \neq \emptyset$ かつ $A \subset U' \cup V'$ となり，U', V' は条件 $(*)$ を満たし，$(\circ)$ が成り立つと仮定しているので，$U' \cap V' \cap A \neq \emptyset$ となるはずである．ところが，$U' \cap A = F \cap A$ かつ $V' \cap A = F^c \cap A$ なので，$U' \cap V' \cap A = F \cap F^c \cap A = \emptyset$ である．

この矛盾は，$(\circ)$ が常に成り立っているという仮定の下に，A が連結集合でないと仮定したことによって生じたものである．ゆえに，$(\circ)$ が常に成り立つと仮定すれば，A は連結集合になる．

問 25.2　$(X, \mathcal{O})$ を位相空間とし，$\mathcal{M} = (M(\lambda) \mid \lambda \in \Lambda)$ を集合 X の連結部分集合系とする．Λ の任意の 2 元 α, β に対して，Λ の有限個の元 $\lambda_1, \cdots, \lambda_n$ を選んで，

$$M(\lambda_i) \cap M(\lambda_{i+1}) \neq \emptyset \quad (i = 1, 2, \cdots, n-1)$$

$$M(\alpha) \cap M(\lambda_1) \neq \emptyset, \qquad M(\lambda_n) \cap M(\beta) \neq \emptyset$$

が成り立つようにできる場合，$M(\alpha)$ と $M(\beta)$ は $\mathscr{M}$ 内の連結鎖で結ばれるという．このとき，定理 25.3 により

$$M(\alpha) \cup M(\lambda_1),\ M(\alpha) \cup M(\lambda_1) \cup M(\lambda_2),\ \cdots,\ M(\alpha) \cup M(\lambda_1) \cup \cdots \cup M(\beta)$$

は順次連結集合になっている．

示したいことは，$\mathscr{M}$ 内の任意の二つの連結集合が $\mathscr{M}$ 内の連結鎖で結ばれているとき，和集合 $M = \bigcup_{\lambda \in \Lambda} M(\lambda)$ が連結集合になることである．

先の考察により，$M(\alpha)$ と $M(\beta)$ が $\mathscr{M}$ 内の連結鎖で結ばれていれば，$M(\alpha) \cup M(\beta)$ を包み，M に包まれる連結集合が存在する．

ここで，α を固定し，β を動かしてみよう．$M(\alpha) \cup M(\beta)$ を包み，M に包まれる連結集合を M_β とすれば，$M = \bigcup_{\beta \in \Lambda} M_\beta$ となり，各 M_β は $M(\alpha)$ を共通に包むので，M が連結集合になる．

問 25.3 $[a, b]$ はコンパクトで，$[a, b)$ と (a, b) とはコンパクトでないので，$[a, b]$ は他の二つと同相でない．もし，同相写像 $f : [a, b) \to (a, b)$ が存在したとすれば，f によって (a, b) と $(a, f(a)) \cup (f(a), b)$ が同相になるはず．

問 25.4 A を平面 $\boldsymbol{R}^2$ の高々可算集合とする．u, v を補集合 A^c の任意の 2 点とする．L を 2 点 u, v を含まない $\boldsymbol{R}^2$ の直線（例えば，線分 uv の垂直 2 等分線）とする．直線 L 上の点 x で線分 xu または xv が A と交わるようなものの全体は高々可算集合である．よって，直線 L 上の点 w で 2 線分 uw および vw がともに A と交わらないものが存在する．この 2 線分の和集合は A^c に包まれる連結集合である．

問 25.5 カントール集合 $\Phi(2^\omega)$ に属する 2 元 a, b（$0 \leqq a < b \leqq 1$）に対して，$a < \dfrac{k}{3^n} < b$ を満足する自然数 n, k を選ぶことができる．このような n, k に対して，二つの開区間 $\left(\dfrac{k-1}{3^n}, \dfrac{k}{3^n}\right)$，$\left(\dfrac{k}{3^n}, \dfrac{k+1}{3^n}\right)$ の少なくとも一方は $\Phi(2^\omega)$ と交わらない．

問 25.6 異なる任意の 2 元 a, b（$a < b$）に対して，$(a, b]$ は上限位相に関して開集合であり同時に閉集合である．よって，連結集合は一点集合のみである．

問 25.7 位相空間 $(X, \mathcal{O})$ が弧状連結であれば，X 上の 1 点 a と X の任意の点が弧によって結ぶことができる．

逆に，位相空間 $(X, \mathcal{O})$ において，X 上の 1 点 a と X の任意の点が弧によって結ぶことができるものと仮定する．X の任意の 2 点 b, c に対して，点 b と点 a を結ぶ弧と点 a と点 c を結ぶ弧が存在する．この二つの弧をつなげば，点 b と点 c を結ぶ弧ができる．

問 25.8　$\boldsymbol{R}^n$ の開球体 $B_n(a\,;\,\varepsilon)$ が弧状連結であることを使え.

問 26.1　(X, d)：距離空間

$(x_n \mid n \in \boldsymbol{N})$：$X$ の点列

点列 $(x_n \mid n \in \boldsymbol{N})$ が基本列であるとは，任意の正数 ε に対して，ある自然数 N を選んで,

$$n \geqq N \implies d(x_n, x_N) < \varepsilon$$

とできることである.

点列 $(x_n \mid n \in \boldsymbol{N})$ について，条件

$$\forall\varepsilon > 0 \quad \exists N \in \boldsymbol{N} : m \geqq N,\ n \geqq N \implies d(x_m, x_n) < \varepsilon \qquad \cdots(*)$$

を満たすことと，基本列であることとは，同等であることを示そう.

点列 $(x_n \mid n \in \boldsymbol{N})$ が条件（$*$）を満たせば，とくに $n = N$ とおいて,

$$m \geqq N \implies d(x_m, x_N) < \varepsilon$$

となるので，基本列になる.

逆に，点列 $(x_n \mid n \in \boldsymbol{N})$ が基本列であれば,

$$\forall\varepsilon > 0 \quad \exists N \in \boldsymbol{N} : n \geqq N \implies d(x_n, x_N) < \frac{\varepsilon}{2}$$

が成り立つ．このとき，$m \geqq N$，$n \geqq N$ であれば,

$$d(x_m, x_n) \leqq d(x_m, x_N) + d(x_n, x_N) < \frac{\varepsilon}{2} + \frac{\varepsilon}{2} = \varepsilon$$

となり，条件（$*$）を満たす.

問 26.2　$(\boldsymbol{R}^n, d^{(n)})$：$n$ 次元ユークリッド空間

$(x^{(k)} \mid k \in \boldsymbol{N})$：$(\boldsymbol{R}^n, d^{(n)})$ の基本列

$x^{(k)} = (x_1{}^{(k)}, \cdots, x_n{}^{(k)}) \in \boldsymbol{R}^n$

$$a_i = \lim_{k\to\infty} x_i{}^{(k)} \quad (i = 1, 2, \cdots, n) \qquad \cdots(*)$$

$a = (a_1, \cdots, a_n)$ に対して

$$a = \lim_{k\to\infty} x^{(k)}$$

であることを示したい.

条件（$*$）より,

$$\forall\varepsilon > 0 \quad \exists N \in \boldsymbol{N} \quad k \geqq N \implies |a_i - x_i{}^{(k)}| < \frac{\varepsilon}{\sqrt{n}} \quad (i = 1, \cdots, n)$$

が成り立ち,

$$d^{(n)}(a, x^{(k)}) = \sqrt{\sum_{i=1}^{n} (a_i - x_i{}^{(k)})^2} < \varepsilon$$

となる．よって，

$$a = \lim_{k\to\infty} x^{(k)}$$

が成り立つ．

問 26.3　点列 $(x^{(k)} \mid k \in \boldsymbol{N})$ を (l^2, d_∞) の基本列とする．ここに $x^{(k)} = ({x_n}^{(k)} \mid n \in \boldsymbol{N})$ は l^2 の元である．各 $n \in \boldsymbol{N}$ について，

$$|{x_n}^{(k)} - {x_n}^{(l)}| \leqq d_\infty(x^{(k)}, x^{(l)}) \qquad (k, l \in \boldsymbol{N})$$

が成り立つから，実数列 $({x_n}^{(k)} \mid k \in \boldsymbol{N})$ は $(\boldsymbol{R}, d^{(1)})$ の基本列であり，${x_n}^{(k)} \to a_n$ $(k \to \infty)$ となる実数 a_n が存在する．実数列 $a = (a_n \mid n \in \boldsymbol{N})$ が l^2 に属し，点列 $(x^{(k)} \mid k \in \boldsymbol{N})$ が (l^2, d_∞) において a に収束することを示したい．$\varepsilon > 0$ とする．$(x^{(k)} \mid k \in \boldsymbol{N})$ が基本列だから，ある自然数 N を選んで，$k \geqq N$，$l \geqq N$ ならば

$$d_\infty(x^{(k)}, x^{(l)}) = \sqrt{\sum_{i=1}^{\infty} ({x_i}^{(k)} - {x_i}^{(l)})^2} < \frac{\varepsilon}{2}$$

となるようにできる．よって，$k \geqq N$ および自然数 n に対して

$$\begin{aligned}\sqrt{\sum_{i=1}^{n} ({x_i}^{(k)})^2} &\leqq \sqrt{\sum_{i=1}^{n} ({x_i}^{(N)})^2} + \sqrt{\sum_{i=1}^{n} ({x_i}^{(k)} - {x_i}^{(N)})^2} \\ &\leqq \sqrt{\sum_{i=1}^{\infty} ({x_i}^{(N)})^2} + d_\infty(x^{(k)}, x^{(N)}) < \sqrt{\sum_{i=1}^{\infty} ({x_i}^{(N)})^2} + \frac{\varepsilon}{2}\end{aligned}$$

ここで $k \to \infty$ とし，さらに $n \to \infty$ とすれば

$$\sqrt{\sum_{i=1}^{\infty} {a_i}^2} \leqq \sqrt{\sum_{i=1}^{\infty} ({x_i}^{(N)})^2} + \frac{\varepsilon}{2}$$

となり，$a = (a_n \mid n \in \boldsymbol{N})$ が l^2 に属すことがわかる．また，$k \geqq N$，$l \geqq N$ ならば

$$\sqrt{\sum_{i=1}^{n} ({x_i}^{(k)} - {x_i}^{(l)})^2} \leqq d_\infty(x^{(k)}, x^{(l)}) < \frac{\varepsilon}{2}$$

ここで $l \to \infty$ とし，さらに $n \to \infty$ とすれば

$$d_\infty(x^{(k)}, a) = \sqrt{\sum_{i=1}^{\infty} ({x_i}^{(k)} - a_i)^2} \leqq \frac{\varepsilon}{2} < \varepsilon$$

すなわち，$k \geqq N$ ならば $d_\infty(x^{(k)}, a) < \varepsilon$ となる．

問 26.4　(1)　$k \geqq n$ に対して，$d_i(f_n, f_k) \leqq 2^{-n-1}$，$d_i(g_n, g_k) \leqq 2^{-n-1}$．

(2)　(f_n) は $C[0,1]$ の点に収束しない．(g_n) は 0 に収束する．

問 26.5　(X, d)：距離空間

$(x_n \mid n \in \boldsymbol{N})$：基本列

$(y_n \mid n \in \boldsymbol{N})$：部分列，順序を保つ単射 $f : \boldsymbol{N} \to \boldsymbol{N}$ により，$y_n = x_{f(n)}$ $(n \in \boldsymbol{N})$

部分列が X の点 x に収束すれば，もとの基本列も点 x に収束することを示そう．

部分列 $(y_n \mid n \in \boldsymbol{N})$ が X の点 x に収束すると仮定する．もとの点列 $(x_n \mid n \in \boldsymbol{N})$ が基本列であることと合わせて，次の条件を満たすことがわかる．

$$\forall \varepsilon > 0 \quad \exists N \in \boldsymbol{N} \quad \begin{cases} n \geqq N \implies d(x, y_n) < \varepsilon/2 \\ m, n \geqq N \implies d(x_m, x_n) < \varepsilon/2 \end{cases}$$

$y_n = x_{f(n)}$ であり，f が順序を保つ単射だから，$f(n) \geqq n$ が成り立つ．$m = f(n)$ とおいて，

$$d(x, x_n) < d(x, y_n) + d(x_{f(n)}, x_n) < \varepsilon/2 + \varepsilon/2 = \varepsilon$$

ゆえに，部分列が点 x に収束すれば，もとの基本列も点 x に収束する．

問 27.1　距離空間 (X, d) において，X の部分集合 A が集積点をもたないものと仮定する．

X の各点 x は $A - \{x\}$ と交わらない開近傍 U をもつが，$x \notin A$ ならば，$U \cap A = \emptyset$ となり，$x \in A$ ならば，$U \cap A = \{x\}$ となる．

よって，X の各点は集合 A と高々 1 点で交わる開近傍をもつ．

問 27.2　l^2 の元 $(x_n \mid n \in \boldsymbol{N})$ で $x_k = 1$，$x_n = 0$ $(n \neq k)$ であるものを e_k とする．l^2 の点列 $(e_k \mid k \in \boldsymbol{N})$ は収束する部分列をもたない．

問 27.3　(1)　三角不等式により

$$d(x, f(x)) - d(y, f(y)) \leqq d(x, y) + d(f(x), f(y))$$

が成り立つことを使え．

(2)　(1) の結果を使うと，ρ はコンパクト距離空間 X 上の実連続関数になる．従って，ρ は最小値をもつ．f についての与えられた条件から，ρ の最小値が 0 になることがわかる．$\rho(x) = 0$ となる点 x が f の不動点である．

(3)　f の不動点を z とする．実数列 $d(x_n, z)$ $(n = 1, 2, 3, \cdots)$ は単調減少列であり，点列 (x_n) は収束する部分列をもつので，f についての与えられた条件から，$d(x_n, z) \to 0$ $(n \to \infty)$ となる．

問 28.1　$d^*((x_n), (y_n)) = \lim_{n\to\infty} d(x_n, y_n)$,

$$(x_n) \sim (x_n') \iff d^*((x_n), (x_n')) = \lim_{n\to\infty} d(x_n, x_n') = 0.$$

この二項関係が F 上の同値関係であることを示そう．

$$d^*((x_n), (x_n)) = \lim_{n\to\infty} d(x_n, x_n) = 0 \implies (x_n) \sim (x_n),$$

$$(x_n) \sim (y_n) \implies \lim_{n\to\infty} d(x_n, y_n) = 0 \implies \lim_{n\to\infty} d(y_n, x_n) = 0 \implies (y_n) \sim (x_n),$$

$$(x_n) \sim (y_n),\ (y_n) \sim (z_n) \iff \lim_{n\to\infty} d(x_n, y_n) = 0,\ \lim_{n\to\infty} d(y_n, z_n) = 0$$

$$\implies 0 \leqq \lim_{n\to\infty} d(x_n, z_n) \leqq \lim_{n\to\infty} d(x_n, y_n) + \lim_{n\to\infty} d(y_n, z_n) = 0$$

$$\implies (x_n) \sim (z_n).$$

次に，$(x_n) \sim (x_n')$，$(y_n) \sim (y_n') \implies d^*((x_n), (y_n)) = d^*((x_n'), (y_n'))$ が成り立つことを示そう．

三角不等式のくり返しによって，不等式

$$d(x_n, y_n) \leqq d(x_n, x_n') + d(x_n', y_n') + d(y_n', y_n),$$

$$d(x_n', y_n') \leqq d(x_n', x_n) + d(x_n, y_n) + d(y_n, y_n')$$

を得る．両辺の極限値を比べて，次の不等式を得る．

$$d^*((x_n), (y_n)) \leqq d^*((x_n), (x_n')) + d^*((x_n'), (y_n')) + d^*((y_n'), (y_n))$$

$$d^*((x_n'), (y_n')) \leqq d^*((x_n'), (x_n)) + d^*((x_n), (y_n)) + d^*((y_n), (y_n'))$$

$(x_n) \sim (x_n')$，$(y_n) \sim (y_n')$ と仮定しているので，

$$d^*((x_n), (y_n)) \leqq d^*((x_n'), (y_n')), \qquad d^*((x_n'), (y_n')) \leqq d^*((x_n), (y_n))$$

を得る．よって，$d^*((x_n), (y_n)) = d^*((x_n'), (y_n'))$ が成り立つ．

問 28.2 $d^* : F \times F \to \boldsymbol{R}$ について

$$d^*((x_n), (x_n)) = \lim_{n\to\infty} d(x_n, x_n) = 0$$

$$d^*((x_n), (y_n)) = \lim_{n\to\infty} d(x_n, y_n) = \lim_{n\to\infty} d(y_n, x_n) = d^*((y_n), (x_n))$$

が成り立ち，さらに，三角不等式 $d(x_n, z_n) \leqq d(x_n, y_n) + d(y_n, z_n)$ の極限値をとることにより，

$$d^*((x_n), (z_n)) \leqq d^*((x_n), (y_n)) + d^*((y_n), (z_n))$$

を得る．

F 上の同値関係が

$$(x_n) \sim (x_n') \iff d^*((x_n), (x_n')) = 0 \qquad \cdots(\bigcirc)$$

によって定義され，問 28.1 の結果，

$$(x_n) \sim (x_n'),\ (y_n) \sim (y_n') \implies d^*((x_n), (y_n)) = d^*((x_n'), (y_n')) \qquad \cdots(*)$$

の成り立つことがわかっている．

この同値関係による商集合を $\widetilde{X} = F/\sim$ とおき，F の元 (x_n) の同値類が表す $\widetilde{X}$ の元を $[(x_n)]$ とする．

関数 $\tilde{d} : \widetilde{X} \times \widetilde{X} \to \boldsymbol{R}$ を

$$\tilde{d}([(x_n)],[(y_n)]) = d^*((x_n),(y_n))$$

によって定義する．この式が well-defined であることは（＊）によってわかる．

この関数 $\tilde{d}$ が $\tilde{X}$ 上の距離関数になることを示すには，

$$\tilde{d}([(x_n)],[(y_n)]) = 0 \implies [(x_n)] = [(y_n)]$$

を示すことだけが残っている．

これが成り立つようにしたのが，F 上の同値関係（○）である．

問 28.3　$(\xi_n \mid n \in \boldsymbol{N})$：距離空間 $(\tilde{X}, \tilde{d})$ の基本列

(x_n)：X の点列で

$$\tilde{d}(\xi_n, i(x_n)) < \frac{1}{n} \qquad (n \in \boldsymbol{N})$$

を満たす．

点列 (x_n) が (X, d) の基本列になることを示したい．

$(\xi_n \mid n \in \boldsymbol{N})$ が距離空間 $(\tilde{X}, \tilde{d})$ の基本列であるから，任意の正数 ε に対して，自然数 N を選んで，$\dfrac{1}{N} < \dfrac{\varepsilon}{4}$ かつ

$$n \geqq N \implies \tilde{d}(\xi_n, \xi_N) < \frac{\varepsilon}{4}$$

が成り立つようにできる．このとき，

$$d(x_n, x_N) = \tilde{d}(i(x_n), i(x_N)) \leqq \tilde{d}(i(x_n), \xi_n) + \tilde{d}(\xi_n, \xi_N) + \tilde{d}(\xi_N, i(x_N)) < \varepsilon$$

が成り立つ．

よって，点列 (x_n) が (X, d) の基本列になる．

問 28.4　X の点列 $(x_n), (x_n')$ について，

$$\xi = \lim_{n\to\infty} i(x_n) = \lim_{n\to\infty} i(x_n') \qquad \cdots(\bigcirc)$$

が成り立つならば，

$$\lim_{n\to\infty} i'(x_n) = \lim_{n\to\infty} i'(x_n')$$

が成り立つことを示そう．

点列 $(x_n), (x_n')$ が基本列だから，$(i'(x_n)), (i'(x_n'))$ も基本列である．その極限点を

$$\xi_1{}^* = \lim_{n\to\infty} i'(x_n), \qquad \xi_2{}^* = \lim_{n\to\infty} i'(x_n') \qquad \cdots(\mathrm{a})$$

とする．このとき，

$$\hat{d}(\xi_1{}^*, \xi_2{}^*) \leqq \hat{d}(\xi_1{}^*, i'(x_n)) + \hat{d}(i'(x_n), i'(x_n')) + \hat{d}(i'(x_n'), \xi_2{}^*) \qquad \cdots(\mathrm{b})$$

距離関数 $\tilde{d}, \hat{d}$ の作り方によって，次の等式が成り立つ．

$$\tilde{d}(i(x_n), i(x_n')) = d(x_n, x_n') = \hat{d}(i'(x_n), i'(x_n')) \qquad \cdots(\mathrm{c})$$

(○), (a) によって，任意の正数 ε に対して，自然数 N を十分大きく選ぶと，

$$n \geqq N \implies \tilde{d}(i(x_n), \xi) < \frac{\varepsilon}{4}, \quad \tilde{d}(i(x_n'), \xi) < \frac{\varepsilon}{4},$$

$$\hat{d}(\xi_1{}^*, i'(x_n)) < \frac{\varepsilon}{4}, \quad \hat{d}(\xi_2{}^*, i'(x_n')) < \frac{\varepsilon}{4}$$

が成り立つようにできる．

とくに，$n \geqq N$ ならば，(c) を使って，

$$\hat{d}(i'(x_n), i'(x_n')) = \tilde{d}(i(x_n), i(x_n')) \leqq \tilde{d}(i(x_n), \xi) + \tilde{d}(\xi, i(x_n')) < \frac{\varepsilon}{2}$$

が成り立つ．さらに，(b) を使って，$n \geqq N$ ならば，

$$\hat{d}(\xi_1{}^*, \xi_2{}^*) < \frac{\varepsilon}{4} + \frac{\varepsilon}{2} + \frac{\varepsilon}{4} = \varepsilon$$

この結果，$\xi_1{}^* = \xi_2{}^*$ となり，求める結果を得る．

問 29. 1 閉区間 $[0, 1]$ 上の実連続関数列 $(h_n \mid n \in \boldsymbol{N})$ を帰納的に

$$h_1(t) = 0, \quad h_{n+1}(t) = h_n(t) + \frac{t - h_n(t)^2}{2} \quad (n = 1, 2, \cdots)$$

によって定義する．

まず，$h_1(t) \leqq \sqrt{t}$ である．

さらに，$h_n(t) \leqq \sqrt{t}$ と仮定すれば，

$$h_{n+1}(t) - h_n(t) = \frac{t - h_n(t)^2}{2} \geqq 0$$

が成り立ち，また，

$$\begin{aligned}
&h_{n+1}(t)^2 - t \\
&= \left(h_n(t) + \frac{t - h_n(t)^2}{2} - \sqrt{t}\right)\left(h_n(t) + \frac{t - h_n(t)^2}{2} + \sqrt{t}\right) \\
&= \frac{1}{4}(2h_n(t) - h_n(t)^2 + t - 2\sqrt{t})(2h_n(t) - h_n(t)^2 + t + 2\sqrt{t}) \\
&= \frac{1}{4}((\sqrt{t} - 1)^2 - (h_n(t) - 1)^2)((\sqrt{t} + 1)^2 - (h_n(t) - 1)^2) \\
&= \frac{1}{4}(\sqrt{t} - h_n(t))(\sqrt{t} + h_n(t) - 2)(\sqrt{t} - h_n(t) + 2)(\sqrt{t} + h_n(t)) \leqq 0
\end{aligned}$$

が成り立つ．よって，

$$h_{n+1}(t) \leqq \sqrt{t}$$

となる．

$t \in [0,1]$ を固定するごとに，実数列 $(h_n(t) \mid n \in \boldsymbol{N})$ は上に有界な単調増加列だから，極限値 $h(t) \geq 0$ をもつ．最初の帰納的定義より，極限値について次の等式が成り立つ．

$$h(t) = h(t) + \frac{t - h(t)^2}{2}$$

よって，すべての $t \in [0,1]$ に対して，$\sqrt{t} = \lim_{n\to\infty} h_n(t)$ が成り立つ．閉区間 $[0,1]$ 上の実連続関数列 $(h_n \mid n \in \boldsymbol{N})$ は，ディニの定理によって，閉区間 $[0,1]$ 上の実連続関数 $h(t) = \sqrt{t}$ に一様収束する．

問 29.2　$f, g \in \overline{S}$ および任意の正数 ε に対して，$f_1, g_1 \in S$ を選んで，

$$\delta(f, f_1) < \frac{\varepsilon}{2}, \quad \delta(g, g_1) < \frac{\varepsilon}{2}$$

が成り立つようにできる．このとき，$f_1 + g_1 \in S$ であり，

$$\begin{aligned}\delta(f+g, f_1+g_1) &= \sup\{|f(x)+g(x)-f_1(x)-g_1(x)|,\ x \in X\} \\ &\leqq \sup\{|f(x)-f_1(x)|,\ x \in X\} + \sup\{|g(x)-g_1(x)|,\ x \in X\} \\ &= \delta(f, f_1) + \delta(g, g_1) < \varepsilon\end{aligned}$$

が成り立つ．よって，$f + g \in \overline{S}$ である．

$f \in \overline{S}$，$c \in \boldsymbol{R}$ および任意の正数 ε に対して，$f_1 \in S$ を選んで，

$$\delta(f, f_1) < \frac{\varepsilon}{1+|c|}$$

が成り立つようにできる．このとき，$c \cdot f_1 \in S$ であり，

$$\delta(c \cdot f, c \cdot f_1) = |c| \sup\{|f(x) - f_1(x)|,\ x \in X\} = |c|\,\delta(f, f_1) < \varepsilon$$

が成り立つ．よって，$c \cdot f \in \overline{S}$ である．

$f, g \in \overline{S}$ および任意の正数 ε に対して，

$$\delta = \min\left(1, \frac{\varepsilon}{1 + \|f\| + \|g\|}\right)$$

とおく．ここに，$\|f\| = \sup\{|f(x)|,\ x \in X\}$，$\|g\| = \sup\{|g(x)|,\ x \in X\}$ である．

このとき，$f_1, g_1 \in S$ を選んで，

$$\delta(f, f_1) < \delta, \quad \delta(g, g_1) < \delta$$

が成り立つようにできる．さらに，$f_1 \cdot g_1 \in S$ であり，

$$\begin{aligned}|f(x)g(x) - f_1(x)g_1(x)| &= |f(x) - f_1(x)||g(x)| + |f_1(x)||g(x) - g_1(x)| \\ &\leqq \delta(|g(x)| + |f_1(x)|) \\ &\leqq \delta(|g(x)| + |f(x)| + |f_1(x) - f(x)|) \\ &\leqq \delta(\|g\| + \|f\| + \delta)\end{aligned}$$

$$\leqq \delta(1 + \|f\| + \|g\|) \leqq \varepsilon$$

が成り立つ．よって，

$$\delta(f \cdot g, f_1 \cdot g_1) \leqq \varepsilon$$

となり，$f \cdot g \in \overline{S}$ である．

以上で，$\overline{S}$ も部分多元環になる．

ただし，一部で $\|f\|, \|g\|$ の有限確定性を使用したので，X がコンパクト空間である場合に成り立つ．

問 29.3　実数 λ を次の不等式を満たすように選ぶ．

$$\lambda \neq 0, \quad \lambda \neq \frac{-u(x)}{v(x)}, \quad \frac{1}{\lambda} \neq \frac{v(y) - v(x)}{u(x) - u(y)}$$

仮定により，$u(x) \neq u(y)$，$v(x) \neq 0$ だから，このような選び方ができる．

このように選んだ λ に対して，$h = u + \lambda \cdot v$ とおく．$h \in S$ であり，

$$h(x) \neq h(y), \quad h(x) \neq 0$$

が成り立つ．

問 29.4　$S : C(X)$ の二点固有性をもつ部分多元環

$f \in C(X)$，$\varepsilon > 0$，$x_0 \in X$ を任意に与えておく．

$$S(x_0) = \{g \in S \mid f(x_0) = g(x_0)\}$$

と定める．さらに，$g \in S(x_0)$ に対して，

$$M_\varepsilon(g) = \{x \in X \mid g(x) > f(x) - \varepsilon\}$$

とおく．

まず，$\{M_\varepsilon(g) \mid g \in S(x_0)\}$ がコンパクト空間 X の開被覆になることを確かめよう．

点 x_0 と異なる X の点 x に対して，S が二点固有性をもつことによって，$g \in S$ で，

$$g(x_0) = f(x_0), \quad g(x) = f(x) + 1$$

を満たすものが存在する．このとき，$g \in S(x_0)$ であり，$g(x) > f(x) - \varepsilon$ が成り立つ．

よって，この g に対して $x \in M_\varepsilon(g)$ となる．また，すべての $g \in S(x_0)$ に対して，$x_0 \in M_\varepsilon(g)$ である．

ゆえに，$\{M_\varepsilon(g) \mid g \in S(x_0)\}$ がコンパクト空間 X の開被覆になる．

よって，$S(x_0)$ に属する有限個の元 $g_1, \cdots, g_m$ を選んで，

$$X = M_\varepsilon(g_1) \cup \cdots \cup M_\varepsilon(g_m)$$

が成り立つようにできる．

$h = \max(g_1, \cdots, g_m)$ とおく．このとき，

$$h(x) \geqq g_j(x) > f(x) - \varepsilon, \ \text{for} \ x \in M_\varepsilon(g_j), \ j = 1, \cdots, m$$

問 29.5　$S : C(X)$ の二点固有性をもつ部分多元環

$f \in C(X)$, $\varepsilon > 0$, $x_0 \in X$ を任意に与えておく．

$\overline{S}(\varepsilon) = \{h \in \overline{S} \mid h(x) > f(x) - \varepsilon, \text{ for } x \in X,\ h(x_0) = f(x_0)\}$

$\overline{S}(\varepsilon)$ の元 h に対して，

$$N_\varepsilon(h) = \{x \in X \mid h(x) < f(x) + \varepsilon\}$$

とおく．

点 x_0 と異なる X の任意の点 x に対して，$\overline{S}$ の二点固有性により，$\overline{S}(\varepsilon)$ の元 h を選んで，

$$h(x_0) = f(x_0), \qquad h(x) = f(x) - \frac{\varepsilon}{2}$$

が成り立つようにできる．このとき $h(x) < f(x) + \varepsilon$ となる．

また，点 x_0 について，$\overline{S}(\varepsilon)$ の任意の元 h に対して，$x_0 \in N_\varepsilon(h)$ である．

よって，$\{N_\varepsilon(h) \mid h \in \overline{S}(\varepsilon)\}$ はコンパクト空間 X の開被覆になる．

従って，$\overline{S}(\varepsilon)$ に属する有限個の元 $h_1, \cdots, h_n$ を選んで，

$$X = N_\varepsilon(h_1) \cup \cdots \cup N_\varepsilon(h_n)$$

が成り立つようにできる．

ここで，$k = \min(h_1, \cdots, h_n)$ とおく．各点 x に対してある j を選んで，

$$f(x) - \varepsilon < k(x) \leqq h_j(x) < f(x) + \varepsilon$$

が成り立つようにできる．ゆえに，X の各点 x に対して，$|f(x) - k(x)| < \varepsilon$ が成り立つ．

問 29.6　実数係数の 1 変数多項式の全体を S とし，S が定理 29.4 の 2 条件を満足することを示せ．

問 29.7　通常の位相をもった $\boldsymbol{R}$ と開区間 $(0, 1)$ について，関数

$$f : (0, 1) \to \boldsymbol{R}, \qquad f(x) = \frac{1}{x}$$

は $\boldsymbol{R}$ 上の実連続関数に拡張できないことを示そう．

f が $\boldsymbol{R}$ 上の実連続関数 $h : \boldsymbol{R} \to \boldsymbol{R}$ に拡張できたとすれば，それを閉区間 $[-1, 1]$ 上に制限した写像も f の拡張であり，コンパクト空間上の実連続写像として，最大値をもつはずである．

一方，開区間上の点列 $x_n = \dfrac{1}{n}$ に対して，$f(x_n) = n$ であり，

$$\lim_{n \to \infty} f(x_n) = +\infty$$

だから，矛盾を生じる．

よって，f は $\boldsymbol{R}$ 上の実連続関数には拡張できない．

問 30. 1　X, Y：位相空間

$A \subset X$，$B \subset Y$ に対して，$W(A, B) = \{f \in C(X, Y) \mid f(A) \subset B\}$ とおく．

とくに，B が Y の閉集合であれば，$W(A, B)$ は $C(X, Y)$ 上のコンパクト開位相に関して閉集合であることを示そう．

一般に，

$$W(A, B) = \bigcap_{a \in A} W(\{a\}, B), \qquad W(\{a\}, B)^c = W(\{a\}, B^c)$$

が成り立っている．よって，

$$W(A, B)^c = \bigcup_{a \in A} W(\{a\}, B)^c = \bigcup_{a \in A} W(\{a\}, B^c) \qquad \cdots(\ast)$$

が成り立つ．

とくに，B が Y の閉集合であれば，$(\ast)$ の右端は，コンパクト開位相における開集合の和だから，開集合である．よって，左端の $W(A, B)^c$ も開集合になるので，$W(A, B)$ はコンパクト開位相に関して閉集合になる．

問 30. 2　Y：位相空間，K：コンパクト集合，U：開集合，$K \subset U \subset Y$

$\mathfrak{U}$：K の開被覆，ただし $M \in \mathfrak{U} \Longrightarrow \overline{M} \subset U$

(1)　$\mathfrak{U}$ がコンパクト集合 K の開被覆だから，$\mathfrak{U}$ に属する有限個の $M_1, \cdots, M_n$ を選んで，

$$K \subset V = M_1 \cup \cdots \cup M_n$$

が成り立つようにできる．このとき，

$$\overline{V} = \overline{M_1} \cup \cdots \cup \overline{M_n} \subset U$$

が成り立つ．よって，Y の開集合 V で，$K \subset V$ かつ $\overline{V} \subset U$ となるものが存在する．

(2)　$\mathfrak{U}$ のすべての元 M について，$\overline{M}$ がコンパクトであれば，上記の V について，$\overline{V}$ がコンパクトであるように選ぶことができる．それを示そう．

上記 (1) のように選んだ $M_1, \cdots, M_n$ について，そのまま，$V = M_1 \cup \cdots \cup M_n$ とおく．このとき，$\overline{V} = \overline{M_1} \cup \cdots \cup \overline{M_n}$ は有限個のコンパクト集合の和集合であり，コンパクトである．

問 30. 3　群 (G, μ) において

(1)　単位元はただ一つである．

実際，G の元 e_1, e_2 と任意の元 $a \in G$ について，

$$\mu(a, e_1) = \mu(e_1, a) = a, \qquad \mu(a, e_2) = \mu(e_2, a) = a$$

が成り立つとすれば，とくに

$$e_1 = \mu(e_1, e_2) = e_2$$

となる．よって，群 G の単位元はただ一つである．

(2) 各元 $a \in G$ に対して，a の逆元はただ一つである．

実際，G の元 a_1', a_2' について，

$$\mu(a, a_1') = \mu(a_1', a) = e, \quad \mu(a, a_2') = \mu(a_2', a) = e$$

が成り立つとすれば，

$$a_1' = \mu(a_1', e) = \mu(a_1', \mu(a, a_2')) = \mu(\mu(a_1', a), a_2') = \mu(e, a_2') = a_2'$$

となる．よって，a の逆元はただ一つである．

問 30.4 $M(m, n)$：m 行 n 列の実数係数の行列全体の集合

集合 $M(m, n)$ 上の距離関数 d を，$M(m, n)$ の 2 元 $A = (a_{ij})$，$B = (b_{ij})$ に対して

$$d(A, B) = \sqrt{\sum_{i,j}(a_{ij} - b_{ij})^2}$$

によって定義し，d が定める $M(m, n)$ 上の距離位相を $\mathcal{O}_d$ とする．

$M(m, n)$ の元 A が定める線形写像 $L_A : \boldsymbol{R}^n \to \boldsymbol{R}^m$，$L_A(x) = Ax$ は，$\boldsymbol{R}^n$ から $\boldsymbol{R}^m$ への連続写像であり，$C(\boldsymbol{R}^n, \boldsymbol{R}^m)$ に属する．よって，$M(m, n)$ を $C(\boldsymbol{R}^n, \boldsymbol{R}^m)$ の部分集合とみて，$M(m, n)$ にコンパクト開位相を与えることができる．

集合 $M(m, n)$ 上に与えられた距離位相 $\mathcal{O}_d$ とコンパクト開位相は一致することを示そう．

まず，距離位相 $\mathcal{O}_d$ よりコンパクト開位相の方が大きい位相であることを示そう．$A \in M(m, n)$ と正数 ε を任意に与えておく．距離関数 d に関する開球体

$$B(A\,;\,\varepsilon) = \{B \in M(m, n) \mid d(A, B) < \varepsilon\}$$

がコンパクト開位相に関して A の開近傍であることを示せば十分である．

$\boldsymbol{R}^n$ の標準基底を $\{\boldsymbol{e}_1, \cdots, \boldsymbol{e}_n\}$ とする．$\boldsymbol{R}^m$ 上のユークリッド距離を $d^{(m)}$ とすれば，

$$d(A, B) = \sqrt{\sum_{j=1}^{n} d^{(m)}(A\boldsymbol{e}_j, B\boldsymbol{e}_j)^2}$$

が成り立っている．ここで，$\delta = \varepsilon/\sqrt{n}$ とおく．さらに，$U_j = B_m(A\boldsymbol{e}_j\,;\,\delta)$ を $\boldsymbol{R}^m$ における開球体とする．このとき，$N = \bigcap_{j=1}^{n} W(\{\boldsymbol{e}_j\}, U_j)$ はコンパクト開位相に関する A の開近傍である．さらに，$B \in N$ について，$d^{(m)}(A\boldsymbol{e}_j, B\boldsymbol{e}_j) < \delta$ $(j = 1, \cdots, n)$ が成り立つので，$d(A, B) < \sqrt{n}\delta = \varepsilon$ となる．ゆえに，$N \subset B(A\,;\,\varepsilon)$．

逆に，コンパクト開位相より距離位相 $\mathcal{O}_d$ の方が大きい位相であることを示そう．

一般に，$A = (a_{ij})$，$B = (b_{ij}) \in M(m, n)$，$x = (x_j) \in \boldsymbol{R}^n$ に対して，次の不等式が

成り立つ.

$$d^{(m)}(Ax, Bx) = \sqrt{\sum_i \Big(\sum_j (a_{ij} - b_{ij}) x_j\Big)^2} \leqq \sqrt{\sum_i \Big(\sum_j (a_{ij} - b_{ij})^2\Big)\Big(\sum_j {x_j}^2\Big)}$$
$$= \sqrt{\sum_{i,j} (a_{ij} - b_{ij})^2}\sqrt{\sum_j {x_j}^2} = d(A, B)\,\|x\|$$

$\boldsymbol{R}^n$ のコンパクト集合 K, $\boldsymbol{R}^m$ の開集合 U に対して, $W(K, U)$ が距離位相 $\mathcal{O}_d$ の開集合になることを示せばよい. $A \in W(K, U)$ すなわち $L_A(K) \subset U$ とする. K がコンパクトだから, $\delta = \inf\{d(Ax, U^c) \mid x \in K\} > 0$ である. また, $\|K\| = \sup\{\|x\|, x \in K\}$ は正の数に有限確定する. 任意の $x \in K$ に対して, $d^{(m)}(Ax, Bx) \leqq d(A, B)\,\|x\| \leq d(A, B)\,\|K\|$ が成り立つ. ゆえに,

$$\begin{aligned} d(A, B) < \delta/\|K\| &\implies d^{(m)}(Ax, Bx) < \delta \quad (\forall x \in K) \\ &\implies Bx \in U \quad (\forall x \in K) \\ &\implies B \in W(K, U) \end{aligned}$$

よって, $B(A, \delta/\|K\|) \subset W(K, U)$ が成り立つ. この結果, $W(K, U)$ が距離位相 $\mathcal{O}_d$ の開集合になる.

索　　引

ア　行

カ　行

サ 行

タ　行

ナ　行

ハ　行

マ　行

ヤ　行

ラ　行

ワ　行

著者略歴

内田　伏一（うちだ　ふいち）

1938年仙台市に生まれる．1961年東北大学理学部数学科卒業．東北大学理学部助手（1963-65），同教育学部講師（1965-67），大阪大学理学部講師（1967-70），同助教授（1970-79），山形大学理学部教授（1979-2004）を経て，2004年から山形大学名誉教授，現在に至る．理学博士．

著書：　変換群とコボルディズム論（紀伊國屋数学叢書，1974）

数学シリーズ　**集合と位相**（増補新装版）

1986年11月5日	第　1　版　発　行
2018年11月10日	第26版1刷発行
2020年3月1日	増補新装第1版1刷発行
2024年4月30日	増補新装第1版5刷発行

検印省略

定価はカバーに表示してあります．

著作者	内田伏一
発行者	吉野和浩
発行所	東京都千代田区四番町8-1 電　話　03-3262-9166（代） 郵便番号　102-0081 株式会社　裳華房
印刷所	株式会社　精興社
製本所	株式会社　松岳社

一般社団法人
自然科学書協会会員

ISBN 978-4-7853-1412-5